军队高等教育自学考试教材

信息管理与信息系统专业（**本科**）

达梦数据库应用基础

朱明东　张　胜　主　编

国防工業出版社

·北京·

内 容 简 介

本书以全军高等教育自学考试大纲为依据，以达梦数据管理系统（DM 7）为蓝本，全面系统地介绍了达梦数据库的常用操作和应用。全书共分6章，分别是达梦数据库概述、达梦数据库安装与卸载、达梦数据库常用对象管理、达梦数据库SQL、达梦数据库高级对象管理、达梦数据库备份还原与作业管理等。本书突出了对操作实践的指导，书中列举了大量详细的例子，便于读者进行操作练习，可以满足不同基础读者的学习需求。

本书适用于军队高等教育自学考试"信息管理与信息系统"专业的考生使用，也可作为大专、高职相关专业的教材，还可以作为广大达梦数据库管理维护和应用开发人员的参考用书。

图书在版编目（CIP）数据

达梦数据库应用基础/朱明东，张胜主编. —北京：国防工业出版社，2019. 11

ISBN 978-7-118-11999-2

Ⅰ.①达… Ⅱ.①朱… ②张… Ⅲ.①关系数据库系统 Ⅳ.①TP311.132.3

中国版本图书馆CIP数据核字（2019）第258210号

※

国防工業出版社出版发行

（北京市海淀区紫竹院南路23号　邮政编码100048）

三河市腾飞印务有限公司印刷

新华书店经售

*

开本 787×1092　1/16　印张 14　字数 315 千字

2019年11月第1版第1次印刷　印数 1—3000册　定价 59.00元

（本书如有印装错误，我社负责调换）

国防书店：（010）88540777　　发行邮购：（010）88540776

发行传真：（010）88540755　　发行业务：（010）88540717

本册编审人员

主　审　曾昭文

主　编　朱明东　张　胜

副主编　王　龙　刘培磊　李韬伟

编　写　戴剑伟　安海燕　张海粟

　　　　文　峰　徐　飞

校　对　张　胜　王　龙

前 言

达梦数据库应用基础是军队高等教育自学考试“信息管理与信息系统”专业(独立本科段)考试计划中选考的专业教育课。本书是该课程的配套教材,本课程设置的目的是使考生熟悉达梦数据库管理系统的基本功能,掌握达梦数据库管理系统的基本操作,提高对国产数据库管理系统的应用能力,以适应信息管理工作的需要。

达梦数据库管理系统是达梦数据库有限公司推出的具有完全自主知识产权的高性能数据库管理系统,简称DM。该产品坚持自主创新的发展道路,经过多年的不断完善,截至2018年,是唯一获得国家自主原创产品认证的数据库管理系统,已广泛应用于公安、电力、铁路、航空、审计、通信、金融、海关、国土资源、电子政务、国防等30多个行业领域,为国家信息化建设提供了安全可控的基础软件,有效维护了国家信息安全。

《达梦数据库应用基础》以达梦数据管理系统(DM 7)为蓝本,紧扣全军高等教育自学考试大纲,全面系统地介绍达梦数据库的体系结构、管理维护、应用操作等内容。全书共分6章:第一章达梦数据库概述,回顾了达梦数据库的发展历程,总结了达梦数据库的特点,剖析了达梦数据库的体系结构,介绍了达梦数据库的常用工具;第二章达梦数据库安装与卸载,分别介绍了Window和Linux操作环境下DM 7服务端及客户端的安装与卸载的过程;第三章达梦数据库常用对象管理,重点对表空间、用户、模式、表等达梦数据库常用对象的管理操作方法进行了介绍;第四章达梦数据库SQL,从数据定义语句、数据查询语句、数据操纵语句、数据控制语句等方面,用举例的方法说明了常用达梦SQL语句的使用;第五章达梦数据库高级对象管理,重点介绍了视图、索引、序列、存储过程、触发器等达梦数据库高级对象的管理;第六章达梦数据库备份还原与作业管理,对达梦数据库的脱机备份和联机备份的操作进行了介绍,并说明了作业管理的应用操作方法等。本书突出了对操作实践的指导,书中列举了大量详细的例子,方便读者进行操作练习,掌握数据库管理应用技能,提高学习效率,适应了不同基础的读者的学习需求。

全书由曾昭文担任主审,由朱明东、张胜拟制大纲。第一章由朱明东、安海燕执笔,第二章由王龙、张海粟执笔,第三章由李韬伟、徐飞执笔,第四章由刘培磊、朱明东执笔,第五章由戴剑伟、文峰执笔,第六章由张胜、王龙执笔。最后,由张胜、安海燕完成统稿。

在本书的编写过程中,得到了达梦数据库有限公司的刘志红、张守帅等同志的大力支持,并参考了达梦数据库有限公司提供的技术资料,在此表示衷心的感谢。

编 者

2019年1月于武汉

目 录

达梦数据库应用基础自学考试大纲

第一章 达梦数据库概述

第二章　达梦数据库安装与卸载

第三章　达梦数据库常用对象管理

第四章　达梦数据库 SQL

第五章 达梦数据库高级对象管理

军队高等教育自学考试
信息管理与信息系统专业(**本科**)

达梦数据库应用基础
自学考试大纲

Ⅰ. 课程性质与课程目标

一、课程性质与特点

《达梦数据库应用基础》是军队高等教育自学考试信息管理与信息系统专业(本科)考试计划中选考的专业教育课。本课程的设置目的是使考生熟悉达梦数据库管理系统的基本功能,掌握达梦数据库管理系统的基本操作,提高国产数据库管理系统的应用能力,培养学生分析问题和解决问题的能力,为在信息管理工作中应用达梦数据库管理系统打好基础。

实验是教学的重要环节之一,通过实验可以巩固和丰富已学过的相关理论知识,发现和探究达梦数据库使用中的问题,掌握操作方法和步骤,培养操作技能,增强实践能力,促进知识向能力素质的转变。

二、课程目标

通过本课程的学习,应考者应达到以下目标。

(1) 了解达梦数据库的主要特点,理解达梦数据库体系结构,了解达梦数据库常用工具的功能。

(2) 了解 Linux 下达梦数据库的安装和卸载流程,掌握在 Windows 下安装和卸载达梦数据库。

(3) 熟悉达梦数据库常用对象,掌握表空间、用户、模式、表等对象的管理。

(4) 了解 DM SQL 函数,理解 DM SQL 数据定义语句,掌握 DM SQL 基本查询语句、操作语句和控制语句。

(5) 了解达梦数据库高级对象,掌握视图、触发器的创建和删除,掌握序列的创建、删除和使用。

(6) 了解达梦数据库备份和还原基本概念,掌握脱机备份与联机备份的基本方法,掌握作业调度的方法和流程。

三、与相关课程的联系与区别

本课程的学习需要考生具备一定的计算机原理、操作系统、数据库原理等基础知识,并具备一定的计算机操作能力。因此,考生在学习本课程之前应当先完成数据库原理课程的学习。

四、课程的重点和难点

本课程的重点包括 Windows 下达梦数据库的安装、达梦数据库常用对象及高级对象的管理、常用 DM SQL 语句的语法构成和应用。本课程的难点是达梦数据库高级对象的管理和 DM SQL 语句的语法构成与应用。

Ⅱ. 考 核 目 标

本大纲在考核目标中,按识记、领会和应用三个层次规定其达到的能力层次要求。三个能力层次是递升的关系,后者必须建立在前者的基础上。各能力层次的含义如下。

识记(Ⅰ):要求考生能够识别和记忆达梦数据库应用基础中有关知识点的概念性内容(如教材中给出的定义、语法格式、步骤方法、特点等),并能够根据考核的不同要求,做出正确的表述、选择和判断。

领会(Ⅱ):要求考生在识记的基础上,能够领悟各知识点的内涵和外延,熟悉各知识点之间的区别和联系,能够根据相关知识点来解决不同的问题,并能进行简单的分析。

应用(Ⅲ):要求考生能运用所学知识点,分析和解决达梦数据库应用问题,例如权限的设置,简单高级对象的管理,数据增、删、改、查操作等。

Ⅲ. 课程内容与考核要求

第一章 达梦数据库概述

一、学习目的与要求

本章学习目的是了解达梦数据库管理系统的特点、功能、工具,要求考生了解达梦数据库主要特点,理解达梦数据库体系结构,掌握达梦数据库常用工具的功能。

二、课程内容

(1) 达梦数据库发展及特点;

(2) 达梦数据库体系结构;

(3) 达梦数据库常用工具。

三、考核内容与考核要求

(1) 能够概括达梦数据库主要特点。

识记:达梦数据库主要特点。

领会:达梦数据库的通用性、高可用性、高性能和高安全性等特点。

(2) 理解达梦数据库体系结构。

识记:配置文件、控制文件、数据文件、日志文件。

领会:达梦数据库实例和逻辑结构。

(3) 熟悉达梦数据库常用工具。

识记:达梦数据库常用工具。

领会:管理工具和控制台工具的功能。

四、本章重点、难点

本章重点是高安全性相关概念、达梦数据库逻辑结构和达梦数据库常用工具的功能,难点是达梦数据库逻辑结构。

第二章 达梦数据库安装和卸载

一、学习目的与要求

本章学习目的是掌握达梦数据库的安装和卸载,要求考生能够在 Windows 下安装和卸载达梦数据库,了解 Linux 下达梦数据库安装和卸载的方法和流程。

二、课程内容

(1) Windows 下达梦数据库的安装和卸载;

(2) Linux 下达梦数据库的安装和卸载。

三、考核内容与考核要求

(1) Windows 下达梦数据库的安装和卸载。

识记:Windows 下达梦数据库安装流程。

领会:Windows 下达梦数据库安装时配置参数的含义。

应用:能够在 Windows 下成功安装达梦数据库。

(2) Linux 下达梦数据库的安装和卸载。

识记:Linux 下达梦数据库安装流程。

领会:Linux 下达梦数据库安装时配置参数的含义。

四、本章重点、难点

本章重点是达梦数据库安装相关配置参数的含义,难点是达梦数据库安装流程。

第三章 达梦数据库常用对象管理

一、学习目的与要求

本章学习目的是熟悉达梦数据库管理系统常用对象的管理,要求能够使用达梦数据库管理工具创建和删除表空间、用户和表等常用对象。

二、课程内容

(1) 表空间管理;

(2) 用户管理;

(3) 表管理。

三、考核内容与考核要求

(1) 表空间管理。

识记:表空间概念。

领会:表空间的作用、表空间的管理方法。

应用:能够使用达梦数据库管理工具创建、编辑和删除表空间。

(2) 用户管理。

识记:用户、模式的概念。

领会:用户和模式区别和联系,用户权限的设置。

应用:能够使用达梦数据库管理工具创建、编辑和删除用户和模式。

(3) 表的管理。

识记:达梦数据库表字段类型。

领会:表字段相关参数设置。

应用:能够使用达梦数据库管理工具创建、修改和删除表对象。

四、本章重点、难点

本章重点是表空间、用户、表等概念、达梦数据库管理工具创建表空间、用户和表的方法,难点是创建表空间、用户和表等对象的参数设置。

第四章 达梦数据库 SQL

一、学习目的与要求

本章学习目的是熟悉 DM SQL 语句,要求考生掌握 DM SQL 数据定义、数据查询、数据操作和数据控制语句的语法,掌握达梦数据管理工具执行 DM SQL 语句的方法。

二、课程内容

(1) DM SQL 数据定义语句;

(2) DM SQL 数据查询语句;

(3) DM SQL 数据操作语句;

(4) DM SQL 数据控制语句。

三、考核内容与考核要求

(1) DM SQL 数据定义。

识记:表空间、表、用户、模式等数据定义语法。

领会:数据定义语句内涵。

应用:能够正确编写数据定义语句,并可在达梦数据库管理工具中执行。

(2) DM SQL 数据查询。

识记:数据查询语句的语法结构。

领会:单表查询、连接查询、子查询、查询子句的含义。

应用:能够正确编写数据查询语句,并可在达梦数据库管理工具中执行。

(3) DM SQL 数据操作。

识记:数据操作语法结构。

领会:插入、修改、删除语句的含义。

应用:能够正确编写数据操作语句,特别是在多表关联时正确编写数据操作语句,并可在达梦数据库管理工具中执行。

（4）DM SQL 数据控制。

识记：用户管理、权限管理等数据控制语法结构。

领会：用户管理、权限管理语句的含义。

应用：能够正确编写数据控制语句，并可在达梦数据库管理工具中执行。

四、本章重点、难点

本章重点是数据查询和数据操作语句的语法。难点是子查询、多表连接查询和查询子句、多表关联时数据操作语句等的编写。

第五章　达梦数据库高级对象管理

一、学习目的与要求

本章学习目的是掌握达梦数据库高级对象的基本操作，要求考生了解达梦数据库高级对象，掌握视图、触发器的创建和删除，掌握序列的创建、删除和使用。

二、课程内容

（1）视图管理；

（2）序列管理；

（3）触发器管理。

三、考核内容与考核要求

（1）视图管理。

识记：视图概念和作用。

领会：视图创建的方法。

应用：能够借助达梦数据库管理工具创建和删除视图。

（2）序列管理。

识记：序列概念和作用。

领会：序列创建和使用的方法。

应用：能够借助达梦数据库管理工具创建、删除和正确使用序列。

（3）触发器管理。

识记：触发器概念和作用。

领会：触发器创建的方法。

应用：能够借助达梦数据库管理工具创建和删除触发器。

四、本章重点、难点

本章重点是视图、序列和触发器的内涵及其创建方法，难点是视图和触发器执行体 SQL 语句的语法构成和应用。

第六章　达梦数据库备份与还原与作业管理

一、学习目的与要求

本章学习目的掌握达梦数据库管理系统备份与还原的基本操作，掌握脱机备份与联机备份的基本方法，掌握作业调度的方法和流程。

二、课程内容

(1) 脱机备份与还原;

(2) 联机备份与还原;

(3) 作业管理。

三、考核内容与考核要求

(1) 脱机备份与还原。

识记:脱机备份的内涵。

领会:脱机备份与还原的操作流程。

应用:能够对达梦数据库实施脱机备份。

(2) 联机备份与还原。

识记:联机备份的内涵。

领会:联机备份的设置、联机备份与还原的操作流程。

应用:能够对达梦数据库实施联机备份。

(3) 作业管理。

识记:作业调度内涵。

领会:作业调度流程。

应用:能够借助达梦数据库工具实施作业调度。

四、本章重点、难点

本章重点是联机备份与还原基本操作,难点是联机备份与还原相关参数的设置。

Ⅳ. 关于大纲的说明与考核实施要求

一、自学考试大纲的目的和作用

本课程自学考试大纲是根据军队高等教育自学考试信息管理与信息系统专业(本科)自学考试计划的要求,结合自学考试的特点而确定的。其目的是对个人自学、社会助学和课程考试命题进行指导和规定。

本课程自学考试大纲明确了课程学习的内容以及深、广度,规定了课程自学考试的范围和标准。因此,它是编写自学考试教材和辅导书的依据,是社会助学组织进行自学辅导的依据,是自学者学习教材、掌握课程内容知识范围和程度的依据,也是进行自学考试命题的依据。

二、关于自学教材

《达梦数据库应用基础》,国防工业出版社出版发行。

三、关于考核内容及考核要求的说明

(1) 课程中各章的内容均由若干知识点组成,在自学考试命题中知识点就是考点。因此,课程自学大纲中所规定的考核内容是以分解为考核知识点的形式给出的。因各知识点在课程中的地位、作用以及知识本身的特点不同,自学考试将对各知识点分别按三个认知层次确定其考核要求。

(2) 按照重要性程度不同,考核内容分为重点内容和一般内容。为有效地指导个人自学和社会助学,本大纲已指明了课程的重点和难点。在本课程考试中重点内容所占分值一般不少于60%。

四、关于自学方法的指导

达梦数据库应用基础是军队高等教育自学考试信息管理与信息系统专业(本科)考试计划中选考的专业教育课,内容较多,对于考生计算机和数据库操作使用能力有一定的要求,为有效指导个人自学和社会助学,本大纲已指明了课程的重点和难点。

本课程为4学分。建议学习本课程时注意以下几点。

(1) 在学习本课程教材之前,应先仔细阅读本大纲,了解本课程的性质和特点,熟知本课程的基本要求,在学习本课程时,能紧紧围绕本课程的基本要求。

(2) 在自学每一章的内容之前,先阅读本大纲中对应章节的学习目的与要求、考核知识点与考核要求,以便自学时做到心中有数。

(3) 掌握达梦数据库应用基础课程知识,最有效的途径是上机实验,为此,要求考生能在计算机上操作所有教材中的实验。

(4) 自学考生可登录达梦数据库有限公司官网 http://www.dameng.com 获取达梦数据库产品相关资料。

五、考试指导

在学习本课程之前应先仔细阅读本大纲,了解本课程的性质和特点,熟知本课程的基本要求。了解各章节的考核知识点与考核要求,做到心中有数。

学习各章节介绍的基本概念、方法、语法等内容,通过练习加深对知识的掌握。同时加强机上实验,提升动手能力。

六、对助学的要求

对担任本课程助学的任课教师和助学单位提出以下几条基本要求:

(1) 熟知本课程考试大纲的各项要求,熟悉各章节的考核知识点;

(2) 辅导教学应以大纲为依据,不要随意增删内容,以免偏离大纲;

(3) 辅导还需注意突出重点,要帮助学生对课程内容建立一个整体的概念;

(4) 辅导要为考生提供足够多的上机实验机会,注意培养考生的上机操作能力,让考生能通过上机实验进一步掌握有关知识;

(5) 助学单位在安排本课程辅导时,授课时间建议不少于72学时。

七、关于考试命题的若干规定

(1) 考试方式为闭卷笔试,考试时间均为120分钟。

(2) 本大纲各章所规定的基本要求、知识点都属于考核的内容。考试命题既要覆盖到章,又要避免面面俱到。要注意突出课程的重点,加大重点内容的覆盖度。

(3) 试题不应命制超出大纲中考核知识点范围的题目,考核目标不得高于大纲中所规定的相应的最高能力层次要求。

(4) 试卷中对不同层次要求的分数比例大致为:识记占20%,领会占40%,应用占40%。同时,合理安排试题的难易程度,试题的难度可分为易、较易、较难和难4个等级。

每份试卷中不同难度试题的分数比例一般为2:3:3:2。

(5) 试卷命题的主要题型一般有单项选择题、填空题、判断题、简答题、SQL语句编写题。

Ⅴ. 题型举例

一、单项选择题(在每小题列出的四个备选项中只有一个符合题目要求,请将其代码填写在题后的括号内。错选、多选或未选均不得分)

1. 达梦数据库控制文件默认后缀为(　　)。

A. ora　　B. ini　　C. ctl　　D. dbf

2. 下面哪个工具可用于创建表对象(　　)。

A. 服务查看器　　B. 控制台工具　　C. 管理工具　　D. 数据库配置助手

二、填空题

1. 达梦数据库逻辑存储结构主要包括________、________、________、________等概念。

2. 达梦数据库数据备份与还原通常按照数据的状态,可以划分为________和________。

三、判断题

1. 表空间只能包含一个数据文件。　　(　　)

2. 达梦数据库控制文件包含表空间信息。　　(　　)

四、简答题

1. 请简述表空间的内涵以及其与数据文件的关系。

2. 请解释模式的概念以及其与用户的关系。

五、DM SQL语句编写题

1. 请编写对应的SQL语句:查询表A(a1,a2,a3)中字段a1的值不在表B(b1,b2,b3)b1列中的所有表A数据。

2. 请编写对应的SQL语句:向表A(a1,a2,a3)中插入一条字段:a1取值为'达梦',a2字段取值为2020,字段a3不设值的记录。

第一章　达梦数据库概述

实现核心信息技术和产品自主可控、构建安全可控的信息技术体系，是维护国家和军队安全的重大战略举措。信息技术覆盖范围较广，但核心是芯片技术和基础软件技术，数据库就是基础软件的重要组成部分。达梦数据库（DM）是达梦数据库有限公司推出的具有完全自主知识产权的大型通用关系型数据库管理系统，是采用类 Java 的虚拟机技术设计的新一代数据库产品。截至 2018 年，达梦数据库是唯一获得国家自主原创产品认证的数据库产品，是国产数据库中的佼佼者。

第一节　达梦数据库发展及特点

达梦数据库经过不断的迭代与发展，在吸收主流数据库产品优点的同时，也逐步形成了自身的特点，受到业界和用户的广泛认同。

一、达梦数据库发展历程

随着信息技术不断发展，达梦数据库也在不断的演进，从最初的数据库管理系统原型 CRDS 发展到 2018 年的 DM 7。1988 年原华中理工大学（华中科技大学前身）研制成功了我国第一个国产数据库管理系统原型 CRDS，可以看作是达梦数据库的起源。1991 年，该团队先后完成了军用地图数据库（MDB）、知识数据库（KDB）、图形数据库（GDB）、And 语言数据库（ADB），为达梦数据库的诞生奠定了基础。1992 年原华中理工大学达梦数据库研究所成立。1993 年该研究所研制的多用户数据库管理系统通过了鉴定，标志着达梦数据库 1.0 版本的诞生。1996 年 DM 2 的研制成功，打破了国外数据库垄断。1997 年中国电力财务公司华中分公司财务应用系统首次使用国产数据库 DM 2，随后，在全国 76 家分公司上线使用。2000 年，我国第一个数据库公司——达梦数据库公司成立，同年 DM 3 诞生，经专家评定达到了国际先进水平。DM 3 采用独特的三权分立的安全管理体制和改进的多级安全模型，使其安全级别达到了 B1 级，并具有 B2 级功能，高于当时同类进口产品。2004 年，推出的 DM 4 性能远超基于开源技术的数据库，并在国家测试中保持第一。2005 年，DM 5 在可靠性及产品化方面得到了完善，荣获了第十届软博会金奖。2009 年，DM 6 与国际主流数据库产品兼容性得到了大幅提升，在政府、军工等对安全性要求更高的重要行业领域得到广泛应用。2012 年，新一代达梦数据库管理系统 DM 7 发布，该版本支持大规模并行计算、海量数据处理技术，是理想的企业级数据管理服务平台，也是唯一获得自主原创证书的国产数据库。2016 年以来，达梦大数据平台在公安、政务、信用、司法、审计、住建、国土、应急等 30 多个领域得到了广泛应用。

二、达梦数据库主要特点

达梦数据库在不断的发展过程中，每一个版本都在适应时代需求的同时具备了一定的特点，这里介绍 DM 7 的主要特点。DM 7 采用全新的体系架构，在保证大型通用的基础上，针对可靠性、高性能、海量数据处理和安全性做了大量的研发和改进工作，在提升数据库产品性能的同时，也提高了语言的丰富性和可扩展性，能同时兼顾联机事务处理（OLTP）和联机分析处理（OLAP）请求，从根本上提升了数据库产品的品质。

（一）通用性强

DM 7 产品的通用性主要体现在以下几个方面。

1. 硬件平台支持

DM 7 兼容多种硬件体系，可运行于 X86、SPARC、Power 等硬件体系之上。DM 7 在各种平台上的数据存储结构和消息通信结构完全一致，使得 DM 7 各种组件在不同的硬件平台上具有一致的使用特性。

2. 操作系统支持

DM 7 实现了平台无关性，支持 Windows 系列、Linux（2.4 及 2.4 以上内核）、UNIX、Kylin、AIX、Solaris 等主流操作系统。DM 7 的服务器、接口程序和管理工具均可在 32 位/64 位版本操作系统上使用。

3. 应用开发支持

（1）开发环境支持。

DM 7 支持多种主流集成开发环境，包括 PowerBuilder、Delphi、Visual Studio、.NET、C++Builder、Qt、JBuilder、Eclipse、IntelliJ IDEA、Zend Studio 等。

（2）开发框架技术支持。

DM 7 支持各种开发框架技术，主要有 Spring、Hibernate、iBATIS SQLMap、Entity Framework、Zend Framework 等。

（3）中间件支持。

DM 7 支持主流系统中间件，包括 WebLogic、WebSphere、Tomcat、Jboss、东方通 TongWeb、金蝶 Apusic、中创 InfoWeb 等。

4. 标准接口支持

DM 7 提供对 SQL92 的特性支持以及 SQL99 的核心级别支持。支持多种数据库开发接口，包括 OLE DB、ADO、ODBC、OCI、JDBC、Hibernate、PHP、PDO、DB Express，以及 .NET DataProvider 等。

5. 网络协议支持

DM 7 支持多种网络协议，包括 IPv4 协议、IPv6 协议等。

6. 字符集支持

DM 7 完全支持 Unicode、GBK18030 等常用字符集。

7. 国际化支持

DM 7 提供了国际化支持，服务器和客户端工具均支持简体中文和英文来显示输出结果和错误信息。

(二) 高可用性

为了应对现实中出现的各种意外,比如电源中断、系统故障、服务器宕机、网络故障等突发情况,DM 7 实现了 REDO(重做)日志、逻辑日志、归档日志、跟踪日志、事件日志等,比如:REDO(重做)日志记录数据库的物理文件变化信息;逻辑日志则记录了数据库表上的所有插入、删除、更新等数据变化。通过记录日志信息,使得系统的容灾能力得到增强,大大提高了系统的可用性。

1. 快速的故障恢复

DM 7 通过 REDO 日志记录数据库的物理文件变化信息。当发生系统故障的时候(如机器掉电),系统通过 REDO 日志进行重做处理,恢复用户的数据和回滚信息,从而使数据库系统从故障中恢复,避免数据丢失,确保事务的完整性。相对达梦以前的版本,DM 7 改进了 REDO 日志的管理策略,采用逻辑 LSN(日志序列号)值替代了原有的物理文件地址映射到 LSN 生成机制,极大地简化了 REDO 日志的处理逻辑。

REDO 日志支持压缩存储,可以减少存储空间开销。DM 7 在故障恢复时采用了并行处理机制执行 REDO 日志,有效减少了重做花费的时间。

2. 可靠的备份与还原

DM 7 可以提供数据库或整个服务器的冷/热备份以及对应的还原功能,达到数据库数据的保护和迁移。DM 7 支持的备份类型包括物理备份、逻辑备份和 B 树备份,其中 B 树备份是介于物理备份和逻辑备份之间的一种形态。

DM 7 支持增量备份,支持 LSN 和时间点还原;可备份不同级别的数据,包括数据库级、表空间级和表级。支持在联机、脱机的状态下进行备份、还原操作。

3. 高效的数据复制

DM 7 的复制功能基于逻辑日志实现。主机将逻辑日志发往从机,而从机根据日志模拟事务与语句重复主机的数据操作。相对语句级的复制,逻辑日志可以更准确地反映主机数据的时序变化,从而减少冲突,提高数据复制的一致性。

DM 7 提供基于事务的同步复制和异步复制功能。同步复制即所有复制节点的数据是同步的,如果复制环境中的主表数据发生了变化,这种改变将以事务为单位同步传播和应用到其他所有复制节点。异步复制是指在多个复制节点之间,主节点的数据更新需要经过一定的时间周期之后才反映到从节点。如果复制环境中主节点要被复制的数据发生了更新操作,这种改变将在不同的事务中被传播和应用到其他所有从节点。这些不同的事务间可以间隔几秒、几分钟、几小时,也可以是几天之后。复制节点之间的数据在一段时间内是不同步的,但传播最终将保证所有复制节点间的数据一致。数据复制功能支持一到多、多到一、级联复制、多主多从复制、环形复制、对称复制以及大数据对象复制。

4. 实时的主备系统

主备系统是 DM 7 提高容灾能力的重要手段。系统由一台主机与一或多台备机构成,实现数据的守护。主机提供正常的数据处理服务。备机则时刻保持与主机的数据同步。一旦主机发生故障,备机中的一台立刻可以切换成为新的主机,继续提供服务。主备机的切换是通过服务器、观察器与接口自动完成的,对客户端几乎完全透明。

DM 7 的主备系统基于优化后的 REDO 日志系统开发,其功能更加稳定可靠。主备机间传递压缩的日志数据,通信效率大大提升。DM 7 主备系统提供了配置模式,可在不停机状态下在单机系统与主备系统间平滑变换。

DM 7 的主备系统可提供全功能的数据库支持,客户端访问主机系统没有任何功能限制,而备机同样可以作为主机的只读镜像,支持客户端的只读查询请求。

(三) 高性能

为了提高数据库在数据查询、存储、分析、处理等方面的性能,DM 7 采用了多种性能优化技术与策略。

1. 查询优化

DM 7 采用多趟扫描、代价估算的优化策略。系统基于数据字典信息、数据分布统计值、执行语句涉及的表、索引和分区的存储特点等统计信息实现了代价估算模型,在多个可行的执行计划中选择代价最小的作为最终执行计划。同时,DM 7 还支持查询计划的 HINT(一种 SQL 语法)功能,可供经验丰富的 DBA 对特定查询进行优化改进,进一步提高查询的效率和灵活性。

DM 7 查询优化器利用优化规则,将所有的相关子查询变换为等价的关系连接。相关子查询的平坦化极大地降低了代价优化的算法复杂程度,使得优化器可以更容易地生成较优的查询计划。

2. 查询计划重用

SQL 语句从分析、优化到实际执行,每一步都需要消耗系统资源。查询计划的重用可以减少重复分析操作,有效提升语句的执行效率。DM 7 采用参数化常量方法,使得常量值不同的查询语句同样可以重用查询计划。经此优化后的计划重用策略在应用系统中的实用性明显增强了。

3. 查询内并行处理

DM 7 为具有多个处理器(CPU) 的计算机提供了并行查询,以优化查询执行和索引操作。并行查询的优势就是可以通过多个线程来处理查询作业,从而提高查询的效率。

在 DM 7 中有一个查询优化器,当对 SQL 语句进行优化后数据库才会执行查询语句。如果查询优化器认为查询语句可以从并行查询中获得较高效率,就会将本地通信操作符插入查询执行计划中,为并行查询做准备。本地通信操作符是在查询执行计划中提供进程管理、数据重新分发和流控制的运算符。在查询计划执行过程中,数据库会确认当前的系统工作负荷和配置信息,判断是否有足够多的线程允许执行并行查询。确定最佳的线程数后,在查询计划初始化确定的线程上展开并行查询执行。在多个线程上并行执行查询时,查询将一直使用相同的线程数,直到完成。每次从高速缓存中检索查询执行计划时,DM 7 都重新检查最佳线程数。

4. 查询结果集的缓存

DM 7 提供查询结果集缓存策略。相同的查询语句,如果涉及的表数据没有变化,则可以直接重用缓存的结果集。查询结果缓存,在数据变化不频繁的 OLAP 应用模式,或存在大量类似编目函数查询的应用环境下有非常良好的性能提升效果。

在服务器端实现结果集缓存,可以在提升查询速度的同时,保证缓存结果的实时性和正确性。

5. 虚拟机执行器

DM 7 实现了基于堆栈的虚拟机执行器。这种运行机制可以有效提升数据计算以及存储过程/函数的执行效率，具有以下特点：采用以字长为分配单位的标准堆栈，提高空间利用率，充分利用 CPU 的 2 级缓存，提升性能；增加栈帧概念，方便实现函数/方法的跳转，为 PL/SQL 脚本的调试提供了基础；采用内存运行堆的概念，实现对象、数组、动态的数据类型存储；采用面向栈的表达式计算模式，减少虚拟机代码的体积、数据的移动；定义了指令系统，增加了对对象、方法、参数、堆栈的访问，便于 PL/SQL 的执行。

6. 批量数据处理

当数据读入内存后，按照传统策略，需要经过逐行过滤、连接、计算等操作处理后，才能生成最终结果集。在海量的数据处理场景下，必然产生大量重复的函数调用及数据的反复复制与计算代价。

DM 7 引入了数据的批量处理技术，即读取一批、计算一批、传递一批、生成一批。数据批量处理具有显而易见的好处：内存紧靠在一起的数据执行批量计算，可以显著提升缓存（Cache）命中率，从而提升内存处理效率；数据成批而非单行地抽取与传递，可以显著减少在上下层操作符间流转数据的函数调用次数；采用优化的引用方式在操作符间传递数据，可以有效降低数据复制的代价；系统标量函数支持批量计算，可以进一步减少函数调用次数。DM 7 采用批量数据处理策略，比一次一行的数据处理模式快 10~100 倍。

7. 异步检查点技术

DM 7 采用更加有效的异步检查点机制。新检查点机制采用类似“蜻蜓点水”的策略，每次仅从缓冲区的更新链中摘取少量的更新页刷新。反复多次刷页达到设定的总数比例后，才相应调整检查点值。与原有检查点长时间占用缓冲区的策略相比，逻辑更简单，速度更快，对整体系统运行影响更小。

8. 多版本并发控制

DM 7 采用“历史回溯”策略，对于数据的多版本并发控制实现了原生性支持。DM 7 改造了数据记录与回滚记录的结构。在数据记录中添加字段记录最近修改的事务 ID 及与其对应的回滚记录地址，而在回滚记录中也记录了该行上一更新操作的事务 ID 与相应回滚记录地址。通过数据记录与回滚记录的链接关系，构造出一行数据的所有更新版本。

DM 7 的多版本采用了并发控制技术，数据中仅存储最新一条记录，各个会话事务通过其对应可见事务集，利用回滚段记录组装出自己可见的版本数据。使用这种技术，不必保持冗余数据，也就避免了使用附加数据整理工具。多版本并发控制技术使得查询与更新操作间互不干扰，有效提高了高并发应用场景中的执行效率。

9. 海量数据分析

DM 7 提供 OLAP 函数，用于支持复杂的分析操作，侧重对决策人员和高层管理人员的决策支持，可根据分析人员的要求快速、灵活地进行大数据量的复杂查询处理，并且以直观易懂的形式将查询结果提供给决策人员，以便他们准确掌握单位的运转状况，了解被服务对象的需求，制定正确的方案。

10. 数据字典缓存技术

DM 7 中实现了数据字典缓存技术。DDL 语句被转换为基本的 DML 操作，执行期间不必封锁整个数据字典，可以有效降低 DDL 操作对整体系统并发执行的影响。在有较多

DDL 并发操作的系统中可有效提升系统性能。

11. 可配置的工作线程模式

DM 7 的内核工作线程同时支持内核线程和用户态线程两种模式,通过配置参数即可以实现两种模式的切换。

内核线程的切换完全由操作系统决定,但操作系统并不了解,也不关心应用逻辑,只能采取简单、通用的策略来平衡各个内核线程的 CPU 时间;在高并发情况下,往往导致很多无效的上下文切换,浪费了宝贵的 CPU 资源。用户态线程由用户指定线程切换策略,结合应用的实际情况,决定何时让出 CPU 的执行,可以有效避免过多的无效切换,提升系统性能。

DM 7 的工作线程在少量内核线程的基础上,模拟了大量的用户态线程(一般来说,工作线程数不超过 CPU 的核数,用户态线程数由数据库的链接数决定)。大量的用户态线程在内核线程内部自主调度,基本消除了由于操作系统调度产生的上下文切换;同时,由于内核线程数的减少,进一步降低了冲突产生的概率,有效提升了系统性能,特别是在高并发情况下的性能提升十分明显。

12. 多缓冲区

DM 7 采用了多缓冲区机制,将数据缓冲区划为多个分片。数据页按照其页号,进入各自缓冲区分片。用户访问不同的缓冲区分片不会导致访问冲突。高并发情况下,这种机制可以降低全局数据缓冲区的访问冲突。

DM 7 支持动态缓冲区管理,根据不同的系统资源情况,管理员可以配置缓冲区伸缩策略。

13. 分段式数据压缩

DM 7 支持数据压缩,即将一个字段的所有数据分成多个小片压缩存储起来。系统采用智能压缩策略,根据采样值特征,自动选择最合适的压缩算法进行数据压缩。而多行相同类型数据一起压缩可以显著提升数据的压缩比,进一步减少系统的空间资源开销。

14. 行列融合

DM 7 同时支持行存储引擎与列存储引擎,可实现事务内对行存储表与列存储表的同时访问,可同时适用于联机事务和分析处理。在并发量、数据量规模较小时,单机 DM 7 利用其行列融合特性,即可同时满足联机事务处理和联机分析处理的应用需求,并能够满足混合型的应用要求。

15. 大规模并行处理架构

为了支持海量数据存储和处理、高并发处理、高性价比、高可用性等功能,提供高端数据仓库解决方案,DM 7 支持大规模并行处理(Massively Parallel Processor,MPP)架构,以极低的成本代价,为客户提供业界领先的计算性能。DM 7 采用完全对等无共享的 MPP 架构,支持 SQL 并行处理,可自动化分区数据和并行查询,无 I/O 冲突。

DM 7 的 MPP 架构将负载分散到多个数据库服务器主机,实现了数据的分布式存储。采用了完全对等的无共享架构,每个数据库服务器称为一个 EP。这种架构中,节点没有主从之分,每个 EP 都能够对用户提供完整的数据库服务。在处理海量数据分析请求时,各个节点通过内部通信系统协同工作,通过并行运算技术大幅提高查询效率。

DM 7 MPP 为新一代数据仓库所需的大规模数据和复杂查询提供了先进的软件级解

决方案,具有业界先进的架构和高度的可靠性,能帮助企业管理好数据,使之更好地服务于企业,推动数据依赖型企业的发展。

(四) 高安全性

DM 7 是具有自主知识产权的高安全数据库管理系统,已通过公安部安全四级评测,是目前安全等级最高的商业数据库之一。同时,DM 7 通过了中国信息安全评测中心的 EAL3 级评测。DM 7 在身份认证、访问控制、数据加密、资源限制、审计等方面采取以下安全措施。

1. 双因子结合的身份鉴别

DM 提供基于用户口令和用户数字证书相结合的用户身份鉴别功能。当接收的用户口令和用户数字证书均正确时,才算认证通过,若用户口令和用户数据证书有一个不正确或与相应的用户名不匹配,则认证不通过,这种增强的身份认证方式可以更好地防止口令被盗、冒充用户登录等情况,为数据库安全把好了第一道关。

另外,DM 7 还支持基于操作系统的身份认证、基于 LDAP 集中式的第三方认证。

2. 自主访问控制

DM 7 提供了系统权限和对象权限管理功能,并支持基于角色的权限管理,方便数据库管理员对用户访问权限进行灵活配置。

在 DM 7 中,可以对用户直接授权,也可以通过角色授权。角色表示一组权限的集合,数据库管理员可以通过创建角色来简化权限管理过程。可以把一些权限授予一个角色,而这个角色又可以被授予多个用户,从而使基于这些角色的用户间接地获得权限。在实际的权限分配方案中,通常先由数据库管理员为数据库定义一系列的角色,然后将权限分配给基于这些角色的用户。

3. 强制访问控制

DM 7 提供强制访问控制功能,强制访问控制的范围涉及数据库内所有的主客体,该功能达到了安全四级的要求。强制访问控制是利用策略和标记实现数据库访问控制的一种机制。该功能主要针对数据库用户、各种数据库对象、表以及表内数据。控制粒度同时达到列级和记录级。

当用户操作数据库对象时,不仅要满足自主访问控制的权限要求,还要满足用户和数据之间标记的支配关系。这样就避免了管理权限全部由数据库管理员一人负责的局面,可以有效防止敏感信息的泄露与篡改,增强系统的安全性。

4. 客体重用

DM 7 内置的客体重用机制使数据库管理系统能够清扫被重新分配的系统资源,以保证数据信息不会因为资源的动态分配而泄露给未授权的用户。

5. 加密引擎

DM 7 提供加密引擎功能,当 DM 7 内置的加密算法(如 AES 系列、DES 系列、DESEDE 系列、RC4 等)无法满足用户数据存储加密要求时,用户可能希望使用自己特殊的加密算法,或强度更高的加密算法。此时,用户可以采用 DM 7 的加密引擎功能,将自己特殊的或高强度的加密算法按照 DM 7 提供的加密引擎标准接口要求进行封装,封装后的加密算法可以在 DM 7 的存储加密中按常规的方法进行使用,大大提高了数据的安全性。

6. 存储加密

DM 7 实现了对存储数据的透明存储加密、半透明存储加密和非透明存储加密。每种模式均可自由配置加密算法。用户可以根据自己的需要自主选择采用何种加密模式。

7. 通信加密

DM 7 支持基于 SSL 协议的通信加密,对传输在客户端和服务器端的数据进行非对称的安全加密,保证数据在传输过程中的保密性、完整性、抗抵赖性。

8. 资源限制

DM 7 实现了多种资源限制功能,包括并发会话总数、单用户会话数、用户会话 CPU 时间、用户请求 CPU 时间、会话读取页、请求读取页、会话私有内存等。这些资源限制项足够丰富且满足资源限制的要求,达到防止用户恶意抢占资源的目的,尽可能减少人为的安全隐患,保证所有数据库用户均能正常访问和操作数据库。DM 7 还可配置表的存储空间配额。系统管理员可借此功能对每个数据库用户单独配置最合适的管理策略,并能有效防止各种恶意抢占资源的攻击。

9. 审计分析与实时侵害检测

DM 7 提供数据库审计功能,审计类别包括:系统级审计、语句级审计、对象级审计。

DM 7 的审计记录存放在数据库外的专门审计文件中,保证审计数据的独立性。审计文件可以脱离数据库系统保存和复制,借助专用工具进行阅读、检索以及合并等维护操作。

DM 7 提供审计分析功能,通过审计分析工具 Analyzer 实现对审计记录的分析。用户能够根据所制定的分析规则,对审计记录进行分析,判断系统中是否存在对系统安全构成威胁的活动。

DM 7 提供强大的实时侵害检测功能,用于实时分析当前用户的操作,并查找与该操作相匹配的审计分析规则。根据规则判断用户行为是否为侵害行为,以及确定侵害等级,并根据侵害等级采取相应的响应措施。响应措施包括:实时报警生成、违例进程终止、服务取消和账号锁定或失效。

(五) 易用性好

DM 7 提供了一系列基于 Java 技术的多平台风格统一的图形化客户端工具,通过这些工具,用户可以与数据库进行交互,即操作数据库对象和从数据库获取信息,这些工具包括系统管理工具(Manager)、数据迁移工具(DTS)、性能监视工具(Monitor)等,同时支持基于 Web 的管理工具,该工具可以进行本地和远程联机管理。DM 7 提供的管理工具功能强大,界面友好,操作方便,能满足用户各种数据管理的需求。

(六) 兼容性强

为保护用户现有应用系统的投资,降低系统迁移的难度,DM 7 提供了许多与其他数据库系统兼容的特性,尤其针对 Oracle,DM 7 提供了全方位的兼容,降低了用户学习成本和数据迁移成本。

第二节 达梦数据库体系结构

达梦数据库体系结构如图1-1所示,由存储结构和数据库实例组成。其中,物理存储结构包括存储在磁盘上的数据文件、配置文件、控制文件、日志文件等,实例包括DM内存与后台进程。

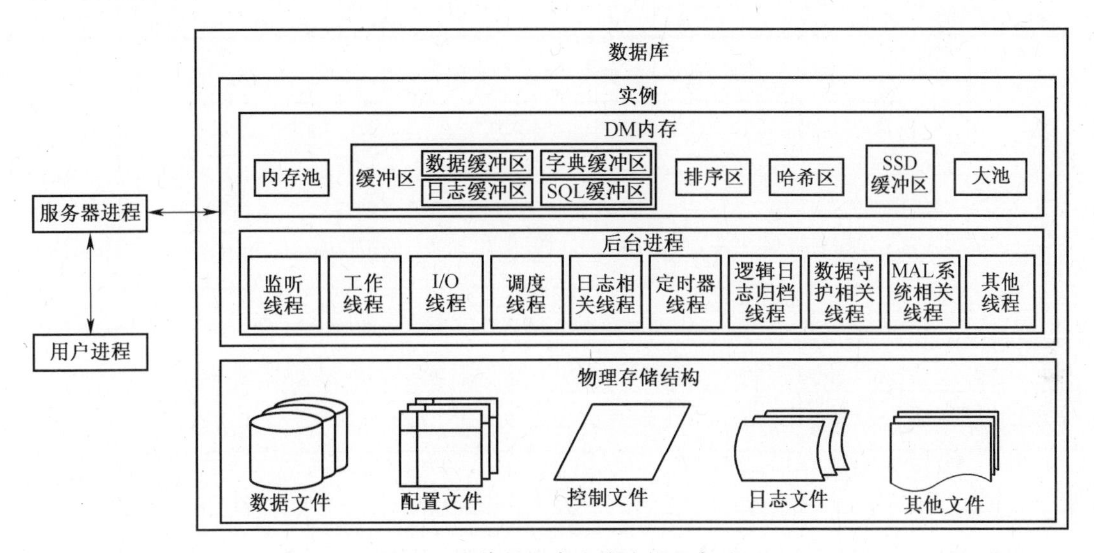

图1-1 达梦数据库体系结构示意图

一、达梦数据库存储结构

在达梦数据库中,数据的存储结构分为物理存储结构和逻辑存储结构两种。物理存储结构主要用于描述数据库外部数据的存储,即在操作系统中如何组织和管理数据,与具体的操作系统有关;逻辑存储结构主要描述数据库内部数据的组织和管理方式,与操作系统没有关系。物理存储结构是逻辑存储结构在物理上的、可见的、可操作的、具体的体现形式。

(一) 物理存储结构

物理存储结构描述了达梦数据库中的数据在操作系统中的组织和管理。典型的物理存储结构包括:用于进行功能设置的配置文件;用于记录文件分布的控制文件;用于保存用户实际数据的数据文件、重做日志文件、归档日志文件、备份文件;用来进行问题跟踪的跟踪日志文件等,如图1-2所示。

1. 配置文件

配置文件是达梦数据库用来设置功能选项的一些文本文件的集合,配置文件以.ini为后缀,它们具有固定的格式,用户可以通过修改其中的某些参数取值实现特定功能项的启用和禁用,并针对当前系统运行环境设置更优的参数值,以提升系统性能。

2. 控制文件

每个达梦数据库都有一个名为dm.ctl的控制文件。控制文件是一个二进制文件,它

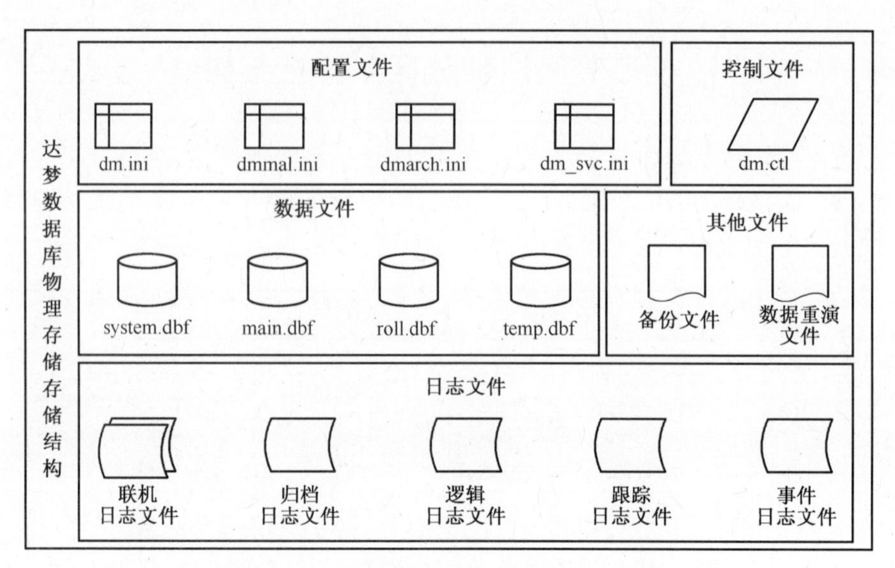

图 1-2 达梦数据库物理存储结构示意图

记录了数据库必要的初始信息,其中主要包含以下内容:

(1) 数据库名称;

(2) 数据库服务器模式;

(3) 数据库服务器版本;

(4) 数据文件版本;

(5) 表空间信息,包括表空间名、表空间物理文件路径等,记录了所有数据库中使用的表空间,以数组的方式保存起来;

(6) 控制文件校验码,校验码由数据库服务器在每次修改控制文件后计算生成,保证控制文件的合法性,防止文件损坏及手工修改。

3. 数据文件

数据文件以 . dbf 为后缀,它是数据库中最重要的文件类型,一个 DM 数据文件对应磁盘上的一个物理文件,数据文件是真实数据存储的地方,每个数据库至少有一个与之相关的数据文件。在实际应用中,通常有多个数据文件。

当 DM 的数据文件空间用完时,它可以自动扩展。可以在创建数据文件时通过 MAXSIZE 参数限制其扩展量,当然,也可以不限制。但是,数据文件的大小最终会受物理磁盘大小的限制。在实际使用中,一般不建议使用单个巨大的数据文件,为一个表空间创建多个较小的数据文件是更好的选择。

数据文件中还有两类特殊的文件:ROLL 文件和 TEMP 文件。ROLL 文件用于保存系统的回滚记录,提供事务回滚时的信息。每个事务的回滚页在回滚段中各自挂链,页内则顺序存放回滚记录。TEMP 文件是临时数据文件,主要用于存放临时结果集,用户创建的临时表也存储在临时文件中。

4. 重做日志文件

重做日志文件以 . log 为后缀。无论何时,在达梦数据库中添加、删除、修改对象,或者改变数据,都会将重做日志写入当前的重做日志文件中。每个达梦数据库实例必须至少有两个重做日志文件，默认两个日志文件为 DAMENG01. log、DAMENG02. log，这两个文件循环使用。

理想情况下，数据库系统不会用到重做日志文件中的信息。然而现实世界总是充满了各种意外，如电源故障、系统故障、介质故障，或者数据库实例进程被强制终止等。当出现以上情况时，数据库缓冲区中的数据页会来不及写入数据文件。这样，在重启 DM 实例时，通过重做日志文件中的信息，就可以将数据库的状态恢复到发生意外时的状态。重做日志文件对于数据库是至关重要的。它们用于存储数据库的事务日志，以便系统在出现系统故障和介质故障时能够进行故障恢复。在达梦数据库运行过程中，任何修改数据库的操作都会产生重做日志，例如，当一条元组插入到一个表中的时候，插入的结果写入了重做日志，当删除一条元组时，删除该元组的事实也被写了进去，这样，当系统出现故障时，通过分析日志可以知道在故障发生前系统做了哪些动作，并可以重做这些动作，使系统恢复到故障之前的状态。

日志文件分为联机日志文件和归档日志文件。以上所说的重做日志文件都指联机日志文件。在归档模式下，重做联机日志会被连续复制到归档日志中，这就生成了归档日志文件。联机日志文件指的是系统当前正在使用的日志文件，创建数据库时，联机日志文件通常被扩展至一定长度，其内容则被初始化为空，当系统运行时，该文件逐渐被产生的日志所填充。对日志文件的写入是顺序连续的。然而系统磁盘空间总是有限的，系统必须能够循环利用日志文件的空间，为了做到这一点，当所有日志文件空间被占满时，系统需要清空一部分日志，以便重用日志文件的空间，为了保证被清空的日志所“保护”的数据在磁盘上是安全的，这里需要引入一个关键的数据库概念——检查点。当产生检查点时，系统将系统缓冲区中的日志和脏数据页都写入磁盘，以保证当前日志所“保护”的数据页都已安全写入磁盘，这样日志文件即可被安全重用。

5. 归档日志文件

归档日志文件以归档时间命名，后缀也是 . log。达梦数据库可以在归档模式和非归档模式下运行。但只有在归档模式下运行时，达梦数据库在重做联机日志文件时才能生成归档日志文件。

采用归档模式会对系统的性能产生影响，然而系统在归档模式下运行会更安全，当出现故障时其丢失数据的可能性更小，这是因为一旦出现介质故障，如磁盘损坏，利用归档日志，系统可被恢复至故障发生的前一刻，也可以还原到指定的时间点，而如果没有归档日志文件，则只能利用备份进行恢复。

归档日志还是数据守护功能的核心，数据守护中的备机就是通过重做日志来完成与主机的数据同步的。

6. 逻辑日志文件

如果在达梦数据库上配置了复制功能，复制源就会产生逻辑日志文件。逻辑日志文件是一个流式的文件，它有自己的格式，且不在页、簇和段的管理之下。

逻辑日志文件内部存储按照复制记录的格式，一条记录紧接着一条记录，存储着复制源端的各种逻辑操作，用于发送给复制目的端。

7. 备份文件

备份文件以 . bak 为后缀，当系统正常运行时，备份文件不会起任何作用，它也不是数据库必须有的联机文件类型之一。然而,从来没有哪个数据库系统能够保证永远正确无误地运行,当数据库不幸出现故障时,备份文件就显得尤为重要了。

当客户利用管理工具或直接发出备份的 SQL 命令时,DM Server 会自动进行备份,并产生一个或多个备份文件,备份文件自身包含了备份的名称、对应的数据库、备份类型和备份时间等信息。同时,系统还会自动记录备份信息及该备份文件所处的位置,但这种记录是松散的,用户可根据需要将其复制至任何地方,并不会影响系统的运行。

8. 跟踪日志文件

用户在 dm. ini 中配置 SVR_LOG 和 SVR_LOG_SWITCH_COUNT 参数后就会打开跟踪日志。跟踪日志文件是一个纯文本文件,以"dm_commit_日期_时间"命名,生成在 DM 安装目录的 log 子目录下,其内容包含系统各会话执行的 SQL 语句、参数信息、错误信息等。跟踪日志主要用于分析错误和分析性能问题,基于跟踪日志可以对系统运行状态有一个分析,例如,可以挑出系统执行速度较慢的 SQL 语句,对其进行优化。

打开跟踪日志会对系统的性能有较大影响,一般在查错和调优的时候才会打开,默认情况下系统是关闭跟踪日志的。

9. 事件日志文件

达梦数据库系统在运行过程中,会在 log 子目录下产生一个"dm_实例名_日期"命名的事件日志文件。事件日志文件对达梦数据库运行时的关键事件进行记录,如系统启动、关闭、内存申请失败、I/O 错误等一些致命错误。事件日志文件主要用于系统出现严重错误时进行查看并定位问题。事件日志文件随着达梦数据库服务的运行一直存在。

10. 数据重演文件

调用系统存储过程 SP_START_CAPTURE 和 SP_STOP_CAPTURE,可以获得数据重演文件。重演文件用于数据重演,存储了从抓取开始到抓取结束时,达梦数据库与客户端的通信消息。使用数据重演文件,可以多次重复抓取这段时间内的数据库操作,为系统调试和性能调优提供了另一种分析手段。

(二) 逻辑存储结构

达梦数据库逻辑存储结构描述了数据库内部数据的组织和管理方式。达梦数据库为数据库中的所有对象分配逻辑空间,并存放在数据文件中。在达梦数据库内部,所有的数据文件组合在一起被划分到一个或者多个表空间中,所有的数据库内部对象都存放在这些表空间中。同时,表空间被进一步划分为段、簇和页(也称块)。通过这种细分,可以使达梦数据库更加高效地控制磁盘空间的利用率。图 1-3 所示为逻辑存储结构关系。

可以看出,在 DM 7 中存储的层次结构可以表述为:系统由一个或多个表空间组成;每个表空间由一个或多个数据文件组成;每个数据文件由一个或多个簇组成;段是簇的上级逻辑单元,一个段可以跨多个数据文件;簇由磁盘上连续的页组成,一个簇总是在一个数据文件中;页是数据库中最小的分配单元,也是数据库中使用的最小的 I/O 单元。

1. 表空间

在达梦数据库中,表空间由一个或者多个数据文件组成。达梦数据库中的所有对象在逻辑上都存放在表空间中,而物理上都存储在所属表空间的数据文件中。

在创建达梦数据库时,会自动创建 5 个表空间:SYSTEM 表空间、ROLL 表空间、MAIN

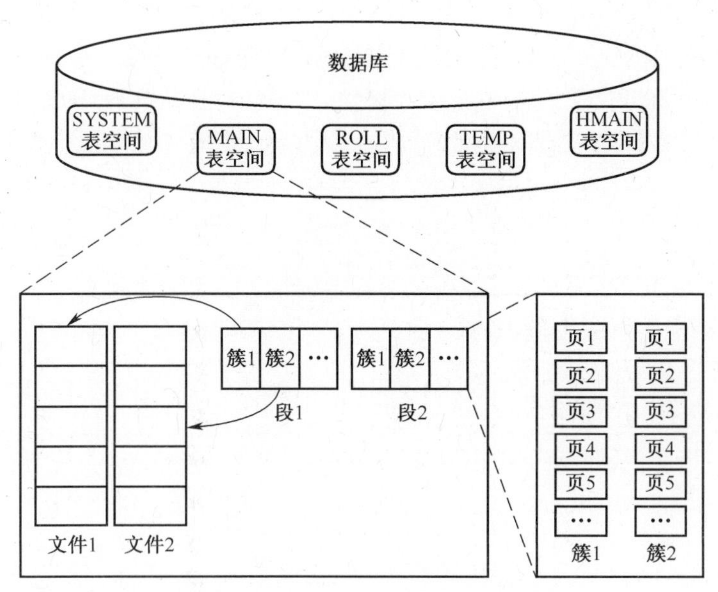

图 1-3　逻辑存储结构关系示意图

表空间、TEMP 表空间和 HMAIN 表空间。

（1）SYSTEM 表空间存放了有关达梦数据库的字典信息。

（2）ROLL 表空间完全由达梦数据库自动维护，用户无需干预。该表空间用来存放事务运行过程中执行 DML 操作之前的值，从而为访问该表的其他用户提供表数据的读一致性视图。

（3）MAIN 表空间在初始化库的时候，就会自动创建一个大小为 128MB 的数据文件 MAIN. dbf。在创建用户时，如果没有指定默认表空间，则系统自动指定 MAIN 表空间为用户默认的表空间。

（4）TEMP 表空间完全由达梦数据库自动维护。当用户的 SQL 语句需要磁盘空间来完成某个操作时，达梦数据库会从 TEMP 表空间中分配临时段，如创建索引、无法在内存中完成的排序操作、SQL 语句中间结果集，以及用户创建的临时表等都会使用到 TEMP 表空间。

（5）HMAIN 表空间属于 HTS（Huge Table Space）表空间，完全由达梦数据库自动维护，用户无需干涉。当用户在创建 HFS（Huge File System）表时，在未指定 HTS 表空间的情况下，HMAIN 充当默认 HTS 表空间。

每一个用户都有一个默认的表空间。对于 SYSSSO、SYSAUDITOR 系统用户，默认的用户表空间是 SYSTEM，SYSDBA 用户的默认表空间为 MAIN，新创建的用户如果没有指定默认表空间，则系统自动指定 MAIN 表空间为用户默认的表空间。用户在创建表的时候，当指定了存储表空间 A，并且和当前用户的默认表空间 B 不一致时，表存储在用户指定的表空间 A 中，并且默认情况下，在这张表上建立的索引也将存储在 A 中，但是用户的默认表空间是不变的，仍为 B。一般情况下，建议用户自己创建一个表空间来存放业务数据，或者将数据存放在默认的用户表空间 MAIN 中，而不是将数据存放在 SYSTEM 表空间中。

2. 页

数据页(也称数据块)是达梦数据库中最小的数据存储单元。页的大小对应物理存储空间上特定数量的存储字节,在达梦数据库中,页大小可以为4KB、8KB、16KB或者32KB,用户在创建数据库时可以指定,默认大小为8KB,一旦创建好了数据库,则在该库的整个生命周期内,页大小都不能够改变。图1-4所示为DM数据页的典型格式。

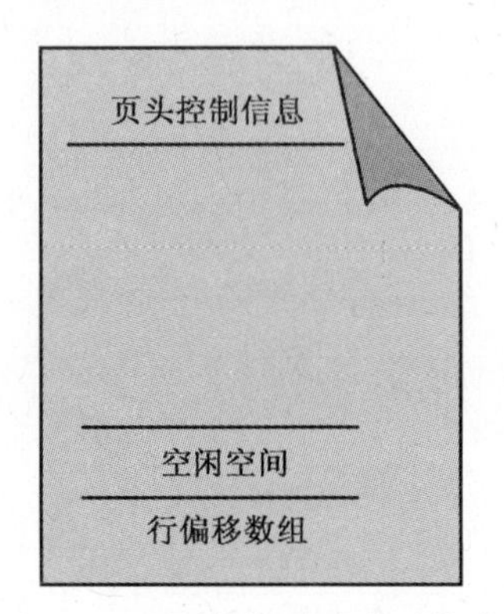

图1-4　DM数据页的典型格式

页头控制信息包含了页类型、页地址等信息。页的中部存放了数据,为了更好地利用数据页,在数据页的尾部专门留出一部分空间用于存放行偏移数组,行偏移数组用于标识页上的空间占用情况,以便管理数据页自身的空间。

在绝大多数情况下,用户无需干预达梦数据库对数据页的管理。但是达梦数据库还是提供了选项供用户选择,使得在某些情况下可以为用户提供更佳的数据处理性能。

可用空间百分比(FILLFACTOR)是达梦数据库提供的一个与性能有关的数据页级存储参数,它指定一个数据页初始化后插入数据时最大可以使用空间的百分比,该值在创建表/索引时可以指定。

设置FILLFACTOR参数的值,是为了指定数据页中的可用空间百分比和可扩展空间百分比(100-FILLFACTOR)。可用空间用来执行更多的INSERT操作,可扩展空间用来为数据页保留一定的空间,以防止在今后的更新操作中增加列或者修改变长列的长度时,引起数据页的频繁分裂。当插入的数据占据的数据页空间百分比低于FILLFACTOR时,允许数据插入该页,否则将当前数据页中的数据分为两部分,一部分保留在当前数据页中,另一部分存入一个新页中。

对于DBA来说,使用FILLFACTOR时应该在空间和性能之间进行权衡。为了充分利用空间,用户可以设置一个很高的FILLFACTOR值,如100,但是这可能会导致在后续更新数据时,频繁引起页分裂,而导致需要大量的I/O操作。为了提高更新数据的性能,可以设置一个相对较低(但不是过低)的FILLFACTOR值,使得后续执行更新操作时,可以尽量避免数据页的分裂,提升I/O性能,但这是以牺牲空间利用率来换取性能的提高。

3. 簇

簇是数据页的上级逻辑单元,由同一个数据文件中16个或32个连续的数据页组成。在达梦数据库中,簇的大小由用户在创建数据库时指定,默认大小为16。假定某个数据文件大小为32MB,页大小为8KB,则共有32MB/8KB/16=256个簇,每个簇的大小为8KB×

16=128KB。和数据页的大小一样,一旦创建好数据库,此后该数据库的簇的大小就不能改变了。

（1）分配数据簇。

当创建一个表/索引的时候,DM为表/索引的数据段分配至少一个簇,同时数据库会自动生成对应数量的空闲数据页,供后续操作使用。如果初始分配的簇中所有数据页都已经用完,或者新插入/更新数据需要更多的空间,达梦数据库将自动分配新的簇。在默认情况下,达梦数据库在创建表/索引时,初始分配1个簇,当初始分配的空间用完时,达梦数据库会自动扩展。

当达梦数据库的表空间为新的簇分配空闲空间时,首先在表空间中按文件从小到大的顺序在各个数据文件中查找可用的空闲簇,找到后进行分配;如果各数据文件都没有空闲簇,则在各数据文件中查找空闲空间足够的,将需要的空间先进行格式化,然后进行分配;如果各文件的空闲空间也不够,则选择一个数据文件进行扩充。

（2）释放数据簇。

对于用户数据表空间,在用户将一个数据段对应的表/索引对象DROP之前,该表对应的数据段会保留至少1个簇不被回收到表空间中。在删除表/索引对象中记录的时候,达梦数据库通过修改数据文件中的位图来释放簇,释放后的簇被视为空闲簇,可以供其他对象使用。当用户删除了表中所有记录时,达梦数据库仍然会为该表保留1或2个簇供后续使用。若用户使用DROP语句来删除表/索引对象,则此表/索引对应的段以及段中包含的簇全部收回,并供存储于此表空间的其他模式对象使用。

对于临时表空间,达梦数据库会自动释放在执行SQL过程中产生的临时段,并将属于此临时段的簇空间还给临时表空间。需要注意的是,临时表空间文件在磁盘所占大小并不会因此而缩减,用户可以通过系统函数SF_RESET_TEMP_TS进行磁盘空间的清理。

对于回滚表空间,达梦数据库将定期检查回滚段,并确定是否需要从回滚段中释放一个或多个簇。

4. 段

段是簇的上级逻辑分区单元,它由一组簇组成。在同一个表空间中,段可以包含来自不同文件的簇,即一个段可以跨越不同的文件。而一个簇以及该簇所包含的数据页则只能来自一个文件,是连续的16个或者32个数据页。由于簇的数量是按需分配的,因此数据段中的不同簇在磁盘上不一定连续。

（1）数据段。

段可以被定义为特定对象的数据结构,如表数据段或索引数据段。表中的数据以表数据段结构存储,索引中的数据以索引数据段结构存储。DM以簇为单位给每个数据段分配空间,当数据段的簇空间用完时,达梦数据库就给该段重新分配簇,段的分配和释放完全由达梦数据库自动完成,可以在创建表/索引时设置存储参数来决定数据段的簇如何分配。

当用户使用CREATE语句创建表/索引时,DM会创建相应的数据段。表/索引的存储参数用来决定对应数据段的簇如何被分配,这些参数将会影响与对象相关的数据段的存储与访问效率。对于分区表,每个分区使用单独的数据段来容纳所有数据,对于分区表上的非分区索引,使用一个索引数据段来容纳所有数据,而对于分区索引,每个分区使用一个单独索引数据段来容纳其数据。表的数据段和与其相关的索引段不一定要存储在同一表空间中，用户可以在创建表和索引时，指定不同的表空间存储参数。

（2）临时段。

在达梦数据库中，所有的临时段都创建在临时表空间中，这样可以分流磁盘设备的I/O，也可以减少由于在SYSTEM或其他表空间内频繁创建临时数据段而造成的碎片。

当处理一个查询时，经常需要为SQL语句的解析与执行的中间结果准备临时空间。达梦数据库会自动地分配临时段的磁盘空间。例如，DM在进行排序操作时就可能需要使用临时段，当排序操作可以在内存中执行，或设法利用索引就可以执行时，就不必创建临时段。对于临时表及其索引，达梦数据库也会为它们分配临时段。临时段的分配和释放完全由系统自动控制，用户不能手工进行干预。

（3）回滚段。

达梦数据库在回滚表空间的回滚段中保存了用于恢复数据库操作的信息。对于未提交事务，当执行回滚语句时，回滚记录被用来做回滚变更。在数据库恢复阶段，回滚记录被用来做任何未提交变更的回滚。在多个并发事务运行期间，回滚段还为用户提供读一致性，所有正在读取受影响行的用户将不会看到行中的任何变动，直到他们事务提交后发出新的查询。达梦数据库提供了全自动回滚管理机制来管理回滚信息和回滚空间，自动回滚管理消除了管理回滚段的复杂性。此外，系统将尽可能保存回滚信息，来满足用户查询回滚信息的需要。事务被提交后，回滚数据不能再回滚或者恢复，但是从数据读一致性的角度出发，长时间运行查询可能需要这些早期的回滚信息来生成早期的数据页镜像，基于此，数据库需要尽可能长时间的保存回滚信息。达梦数据库会收集回滚信息的使用情况，并根据统计结果对回滚信息保存周期进行调整，数据库将回滚信息保存周期设为比系统中活动的最长的查询时间稍长。

二、达梦数据库实例

达梦数据库实例一般是由一个正在运行的DM后台进程（包含多个线程）以及一个大型的共享内存组成的。简单来说，实例就是操作达梦数据库的一种手段，是用来访问数据库的内存结构以及后台进程的集合。

达梦数据库存储在服务器的磁盘上，而DM实例存储于服务器的内存中。通过运行DM实例，可以操作达梦数据库中的内容。在任何时候，一个实例只能与一个数据库进行关联（装载、打开或者挂起数据库）。在大多数情况下，一个数据库也只有一个实例对其进行操作。但是在达梦提供的高性能集群中，多个实例可以同时装载并打开一个数据库（位于一组由多台服务器共享的物理磁盘上），此时，可以同时从多台不同的计算机访问这个数据库。

（一）DM后台进程

DM服务器使用“对称服务器构架”的单进程、多线程结构。这种对称服务器构架在有效利用了系统资源的同时又提供了较高的可伸缩性能，这里所指的线程即为操作系统的线程。服务器在运行时由各种内存数据结构和一系列的线程组成，线程分为多种类型，不同类型的线程完成不同的任务。线程通过一定的同步机制对数据结构进行并发访问和处理,以完成客户提交的各种任务。达梦数据库服务器是共享的服务器,允许多个用户连接到同一个服务器上,服务器进程称为共享服务器进程。DM 进程中主要包括监听线程、I/O 线程、工作线程、调度线程、日志线程等。

1. 监听线程

监听线程主要的任务是在服务器端口上进行循环监听,一旦有来自客户的连接请求,监听线程被唤醒并生成一个会话申请任务,加入工作线程的任务队列,等待工作线程进行处理。它在系统启动完成后才启动,并且在系统关闭时首先被关闭。为了保证在处理大量客户连接时系统具有较短的响应时间,监听线程比普通线程优先级更高。

2. 工作线程

工作线程是 DM 服务器的核心线程,它从任务队列中取出任务,并根据任务的类型进行相应的处理,负责所有实际数据的相关操作。DM 7 的初始工作线程个数由配置文件指定,随着会话连接的增加,工作线程也会同步增加,以保持每个会话都有专门的工作线程处理请求。为了保证用户所有请求及时响应,一个会话上的任务全部由同一个工作线程完成,这样减少了线程切换的代价,提高了系统效率。当会话连接超过预设的阈值时,工作线程数目不再增加,转而由会话轮询线程接收所有用户请求,加入任务队列,等待工作线程一旦空闲,从任务队列依次摘取请求任务处理。

3. 输入输出(IO)线程

在数据库活动中,IO 操作历来都是最为耗时的操作之一。当事务需要的数据页不在缓冲区中时,如果在工作线程中直接对那些数据页进行读写,将会使系统性能变得非常糟糕,而把 IO 操作从工作线程中分离出来是明智的做法。IO 线程的职责就是处理这些 IO 操作。通常情况下,DM Server 需要进行 IO 操作的时机主要有以下三种。

(1) 需要处理的数据页不在缓冲区中,此时需要将相关数据页读入缓冲区;

(2) 缓冲区满或系统关闭时,需要将部分脏数据页写入磁盘;

(3) 检查点到来时,需要将所有脏数据页写入磁盘。

IO 线程在启动后,通常处于睡眠状态,当系统需要进行 IO 时,只需要发出一个 IO 请求,此时 IO 线程被唤醒以处理该请求,在完成该 IO 操作后继续进入睡眠状态。

IO 线程的个数是可配置的,可以通过设置 dm.ini 文件中的 IO_THR_GROUPS 参数设置,默认情况下,IO 线程的个数是两个。同时,IO 线程处理 IO 的策略根据操作系统平台的不同会有很大差别,一般情况下,IO 线程使用异步的 IO 将数据页写入磁盘,此时,系统将所有的 IO 请求直接递交给操作系统,操作系统在完成这些请求后才通知 IO 线程,这种异步 IO 的方式使得 IO 线程需要直接处理的任务很简单,即完成 IO 后的一些收尾处理并发出 IO 完成通知,如果操作系统不支持异步 IO,此时 IO 线程需要完成实际的 IO 操作。

4. 调度线程

调度线程用于接管系统中所有需要定时调度的任务。调度线程每秒轮询一次,负责以下任务。

(1) 检查系统级的时间触发器,如果满足触发条件,则生成任务加到工作线程的任务队列由工作线程执行;

(2) 清理 SQL 缓存、计划缓存中失效的项,或者超出缓存限制后淘汰不常用的缓存项;

(3) 检查数据重演捕获持续时间是否到期,到期则自动停止捕获;

(4) 执行动态缓冲区检查。根据需要动态扩展或动态收缩系统缓冲池;

(5) 自动执行检查点,为了保证日志的及时刷盘,减少系统故障时恢复时间,根据 INI 参数设置的自动检查点执行间隔定期执行检查点操作;

(6) 会话超时检测,当客户连接设置了连接超时时,定期检测是否超时,如果超时则自动断开连接;

(7) 必要时执行数据更新页刷盘;

(8) 唤醒等待的工作线程。

5. 日志刷新(FLUSH)线程

任何数据库的修改都会产生重做(REDO)日志,为了保证数据故障恢复的一致性,REDO 日志的刷盘必须在数据页刷盘之前进行。事务运行时,会把生成的 REDO 日志保留在日志缓冲区中,当事务提交或者执行检查点时,会通知 FLUSH 线程进行日志刷盘。由于日志具备顺序写入的特点,比数据页分散 IO 写入效率更高,因此,日志 FLUSH 线程和 IO 线程分开,能获得更快的响应速度,保证整体的性能。DM 7 的日志 FLUSH 线程进行了优化,在刷盘之前,对不同缓冲区内的日志进行合并,减少了 IO 次数,进一步提高了性能。如果系统配置了实时归档,在 FLUSH 线程日志刷盘前,会直接将日志通过网络发送到实时备机。如果配置了本地归档或者远程同步归档,则生成归档任务,通过日志归档线程完成。

6. 日志归档线程

日志归档线程包含同步归档线程和异步归档线程,前者负责本地归档和远程同步归档任务,后者负责远程异步归档任务。如果配置了非实时归档,由日志 FLUSH 线程产生的任务会分别加入日志归档线程,日志归档线程负责从任务队列中取出任务,按照归档类型做相应归档处理。将日志 FLUSH 线程和日志归档线程分开的目的是减少不必要的效率损失,除了远程实时归档外,本地归档、远程同步归档、远程异步归档都可以脱离 FLUSH 线程来做,如果放在 FLUSH 线程中一起做,则会严重影响系统性能。

7. 日志重做线程

为了提高故障恢复效率,DM 在故障恢复时采用了并行机制重做日志,日志重做线程就用于日志的并行恢复。通过 INI 参数 LOG_REDO_THREAD _NUM 可配置重做线程数,默认是两个线程。

8. 日志应用(APPLY)线程

在配置了数据守护的系统中,创建了一个日志 APPLY 线程。当服务器作为备机时,每次接收到主机的物理 REDO 日志生成一个 APPLY 任务加入任务队列,APPLY 线程从任务队列中取出一个任务在备机上将日志重做,并生成自己的日志,保持和主机数据的同步或一致,作为主机的一个镜像。备机数据对用户只读,可承担报表、查询等任务,均衡主机的负载。

9. 定时器线程

在数据库的各种活动中,用户常常需要数据库在某个时间点开始进行某种操作,如备份,或者在某个时间段内反复进行某种操作等。定时器线程就是为这种需求而设计的。通常情况下,DM Server 需要进行定时操作的事件主要有以下几种。

（1）逻辑日志异步归档；

（2）异步归档日志发送（只在 PRIMARY 模式下，且 OPEN 状态下发送）；

（3）作业调度。

定时器线程启动之后，每秒检测一次定时器链表，查看当前的定时器是否满足触发条件，如果满足，则把执行权交给设置好的任务，如逻辑日志异步归档等。默认情况下，达梦服务器启动的时候，定时器线程是不启动的。用户可以通过设置 dm. ini 中的 TIMER_INI 参数为 1 来设置定时器线程在系统启动时启动。

10. 逻辑日志归档线程

逻辑日志归档用于 DM 7 的数据复制，目的是加快异地访问的响应速度，包含本地逻辑日志归档线程和远程逻辑日志归档线程。当配置了数据复制后，系统才会创建这两个线程。

（1）本地逻辑日志归档线程：本地归档线程从本地归档任务列表中取出一个归档任务，生成到逻辑日志，并将逻辑日志写入逻辑日志文件中。如果当前逻辑日志的远程归档类型是同步异地归档并且当前的刷盘机制是强制刷盘，那么就生成一个异地归档任务加入临时列表中。

（2）远程逻辑日志归档线程：远程归档线程从远程归档任务列表中取出一个归档任务，并根据任务的类型进行相应的处理。任务的类型包括同步发送和异步发送。

11. 数据守护相关线程

在配置了数据守护的观察器上，会创建观察器的实时检测线程、同步检测线程，实现主备机之间的故障检测、故障切换以及恢复。在配置了守护进程的数据守护方案中，数据库实例还会创建 UDP 消息的广播和接收线程，负责实例和守护进程之间的通信，实现数据守护功能。

12. MAL 系统相关线程

MAL（Mail）系统是 DM 内部高速通信系统，基于 TCP/IP 协议实现。服务器的很多重要功能都是通过 MAL 系统实现通信的，如数据守护、数据复制、大规模并行处理（MPP）、远程日志归档等。MAL 系统内部包含一系列线程，有 MAL 监听线程、MAL 发送工作线程、MAL 接收工作线程等。

13. 其他线程

达梦数据库系统中不止以上这些线程，在一些特定的功能中会有不同的线程，如回滚段清理线程、审计写文件线程、重演捕获写文件线程等，这里不再一一列出。

（二）DM 内存

数据库管理系统是一种对内存申请和释放操作频率很高的软件，如果每次对内存的使用都使用操作系统函数来申请和释放，效率会比较低，加入自己的内存管理是 DBMS 所必需的。通常，内存管理系统会带来以下好处：

（1）申请、释放内存效率更高；

（2）能够有效地了解内存的使用情况；

（3）易于发现内存泄露和内存写越界的问题。

达梦数据库管理系统的内存结构主要包括内存池、缓冲区、排序区、哈希区等。根据系统中子模块的不同功能，对内存进行了上述划分，并采用了不同的管理模式。

1. 内存池

DM Server 的内存池指的是共享内存池。根据内存使用情况的不同,对共享内存池的使用采用了两种工作方式:HEAP 和 VPOOL。共享内存池用于解决 DM Server 对于小片内存的申请与释放问题。系统在运行过程中,经常会申请与释放小片内存,而向操作系统申请和释放内存时需要发出系统调用,此时可能会引起线程切换,降低系统运行效率。采用共享内存池可一次向操作系统申请一片较大内存,即为内存池,当系统在运行过程中需要申请内存时,在共享内存池内进行申请,当用完该内存后,再释放,即归还给共享内存池。当系统采用较好的策略管理共享内存池时,小片内存的申请与释放不会对系统影响太大。这种方式还有一个优点,可以比较容易地检测系统是否存在内存泄漏。DM 管理员可以通过 DM Server 的配置文件(dm. ini)对共享内存池的大小进行设置,共享池的参数为 MEMORY_POOL,该配置默认为 40MB。而 HEAP 与 VPOOL 使用的是共享内存池中的内存,所以一般情况下,HEAP 与 VPOOL 两种方式对内存申请的大小不会超过 MEMORY_POOL 值。

(1) HEAP:HEAP 工作方式采用了堆的思想。每次申请内存时,都是从堆顶上申请的,如果不够,则继续向共享内存池中申请内存页,然后加入 HEAP 中,继续供系统的申请使用,这样 HEAP 的长度可以无限增长下去。释放 HEAP 时,可以释放堆顶上的内存页,也可以释放整个 HEAP。使用内存堆来管理小片内存的申请有一个特点,每次申请小片内存以后,不能单独对这片内存进行释放,也就是不用关心这片内存何时释放,它在堆释放时统一释放,能有效防止内存泄露的发生。

(2) VPOOL:VPOOL 的工作方式主要采用了“伙伴系统”的思想进行管理。申请的 VPOOL 内存分为私有和公有两种。私有 VPOOL 只提供给某个单独功能模块使用,公有 VPOOL 则提供给那些需要共享同一资源而申请的模块,所以对公有 VPOOL 需要进行保护,而私有 VPOOL 则不需要。VPOOL 和 HEAP 的区别在于,VPOOL 申请出去的每片内存都可以单独地进行释放。

2. 缓冲区

(1) 数据缓冲区:数据缓冲区是 DM Server 在将数据页写入磁盘之前以及从磁盘上读取数据页之后,数据页所存储的地方。这是 DM Server 至关重要的内存区域之一,将其设定得太小,会导致缓冲页命中率低,磁盘 IO 频繁;将其设定得太大,又会导致操作系统内存本身不够用。系统启动时,首先根据配置的数据缓冲区大小向操作系统申请一片连续内存并将其按数据页大小进行格式化,并置入“自由”链中。数据缓冲区存在三条链来管理被缓冲的数据页:一条是“自由”链,用于存放目前尚未使用的内存数据页;一条是“LRU”链,用于存放已被使用的内存数据页(包括未修改和已修改的);还有一条为“脏”链,用于存放已被修改过的内存数据页。LRU 链对系统当前使用的页按其最近是否被使用的顺序进行了排序。这样,当数据缓冲区中的自由链被用完时,从 LRU 链中淘汰部分最近未使用的数据页,能够较大程度地保证被淘汰的数据页在最近不会被用到,减少 IO。在系统运行过程中,通常存在一部分“非常热”(反复被访问)的数据页,将它们一直留在缓冲区中,对系统性能会有好处。对于这部分数据页,数据缓冲区开辟了一个特定的区域存放它们,以保证这些页不参与一般的淘汰机制,可以一直留在数据缓冲区中。

① 类别:DM Server 中有四种类型的数据缓冲区,分别是 NORMAL、KEEP、FAST 和

RECYCLE。其中,用户可以在创建表空间或修改表空间时,指定表空间属于 NORMAL 或 KEEP 缓冲区。RECYCLE 缓冲区供临时表空间使用。FAST 缓冲区根据用户指定的 FAST_POOL_PAGES 和 FAST_ROLL_PAGES 大小由系统自动进行管理,用户不能指定使用 RECYCLE 和 FAST 缓冲区的表或表空间。NORMAL 缓冲区主要是提供给系统处理的一些数据页,没有特定指定缓冲区的情况下,默认缓冲区为 NORMAL。KEEP 缓冲区的特性是对缓冲区中的数据页很少或几乎不怎么淘汰,主要针对用户的应用是否需要经常处在内存中,如果是,则可以指定缓冲区为 KEEP。DM Server 提供了可以更改这些缓冲区大小的参数,用户可以根据自己应用需求情况,指定 dm.ini 文件中 BUFFER(80MB)、KEEP(8MB)、RECYCLE(64MB)、FAST_POOL_PAGES(0)和 FAST_ROLL_ PAGES(0)值(括号中为默认值),这些值分别对应 NORMAL 缓冲区大小、KEEP 缓冲区大小、RECYCLE 缓冲区大小、FAST 缓冲区页面数和 FAST 缓冲区回滚页面数。

② 读多页:在需要进行大量 IO 的应用当中,DM 之前版本的策略是每次只读取一页。如果知道用户需要读取表的大量数据,当读取到第一页时,可以猜测用户可能需要读取这页的下一页,在这种情况下,一次性读取多页就可以减少 IO 次数,从而提高了数据的查询、修改效率。DM Server 提供了可以读取多页的参数,用户可以指定这些参数来调整数据库运行效率的最佳状态。在 DM 配置文件 dm.ini 中,可以指定参数 MULTI_PAGE_GET_NUM 大小(默认值为 16 页),以控制每次读取的页数。如果用户没有设置较适合的参数 MULTI_PAGE_GET_NUM 值大小,有时可能会给用户带来更差的效果。如果 MULTI_PAGE_GET_NUM 太大,每次读取的页可能大多不是以后所用到的数据页,这样不仅会增加 IO 的读取,而且每次都会做一些无用的 IO,所以系统管理员需要衡量好自己的应用需求,给出最佳方案。

(2) 日志缓冲区:日志缓冲区是用于存放重做日志的内存缓冲区。为了避免由于直接的磁盘 IO 而使系统性能受到影响,系统在运行过程中产生的日志并不会立即被写入磁盘,而是和数据页一样,先将其放置到日志缓冲区中。那么为何不在数据缓冲区中缓存重做日志而要单独设立日志缓冲区呢?其主要基于以下原因。

① 重做日志的格式同数据页完全不一样,无法进行统一管理;

② 重做日志具备连续写的特点;

③ 在逻辑上,写重做日志比数据页 IO 优先级更高。

DM Server 提供了参数 LOG_BUF_SIZE 对日志缓冲区大小进行控制,日志缓冲区所占用的内存是从共享内存池中申请的,单位为页数量,且大小必须为 2 的 N 次方,否则采用系统默认大小 256 页。

(3) 字典缓冲区:字典缓冲区主要存储一些数据字典信息,如模式信息、表信息、列信息、触发器信息等。每次对数据库的操作都会涉及数据字典信息,访问数据字典信息的效率直接影响相应的操作效率,如进行查询语句,就需要相应的表信息、列信息等,这些字典信息如果都在缓冲区里,则直接从缓冲区中获取即可,否则需要 IO 才能读取到这些信息。DM 7 采用的是将部分数据字典信息加载到缓冲区中,并采用 LRU 算法进行字典信息的控制。缓冲区如果设置得太大,会浪费宝贵的内存空间,如果太小,可能会频繁地进行淘汰,该缓冲区配置参数为 DICT_BUF_SIZE,默认的配置大小为 5MB。DM 7 采用缓冲部分字典对象,这会影响效率吗?数据字典信息访问存在热点现象,并不是所有的字典信息都会被频繁的访问,所以按需加载字典信息并不会影响到实际的运行效率。但是如果在实际应用中涉及对分区数较多的水平分区表访问,如上千个分区,那么就需要适当调大DICT_BUF_SIZE参数值。

(4) SQL缓冲区:SQL缓冲区提供在执行SQL语句过程中所需要的内存,包括计划、SQL语句和结果集缓存。很多应用中都存在反复执行相同SQL语句的情况,此时可以使用缓冲区保存这些语句和它们的执行计划,这就是计划重用。这样带来的好处是加快了SQL语句执行效率,但同时给内存增加了压力。DM Server在配置文件dm.ini中提供了参数来支持是否需要计划重用,参数为USE_PLN_POOL,当指定为1时,启动计划重用,否则禁止计划重用。DM还提供了参数CACHE_POOL_SIZE(单位为MB)来改变SQL缓冲区大小,系统管理员可以设置该值以满足应用需求,默认值为10MB。

3. 排序缓冲区

排序缓冲区提供数据排序所需要的内存空间。当用户执行SQL语句时,常常需要进行排序,所使用的内存就是排序缓冲区提供的。在每次排序过程中,都先申请内存,排序结束后再释放内存。DM Server提供了参数来指定排序缓冲区的大小,参数SORT_BUF_SIZE在DM配置文件dm.ini中,系统管理员可以设置其大小以满足需求,由于该值是由系统内部排序算法和排序数据结构决定的,建议使用默认值2MB。

4. 哈希区

DM 7提供了为哈希连接而设定的缓冲区,不过该缓冲区是虚拟缓冲区。之所以说是虚拟缓冲,是因为系统没有真正创建特定属于哈希缓冲区的内存,而在进行哈希连接时,对排序的数据量进行了计算。如果计算出的数据量大小超过了哈希缓冲区的大小,则使用DM 7创新外存哈希方式;如果没有超过哈希缓冲区的大小,实际上使用的还是VPOOL内存池进行的哈希操作。DM Server在dm.ini中提供了参数HJ_BUF_SIZE进行控制,由于该值的大小可能会限制哈希连接的效率,所以建议保持默认值,或设置为更大的值。

除了提供HJ_BUF_SIZE参数外,DM Server还提供了创建哈希表个数的初始化参数,其中,HAGR_HASH_SIZE表示处理聚集函数时创建哈希表的个数,建议保持默认值100000。

5. SSD缓冲区

固态硬盘采用闪存作为存储介质,因没有机械磁头的寻道时间,在读写效率上比机械磁盘更有优势。在内存、SSD磁盘、机械磁盘之间,符合存储分级的条件。为提高系统执行效率,DM Server将SSD文件作为内存缓存与普通磁盘之间的缓冲层,称为“SSD缓存”。DM Server在dm.ini中提供参数SSD_BUF_SIZE和SSD_FILE_PATH来配置SSD缓冲,SSD_BUF_SIZE指定缓冲区的大小,单位是MB,DM Server根据该参数创建相应大小的文件作为缓冲区使用;SSD_FILE_PATH指定该文件所在的文件夹路径,管理员需要保证设置的路径是位于固态磁盘上的。

默认SSD缓冲区是关闭的,即SSD_BUF_SIZE为0。若要配置SSD缓冲区,将其设置为大于0的数并指定SSD_FILE_PATH即可,根据存储分级的概念,建议将SSD_BUF_SIZE配置为BUFFER_SIZE的2倍左右。

第三节　达梦数据库常用工具

DM 7提供了功能丰富的系列工具,方便数据库管理员进行数据库的维护管理。这些工具主要包括控制台工具、管理工具、性能监视工具、数据迁移工具、数据库配置助手和审计分析工具等。

一、控制台工具

控制台工具是管理和维护数据库的基本工具。通过使用控制台工具,数据库管理员可以完成以下功能:服务器参数配置、管理 DM 服务、脱机备份与还原、查看系统信息、查看许可证信息、数据守护配置与状态监视。其界面如图 1-5 所示。

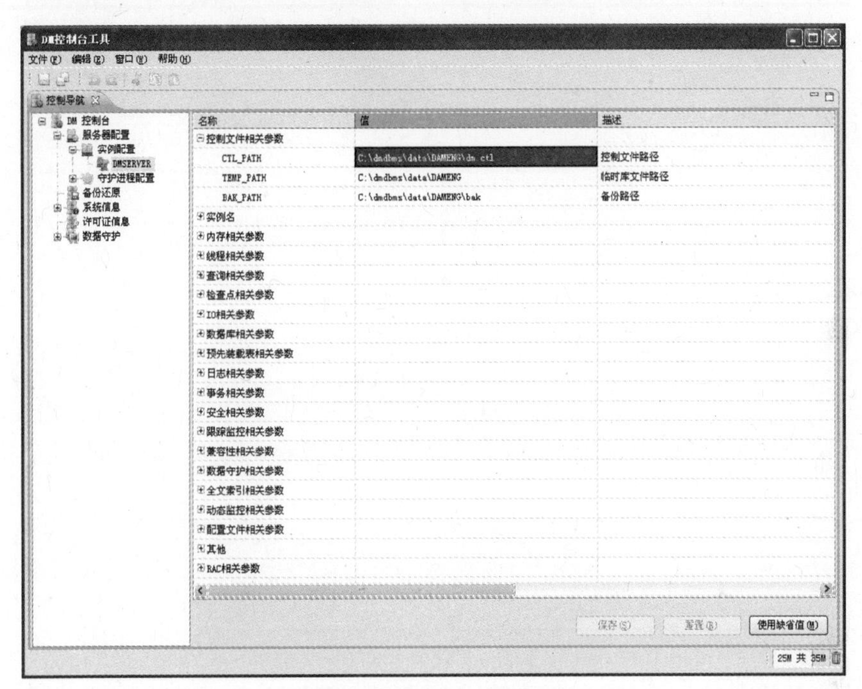

图 1-5 控制台工具界面

二、管理工具

管理工具是达梦系统最主要的图形界面工具,用户通过它可以与数据库进行交互——操作数据库对象和从数据库获取信息。其主要功能包括:服务器管理、数据库实例管理、模式对象管理、表对象管理、外部表对象管理、索引对象管理、视图对象管理、物化视图对象管理、存储过程对象管理、函数对象管理、序列对象管理、触发器对象管理、包对象管理、类对象管理、同义词对象管理、全文索引对象管理、外部链接对象管理、角色权限管理、用户权限管理、安全信息管理、表空间对象管理、备份恢复管理、工具包管理、数据复制管理、数据守护管理、作业调度管理等。其界面如图 1-6 所示。

三、性能监视工具

性能监视工具是达梦系统管理员用来监视服务器的活动和性能情况,并对系统参数进行调整的客户端工具,它允许系统管理员在本机或远程监视服务器的运行状态。其界面如图 1-7 所示。

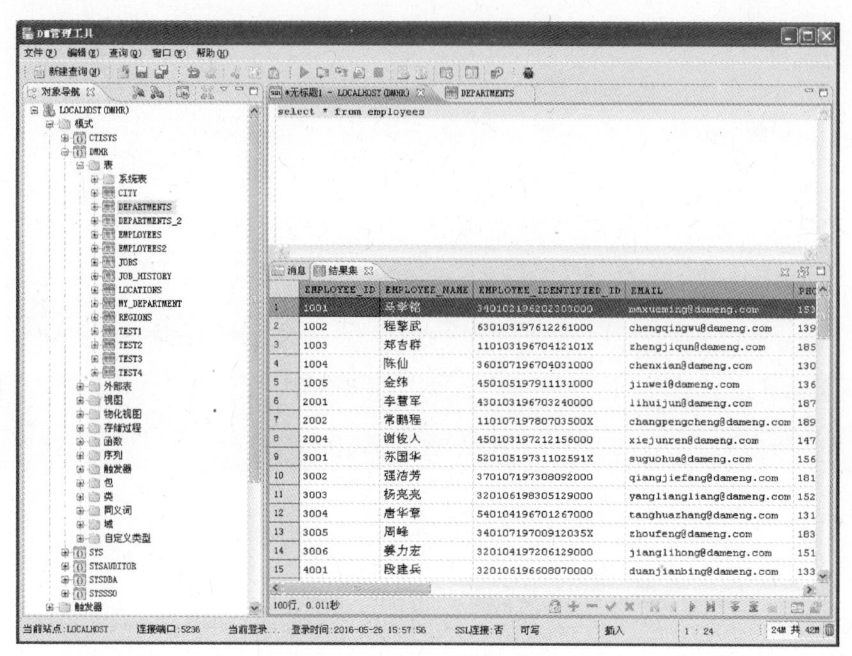

图 1-6　管理工具界面

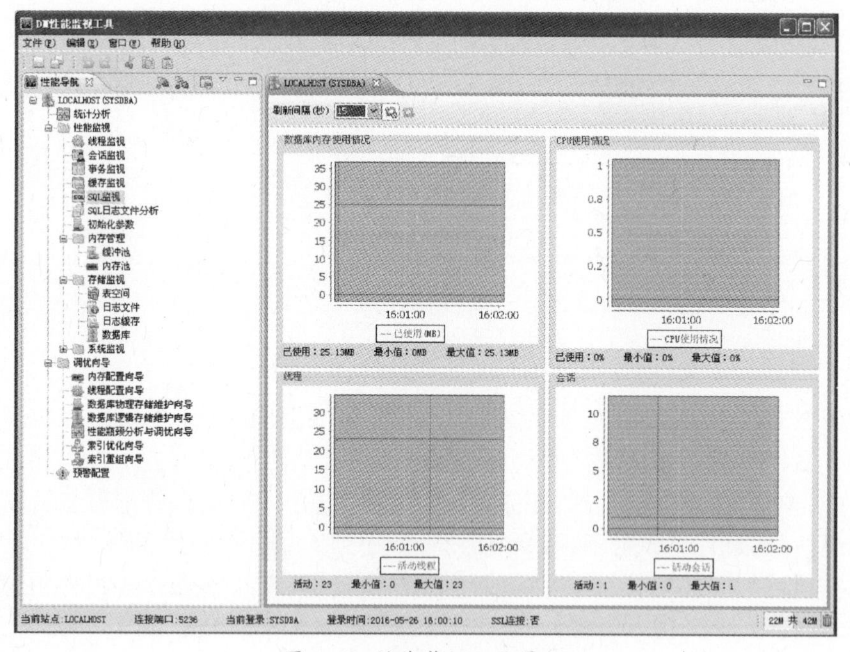

图 1-7　性能监视工具界面

四、数据迁移工具

数据迁移工具提供了主流大型数据库迁移到 DM、DM 迁移到主流大型数据库、DM 迁移到 DM、文件迁移到 DM，以及 DM 迁移到文件的功能。数据迁移工具采用向导方式，引导用户通过简单的步骤完成需要的操作。其界面如图 1-8 所示。

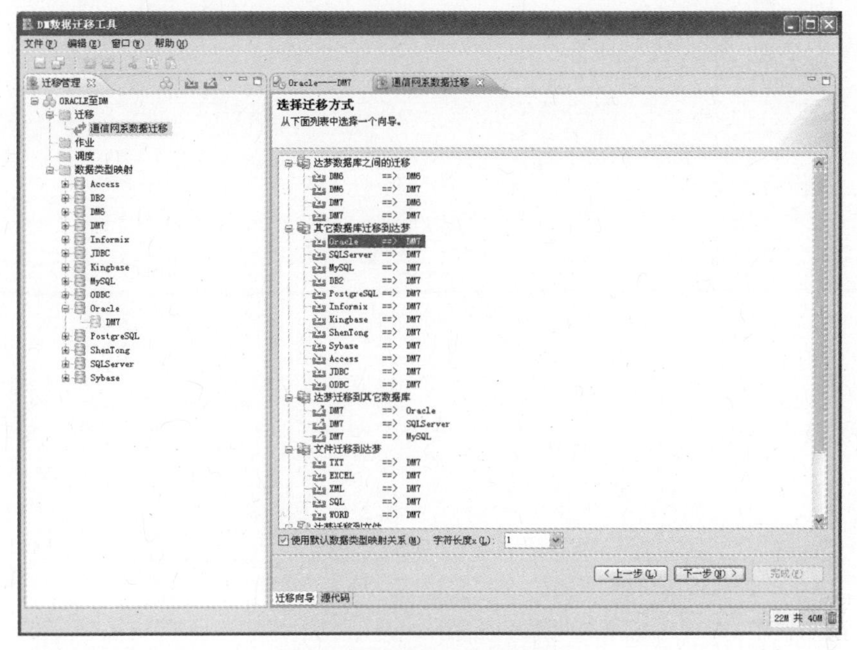

图 1-8 数据迁移工具界面

五、数据库配置助手

数据库配置助手是达梦数据库提供的数据库配置工具,以便用户在创建数据库的时候,能够通过图形界面设置初始化数据库的参数。其界面如图 1-9 所示。

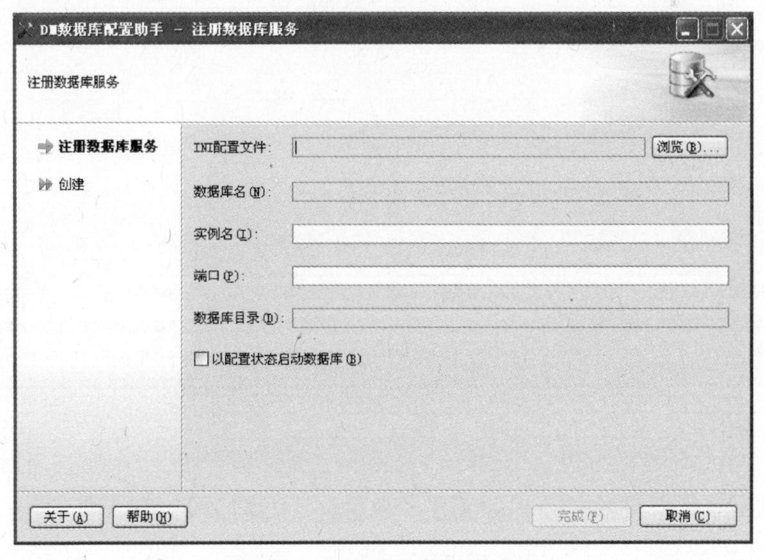

图 1-9 数据库配置助手界面

六、审计分析工具

审计分析工具是数据库审计日志查看的基本工具。通过使用审计分析工具,数据库审计员可以完成审计规则的创建与修改，以及审计记录的查看与导出等功能。审计分析工具的界面如图1-10所示。

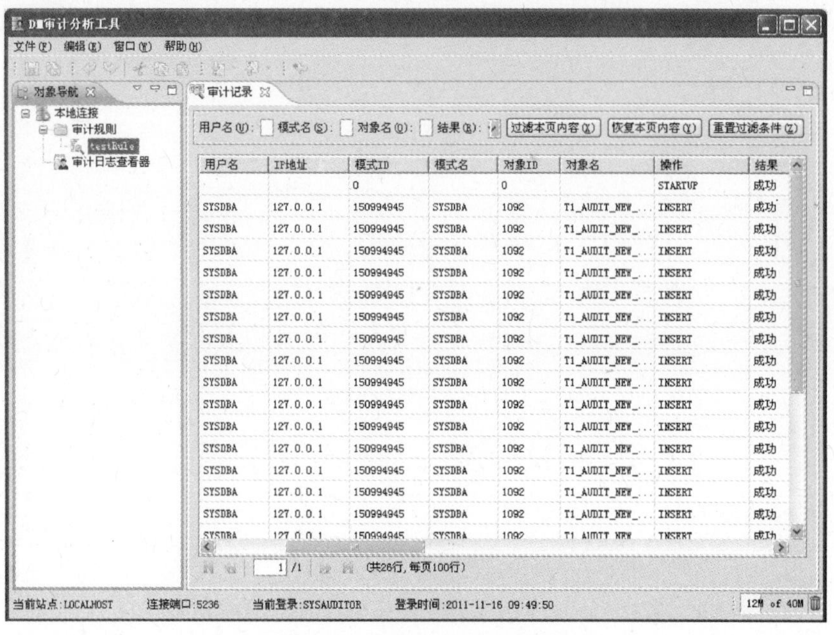

图1-10　审计分析工具界面

作　业　题

一、填空题

1. 我国第一个获得自主原创证书的国产数据库是__________。

2. 达梦数据库体系结构由__________和__________组成。

3. 达梦数据库中最小的数据存储单元是__________。

4. 我国第一个国产数据库管理系统原型是原华中理工大学研制的__________。

5. 在达梦数据库中，表空间由__________组成。

6. 达梦系统管理员可以通过__________工具来监视服务器的活动和性能情况，并对系统参数进行调整的客户端工具。

二、多项选择题

1. 在创建达梦数据库时，以下属于数据库系统自动创建的表空间是(　　)。

A. SYSTEM 表空间　　B. MAIN 表空间　　C. MP 表空间　　D. USERS 表空间

2. 控制台工具是管理和维护数据库的基本工具，下列属于控制台工具功能的是(　　)。

A. 服务器参数配置　　B. 管理 DM 服务　　C. 数据分析　　D. 脱机备份与还原

3. DM 7 支持的数据备份类型包括(　　)。

A. 物理备份　　B. 逻辑备份　　C. B 树备份

4. 下列属于 DM 管理工具功能的有(　　)。

A. 服务器管理　　B. 数据库实例管理　　C. 模式对象管理

D. 表对象管理

5. 达梦数据迁移工具能够实现以下哪些功能？(　　)。

A. 主流大型数据库与 DM 之间的相互数据迁移

B. DM 数据库之间的数据迁移

C. DM 数据库与文件之间的数据迁移

三、简答题

1. DM 7 的特点之一是通用性强,具体体现在哪些方面？

2. 简述 DM 7 物理存储结构与逻辑存储结构的关系。

第二章　达梦数据库安装与卸载

达梦数据库管理系统是基于客户机/服务器方式的数据库管理系统，可以安装在多种计算机操作系统平台上，典型的操作系统有 Windows、Linux、Solaris 和 AIX 等。

DM 7 在代码级全面支持 32 位和 64 位系统，DM 7 既可运行在 32 位操作系统上，又可运行在 64 位操作系统上，尤其在 64 位系统上能充分利用 64 位系统资源（如能充分利用更大容量的内存），使性能更优。同时，由于 DM 7 客户端程序主要使用 Java 编写，具有良好的跨平台特性，可运行在上述操作系统上。客户端程序所用的操作系统与服务器所用的操作系统无关。

对于不同的操作系统平台，达梦数据库安装与卸载存在一定的差异性，本章主要介绍在 Windows 平台和 Linux 平台下达梦数据库的安装和卸载。

第一节　Windows 下 DM 7 安装与卸载

达梦数据库支持几乎所有版本的 Windows 操作系统，如 Windows 2000、Windows 2003、Windows XP、Windows Vista、Windows 7、Windows 8 和 Windows 10 等。在 Windows 操作系统上安装达梦数据库较为方便，只需确认软、硬件环境满足达梦数据安装的基本要求，即可运行达梦数据库安装程序，通过向导式的图形安装界面完成安装。

一、安装前准备

（一）硬件环境

安装达梦数据库前应检查硬件配置是否满足基本要求。安装达梦数据库所需的硬件基本配置见表 2-1。

表 2-1　安装 DM 7 所需的硬件基本配置

硬件	基本配置
CPU	Intel Pentium 4（建议 Pentium 4 1.6GB 以上）处理器
内存	256MB（建议 512MB 以上）
硬盘	5GB 以上可用空间
网卡	10MB 以上支持 TCP/IP 协议的网卡
光驱	32 倍速以上光驱
显卡	支持 1024×768×256 以上彩色显示
显示器	SVGA 显示器
键盘/鼠标	普通键盘/鼠标

由于 DM 7 是基于客户机/服务器方式的大型数据库管理系统,一般基于网络环境部署,达梦数据库软件和客户端软件分别部署在数据库服务器和客户端计算机上,所以硬件环境通常包括网络环境(如一个局域网)。当然,也可部署于单机上,即达梦数据库软件和客户端软件部署在一台计算机上。

(二) 软件环境

达梦数据库支持几乎所有 Windows 版本的操作系统,但需注意以下几点:

(1) 系统盘可用空间建议大于 1GB;

(2) 关闭正在运行的防火墙、杀毒软件等;

(3) 在安数据库之前,还应保证系统时间在 1970 年 1 月 1 日 00:00:00 到 2038 年 1 月 19 日 03:14:07 之间;

(4) 若系统中已安装 DM 7,重新安装前,应在备份数据后,完全卸载原来的系统。

二、服务器端软件安装

在 Windows 系统下安装达梦数据库,应使用 Administrator 用户或其他拥有管理员权限的用户进行安装。所以在运行达梦数据库安装程序前,应使用 Administrator 或者其他拥有管理员权限的用户登录。

在 Windows 系列操作系统下 DM 7 的安装是一样的,安装 DM 7 服务器端软件和安装一般软件也十分相似,下面以 Windows XP 为例描述整个安装过程,其他的 Windows 环境可以参考此安装过程。用户可根据安装向导完成 DM 7 服务器端软件的安装,DM 7 服务器端软件的具体安装步骤如【例 2-1】。

【例 2-1】 DM 7 服务器端软件安装(Windows 版)。

步骤 1:用户在确认 Windows 系统已正确安装和网络系统能正常运行的情况下,将 DM 7 安装光盘放入光驱中,会自动进入安装界面;如已将安装程序复制至本地硬盘中,则应运行"setup. exe"文件。程序将检测当前计算机系统是否已经安装其他版本达梦数据库系统,如果存在其他版本达梦数据库,将弹出提示对话框,如图 2-1 所示。建议卸载其他版本达梦数据库后再安装,如果继续安装,将弹出语言与时区选择对话框,如图 2-2 所示,请根据系统配置选择相应语言与时区,默认为"简体中文"与"GTM+08:00 中国标准时间",单击"确定"按钮继续安装。

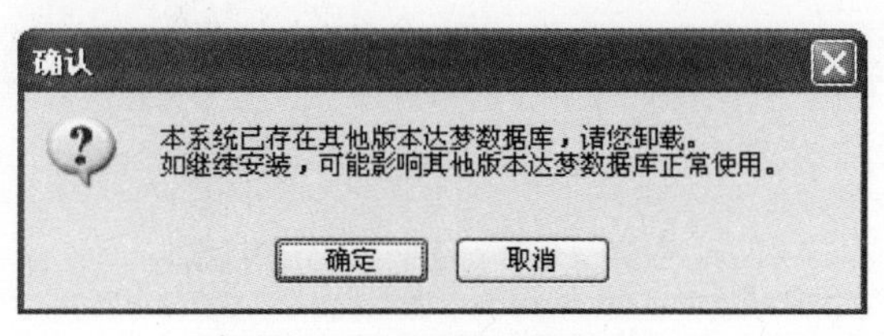

图 2-1 版本检测提示信息

之后会进入安装欢迎界面,如图 2-3 所示,单击"开始"按钮继续安装。

步骤 2:接受许可证协议,如图 2-4 所示。在安装和使用 DM 7 之前,该安装程序需要用户阅读许可协议条款,用户如接受该协议,则选中"接受"单选按钮,并单击"下一步"按钮继续安装;用户若选中"不接受"单选按钮,将无法进行安装。

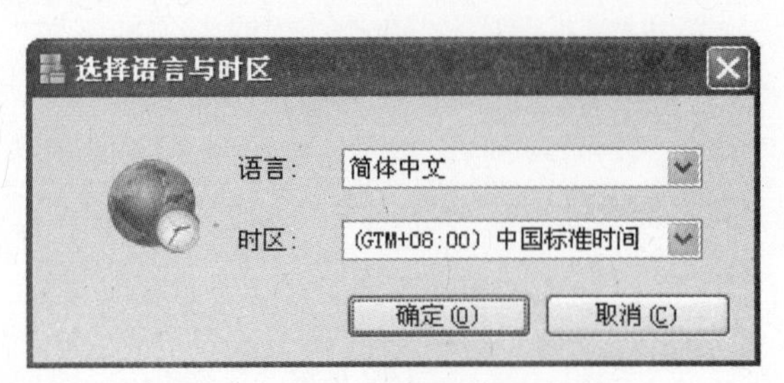

图 2-2 语言与时区选择对话框

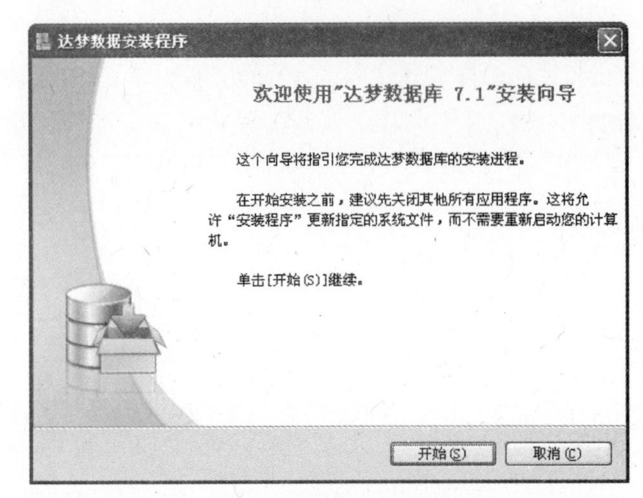

图 2-3 安装欢迎界面

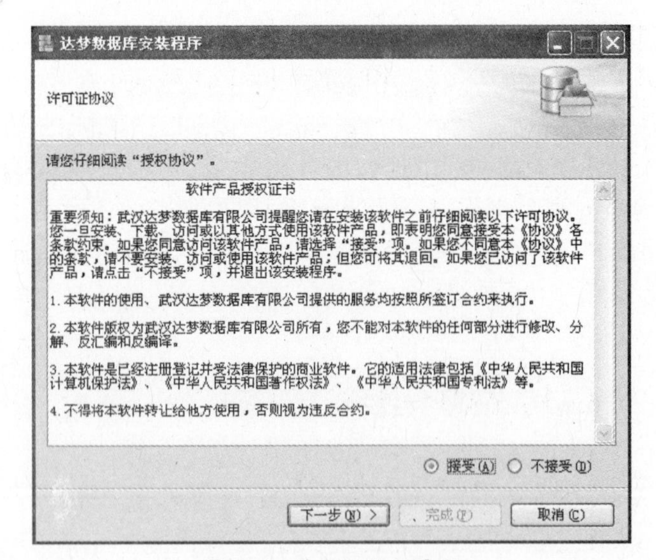

图 2-4 许可证协议界面

步骤 3:查看版本信息,用户可通过图 2-5 所示界面查看 DM 7 服务器、客户端等各组件相应的版本信息。单击“下一步”按钮继续安装。

步骤 4:验证 Key 文件。Key 是达梦公司对用户使用 DM 7 软件的授权许可证(License)。图 2-6 所示为 Key 文件验证界面,用户单击“浏览”按钮,选取 Key 文件,安装

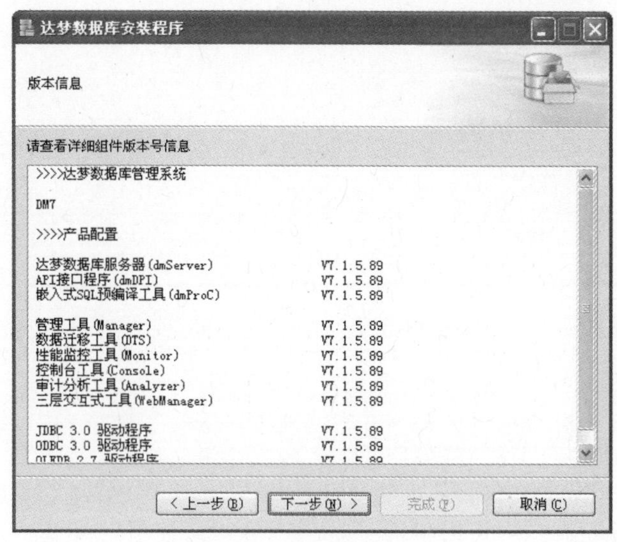

图 2-5　版本信息界面

程序将自动验证 Key 文件信息。如果是合法的 Key 文件且在有效期内,用户可以单击“下一步”按钮继续安装;此外,没有 Key 文件也可以安装,但仅供读者学习系统使用,不可用于商业盈利。

DM 软件安装后,如果需要得到更多授权的用户,可联系达梦公司获取相应的 License。用户获得 License 文件 dm. key 后,首先将达梦服务器关闭,然后将 dm. key 复制到 DM 7 安装目录下 DM 7 服务器所在的子目录中,替换原来的 dm. key 文件即可,如:当 DM 7 安装目录为 C:\dmdbms 时,DM 7 服务器所在的目录为 C:\dmdbms\bin。

达梦数据库安装程序
Key文件
Key文件路径:　C:\dmfeng\dm.key　浏览...
有效日期:　2016-10-30
用户名称:　国防信息学院
服务器颁布类型:　企业版
发布类型:　测试版
授权用户数:　1
并发连接数:　5
提示:安全版必须指定KEY文件,否则无法启用安全特性
< 上一步(B)　下一步(N) >　完成(F)　取消(C)

图 2-6　Key 文件验证界面

步骤 5:选择安装方式。如图 2-7 所示,DM 7 安装程序提供四种安装方式:“典型安装”“服务器安装”“客户端安装”和“自定义安装”,用户可根据实际情况灵活地选择。

用户若想安装服务器端、客户端所有组件,则选择“典型安装”,单击“下一步”按钮继续;用户若只想安装 DM 7 服务器端组件,则选择“服务器安装”,单击“下一步”按钮继

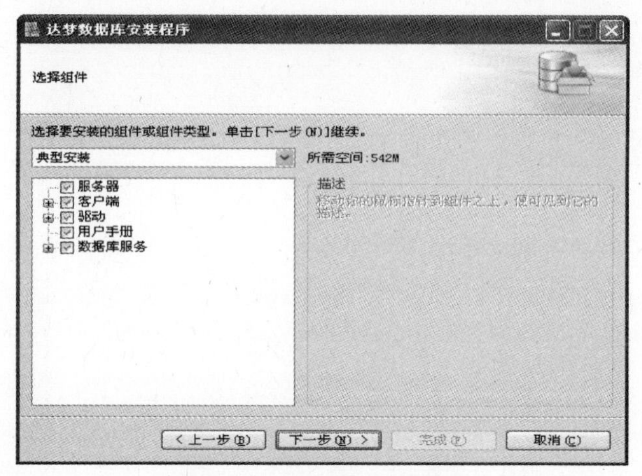

图 2-7　安装方式选择界面

续;用户若只想安装所有的客户端组件,则选择“客户端安装”,单击“下一步”按钮继续;用户若想自定义安装,则选择“自定义安装”,选中自己需要的组件,在本安装过程中,要安装服务器端组件,请确认选中服务器组件选项,并单击“下一步”按钮继续。一般地,作为服务器端的计算机只需选择“服务器安装”选项,特殊情况下,服务器端的计算机也可以作为客户机使用,此时,计算机必须安装相应的客户端软件。

步骤 6:设置安装目录。如图 2-8 所示,设置达梦数据库安装目录。达梦数据库默认安装在 C:\dmdbms 目录下,用户可以通过单击“浏览”按钮自定义安装目录。

说明:安装路径里的目录名由英文字母、数字和下划线等组成,不支持包含空格的目录名,建议不要使用中文字符等。

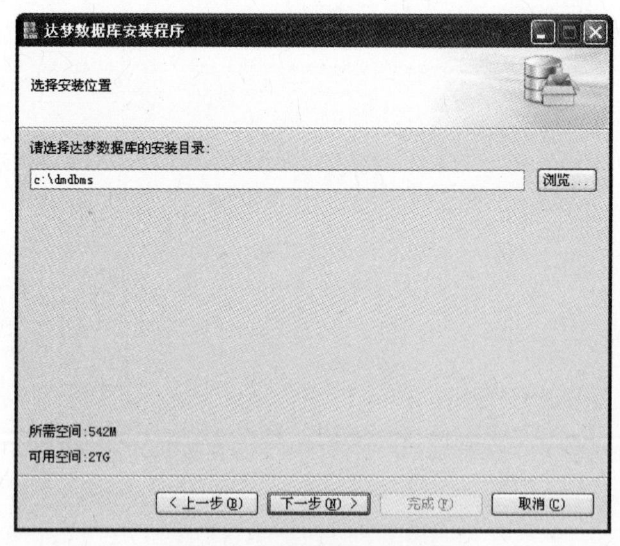

图 2-8　设置安装目录界面

步骤 7:设置“开始菜单”文件夹。选择达梦快捷方式在“开始”菜单中的文件夹名称,默认为“达梦数据库”,如图 2-9 所示。

步骤 8:安装前小结。图 2-10 显示用户即将进行的安装的有关信息,如产品名称、版

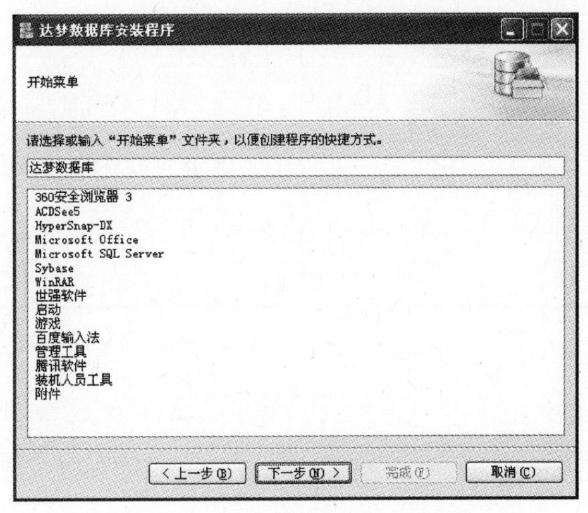

图 2-9　设置“开始菜单”文件夹

本信息、安装类型、安装目录、所需空间、可用空间、可用内存等信息，用户检查无误后单击“安装”按钮，开始安装软件。

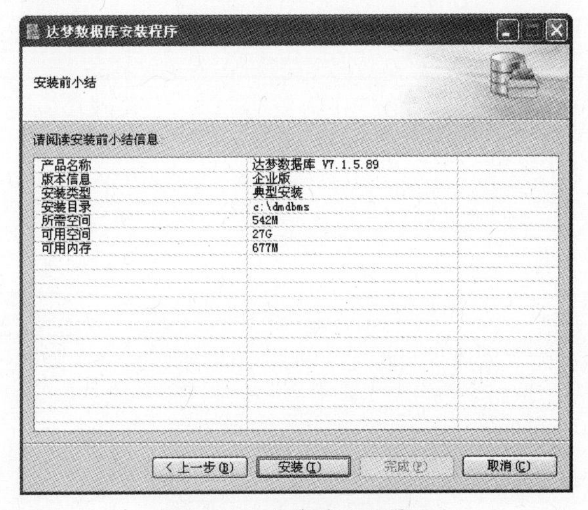

图 2-10　安装前小结界面

步骤 9：正式安装。图 2-11 所示为正在安装的界面。

步骤 10：初始化数据库。如用户在选择安装组件时选中了服务器组件，数据库自身安装过程结束时，将会提示是否初始化数据库，如图 2-12 所示。若用户未安装服务器组件，安装完成后，单击“完成”按钮将直接退出。若用户选中“创建数据库实例”单选按钮，单击“开始”按钮将弹出数据库配置助手，如图 2-13 所示，初次安装数据库需要初始化数据库。

步骤 11：选择操作方式。在图 2-13 所示界面中用户可选择创建数据库实例、删除数据库实例、注册数据库服务和删除数据库服务等操作方式，但初次安装数据库应选中“创建数据库实例”单选按钮，单击“开始”按钮。

步骤 12：选择数据库模板。系统提供三套数据库模板供用户选择：一般用途、联机分析处理和联机事务处理，用户可根据自身的用途选择相应的模板，如图 2-14 所示。

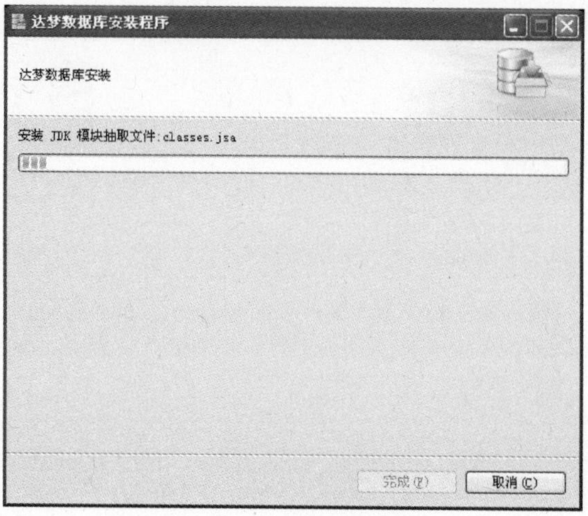

图 2-11 正在安装的界面

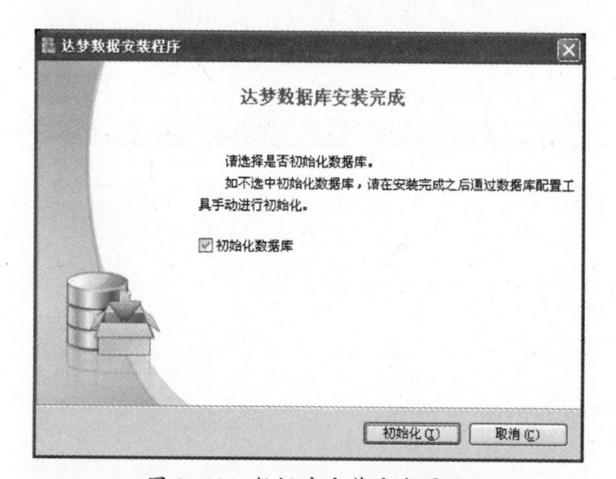

图 2-12 数据库安装完成界面

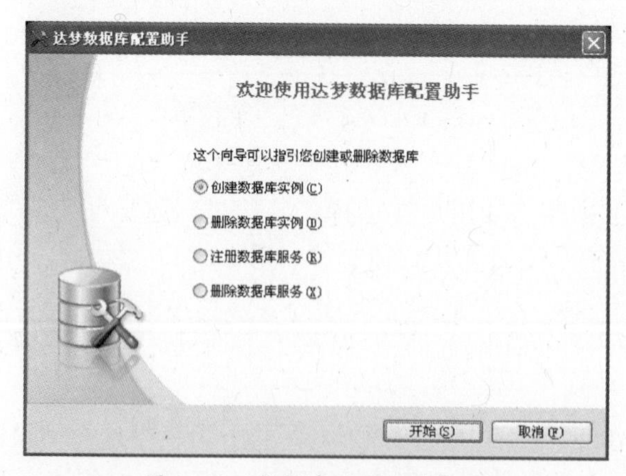

图 2-13 数据库配置助手界面

步骤 13:指定数据库所在目录。用户可通过浏览或输入的方式设置数据库所在目录,如图 2-15 所示。

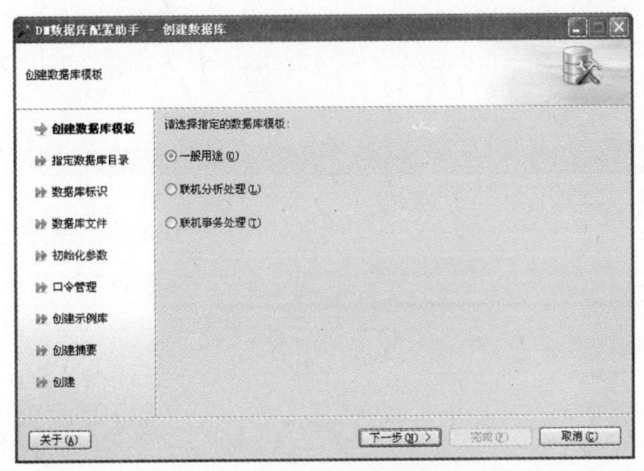

图 2-14 选择模板界面

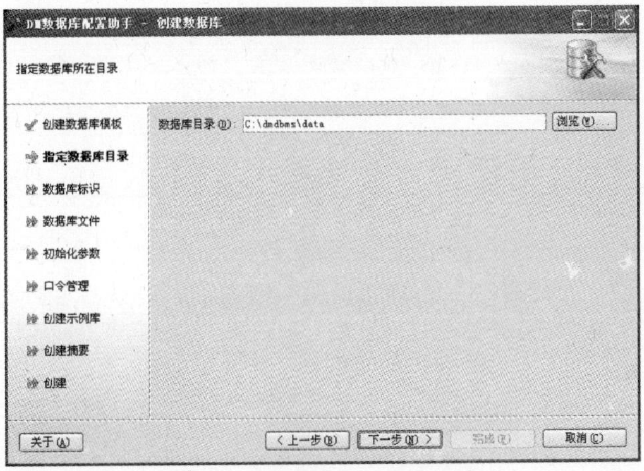

图 2-15 设置数据库所在目录

步骤 14:设置数据库标识。用户可输入数据库名、实例名、端口号等参数,如图 2-16 所示。

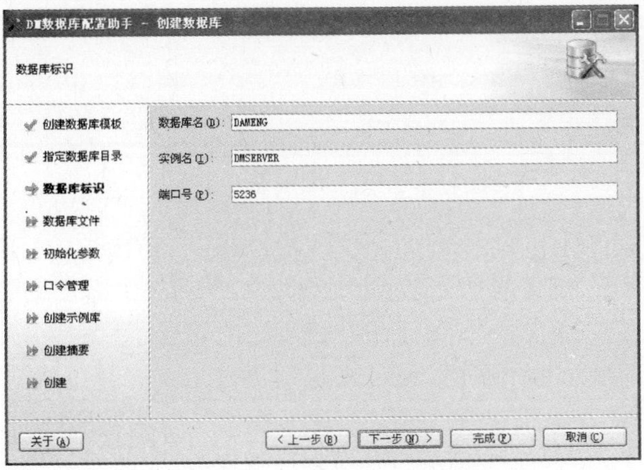

图 2-16 设置数据库标识

步骤 15：设置数据库文件所在位置。用户可通过选择或输入确定数据库控制文件、数据库日志文件的所在位置，并可通过右侧功能按钮，对文件进行添加或删除，如图 2-17 所示。

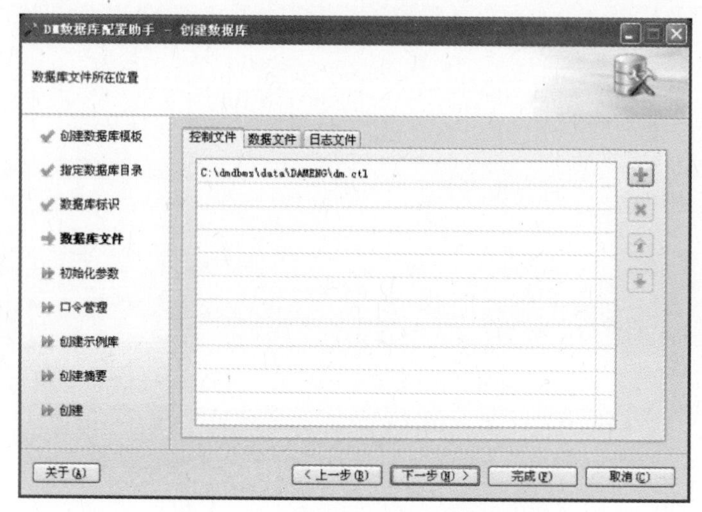

图 2-17　设置数据库文件所在位置

步骤 16：设置数据库初始化参数。用户可输入数据库相关参数，如簇大小、页大小、日志文件大小、是否大小写敏感、是否使用 Unicode 等，如图 2-18 所示。

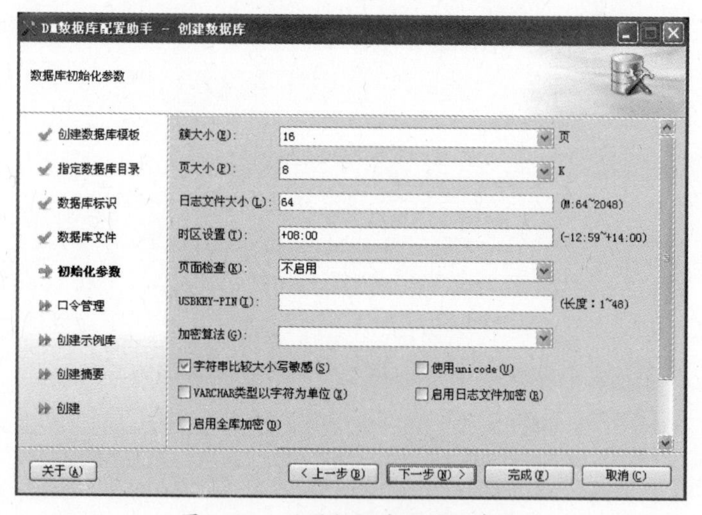

图 2-18　设置数据库初始化参数

步骤 17：设置数据库口令。用户可输入 SYSDBA、SYSAUDITOR 的密码，对默认口令进行更改，如果安装版本为安全版，则会增加 SYSSSO 用户的密码修改，如图 2-19 所示。

步骤 18：选择是否创建示例库。请读者选中创建示例库复选框，后续章节内容多以示例库为用例，建议读者全部勾选，如图 2-20 所示。

步骤 19：查看创建数据库的摘要。在安装数据库之前，将显示用户通过数据库配置工具设置的相关参数，如图 2-21 所示。

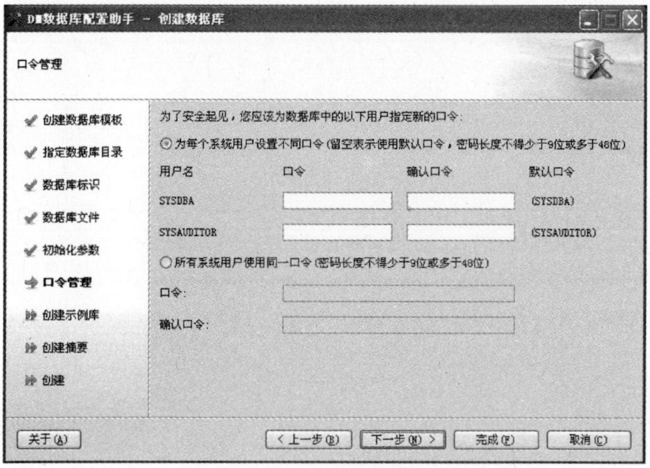

图 2-19　设置数据库口令

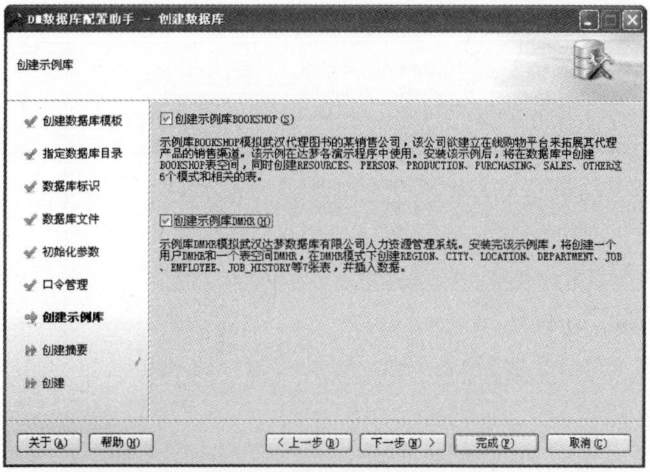

图 2-20　选择是否创建示例库

图 2-21　查看创建数据库的摘要

步骤 20:创建数据库实例,如图 2-22 所示。

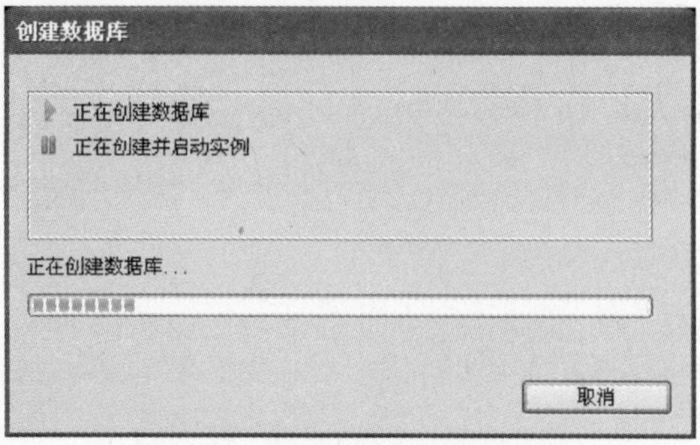

图 2-22　正创建数据库实例界面

步骤 21:创建数据库完成。数据库创建完成后,将进入如图 2-23 所示数据库完成界面,并可通过"DM 7 服务查看器"工具查看 DM 相关服务,如图 2-24 所示。

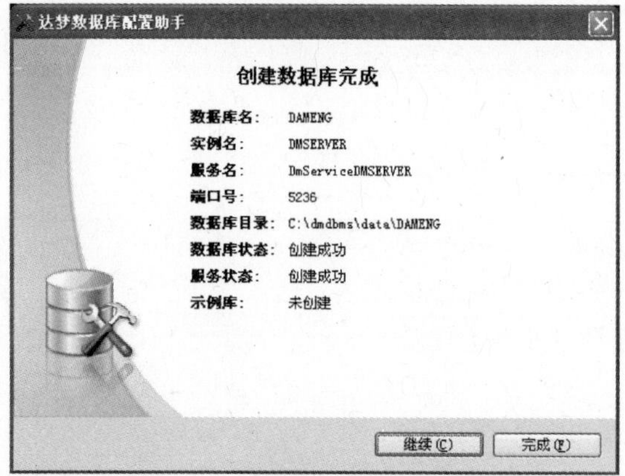

图 2-23　创建数据库完成界面

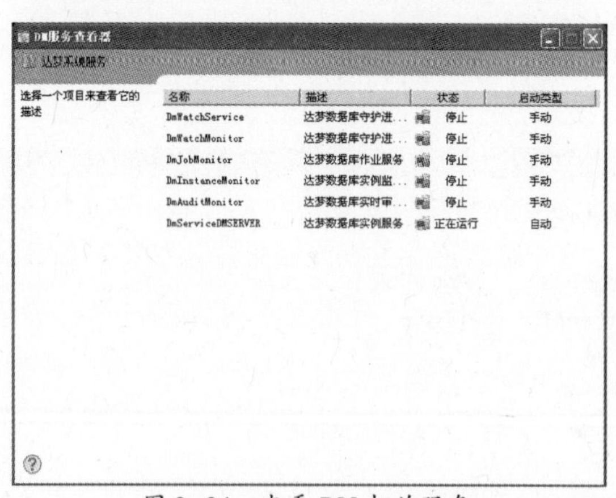

图 2-24　查看 DM 相关服务

三、客户端软件安装

DM 7 在 Windows 平台下提供的客户端程序主要有以下几种。

(1) 管理工具:Manager。

（2）数据迁移工具：Dts。

（3）控制台工具：Console。

（4）性能监控工具：Monitor。

（5）审计分析工具：Analyzer。

（6）ODBC 3.0 驱动程序：dodbc. dll。

（7）JDBC 3.0 驱动程序：DM 7JdbcDriver. jar。

（8）OLEDB 2.7 驱动程序：doledb. dll。

（9）C Language Tools：一组 C 语言开发的命令行工具。

注意：命令行工具包括 DISQL、DMINIT、DM Server 等，以及预编译工具 PreCompiler（ProC 编译工具/环境）等。

DM 7 客户端软件的安装和 DM 服务器端的安装步骤基本一致，先把 DM 7 安装光盘放入光驱中，将自动执行 DM 7 安装光盘上的安装程序，或复制至硬盘中运行“setup. exe”文件。

步骤 1~步骤 4：参考本章第一节第二部分，客户端软件的安装与服务器端软件的安装步骤类似。

步骤 5：选择安装方式，如图 2-7 所示。用户若想安装所有的客户端组件，则选择“客户端安装”，单击“下一步”按钮继续；用户也可以选择“自定义安装”，根据需要选择要安装的客户端组件，单击“下一步”按钮继续。

说明：DM 7 的编程接口 DPI 的动态库文件（dmdpi. dll）在安装过程中是自动安装的。

其余步骤参考本章第一节第二部分，客户端软件的安装与服务器端软件的安装步骤类似。

因为客户端安装不需要初始化数据库，所以在安装过程中不执行本章第一节第二部分所述的步骤 10 及之后的所有步骤。

安装完毕，安装程序自动在“开始”菜单下添加“达梦数据库”选项。用户可以单击相应的快捷方式启动已经安装的客户端软件。安装程序把客户端工具安装在目标路径的 tool 目录下，用户也可以直接找到目标路径，启动相应的客户端软件。

四、卸载

达梦数据库软件的卸载和普通软件卸载类似，只需通过向导式的操作界面即可完成达梦数据库软件的卸载，具体操作步骤如下。

步骤 1：备份数据。由于卸载达梦数据库服务端软件将致使数据库无法使用，因此在卸载达梦服务端软件时应先备份数据。备份数据方法请参考本书第六章。

步骤 2：选择“开始-程序-达梦数据库-卸载”选项，开始卸载。

步骤 3：确认是否卸载达梦数据库。卸载之前将会弹出如图 2-25 所示的卸载确认界面，防止用户误操作，用户可单击“确定”按钮确认卸载。

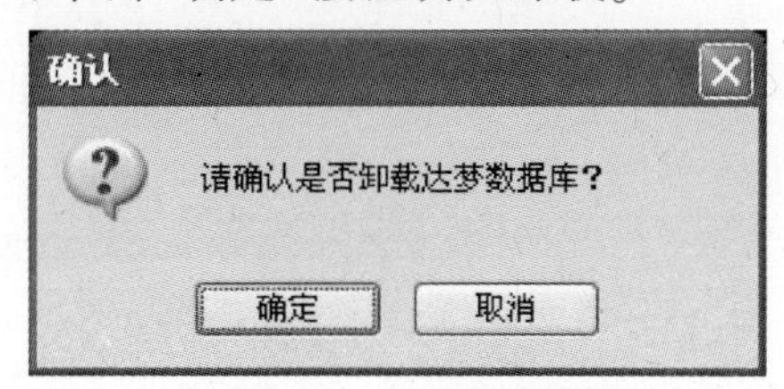

图 2-25 卸载确认界面

步骤4:提示卸载信息。如图2-26所示,达梦数据库卸载会提示“删除系统上已安装过的功能部件,但不会删除安装后创建的文件夹和文件”,并提示安装目录,用户可直接单击“卸载”按钮开始卸载数据库系统,如存在数据库服务正在运行,会再次弹出如图2-27所示的确认删除数据库对话框,卸载过程如图2-28所示。

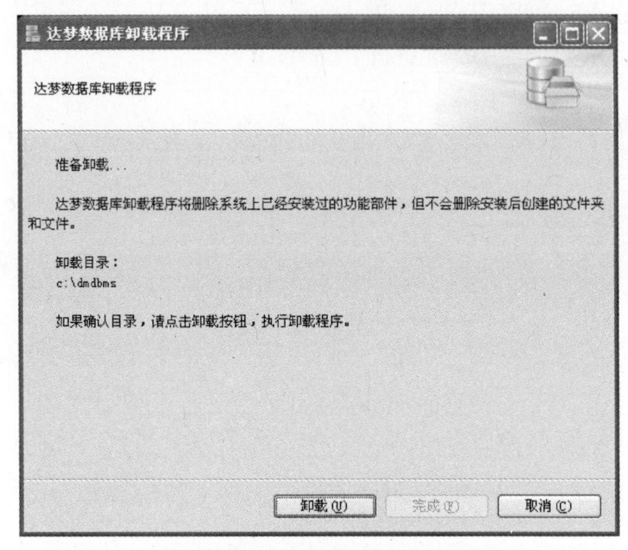

图2-26 数据库卸载提示界面

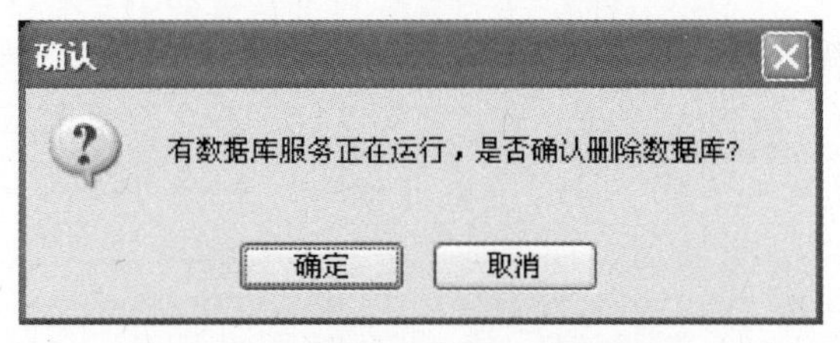

图2-27 确认删除数据库对话框

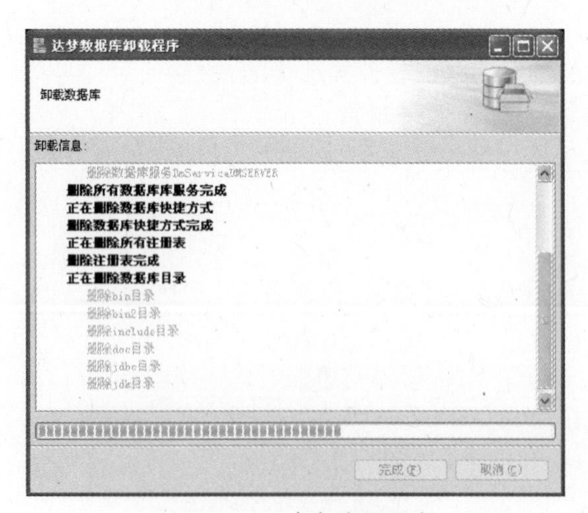

图2-28 正在卸载数据库

步骤5:达梦数据库卸载完成,删除数据库安装完成后创建的文件和文件夹。达梦数据库卸载完成后会进入如图 2-29 所示界面。同时,达梦数据库卸载并不删除数据库安装完成后创建的文件和文件夹,需手工删除,如需手工删除 C:\dmdbms 目录及其下的所有文件。

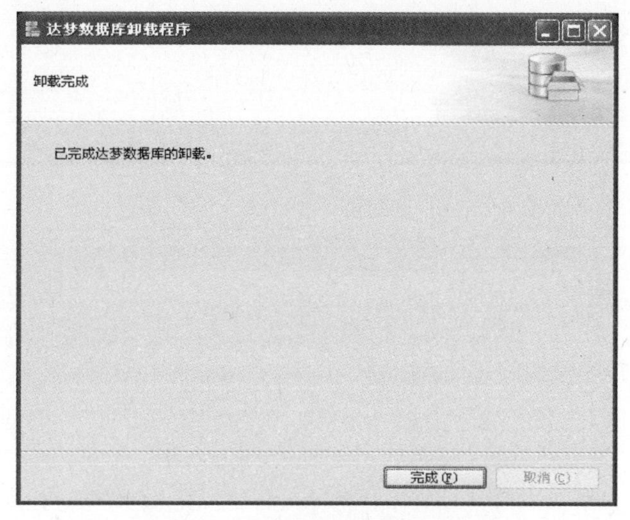

图 2-29 达梦数据库卸载完成界面

第二节 Linux 下 DM 7 安装与卸载

DM 7 在 Linux 系统上有图形界面安装与命令行安装两种方式,图形界面安装与 Windows 下安装步骤类似,命令行则采用了服务器常用的非图形化的方法。

一、安装前准备

(一) 硬件环境

Linux 下达梦数据库的安装所需硬件环境与 Windows 下安装要求一致,请参考第一节第一部分所述硬件环境内容。

(二) 软件环境

Linux 下达梦数据库的安装所需软件环境与 Windows 下安装要求类似,可参考第一节第一部分所述软件环境内容,但 Linux 需内核 2.6 及以上,并已安装 KDE/GNOME 桌面环境,建议预先安装 UNIXODBC 组件。

二、服务器端软件安装

Linux 系统是一个多用户多任务的分时操作系统,任何一个要使用系统资源的用户,都必须首先向系统管理员申请一个账号。其中,root 用户是 Linux 系统默认创建的,也是唯一的超级用户,具有系统中所有的权限。普通用户安装软件相较复杂,对于初级读者,掌握 root 用户安装方法即可,如【例 2-2】。

【例 2-2】 Linux 系统达梦服务器端安装。

步骤 1:创建安装目录。Linux 系统需要用户创建安装目录,如:创建安装目录/DM7。

```
#mkdir /DM 7
```

步骤 2:检查修改系统资源限制。

```
#ulimit - a
```

需确保 open files 的参数设置为 65536 以上或无限制(unlimited)。如果不是该参数,其修改步骤为

```
$ vi /etc/profile
```

在 profile 文件内增加一行参数设置:

```
ulimit - n 65536
```

输入完毕后,保存退出,并重启服务器,使参数生效。

步骤 3:加载光驱安装文件。

将 DM 安装光盘放入光驱,一般可以通过执行下面的命令来加载光驱。

```
#mount - t iso9660 /dev/sr0 /mnt
```

步骤 4:复制安装文件到磁盘目录。

```
# cd /mnt
# cp DMIstall.bin /DM 7
```

步骤 5:修改文件权限。使当前用户对 DMInstall. bin 具有执行权限。

```
#chmod  +xDMIstall.bin
```

步骤 6:运行安装文件。

```
# ./DMIstall.bin
```

启动后进入到图形化安装界面,如图 2-30 所示。

图 2-30 Linux 下的 DM 安装界面

步骤 7:参照本章第一节第二部分 Windows 下 DM 7 服务器端软件的安装步骤进行安装和初始化数据库。

步骤8:卸载光驱。

安装完后一般要卸载光驱才能取出光盘。与前面的mount光驱命令相对应,可以使用下面的命令来卸载光驱:

```
umount  /mnt
```

三、客户端软件安装

DM 7在Linux平台下提供的客户端程序主要有以下几种。

(1) 管理工具:Manager。

(2) 数据迁移工具:Dts。

(3) 控制台工具:Console。

(4) 性能监控工具:Monitor。

(5) 审计分析工具:Analyzer。

(6) ODBC 3.0驱动程序。

(7) JDBC 3.0驱动程序。

(8) C Language Tools:一组C语言开发的命令行工具。

安装过程如下。

步骤1:加载光驱。参见本节第二部分Linux平台下DM 7服务器端软件的加载光驱过程。

步骤2:启动安装程序。参见本节第二部分Linux平台下DM 7服务器端软件的启动安装程序过程。

步骤3:安装客户端程序。参照第一节第三部分Windows下DM 7客户端软件的安装步骤进行安装。

步骤4:卸载光驱。参见本节第二部分Linux平台下DM 7服务器端软件的卸载光驱过程。

说明:DM 7客户端软件所用的操作系统与服务器端软件所用的操作系统无关。

Windows下的客户端软件也可以访问Linux下的DM 7服务器。因此也可以将客户端软件安装在Windows下而不安装在Linux下。

四、命令行方式安装DM 7服务器和客户端软件

在现实中,许多主机,尤其是一些运行UNIX操作系统的主机上没有图形化操作系统界面,为了使DM 7能够在这些主机上顺利运行,也可以直接在英文字符界面下,采用命令行的方式进行安装,其过程与图形化的安装步骤一致。安装前,建议首先建立达梦数据库安装用户,具体步骤请参见Linux平台下DM 7图形化界面安装步骤。参见本节第一部分安装前准备工作。

在终端进入安装程序所在文件夹时,执行./DMInstall.bin -i并按提示操作,如图2-31所示。

五、卸载

Linux下达梦数据库软件的卸载与Windows下的卸载类似,用户可在Linux操作系统

中执行卸载快捷方式,或者执行安装目录下的 uninstall. sh 脚本卸载。程序将会弹出提示对话框确认是否卸载程序,具体卸载过程参见 Windows 下的卸载过程。在 Linux 下,使用非 root 用户卸载完成时,将会弹出对话框,提示使用 root 用户执行相关命令,用户可根据对话框的说明完成相关操作,之后可关闭此对话框,单击“完成”按钮结束卸载,如图 2-32 所示。

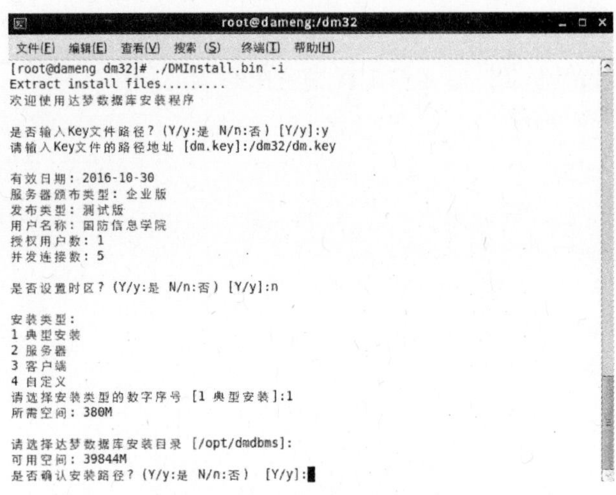

图 2-31　字符界面安装 DM

图 2-32　Linux 下的卸载提示

作　业　题

一、填空题

1. 可支持 DM 7 安装的典型操作系统有__________、__________、Solaris 和 AIX 等。

2. 通常情况下,DM 7 安装前须确保__________环境和__________环境满足基本配置需要。

3. DM 7 安装前须关闭正在运行的__________、杀毒软件等。

4. DM 7 安装的默认语言为__________。

5. 卸载达梦数据库服务端软件将致使数据库无法使用，因此在卸载达梦服务端软件时应先__________。

6. DM 7 系统提供三套数据库模板供用户选择：__________、__________和联机事务处理。

7. DM 7 安装数据库时，需设置的三种数据库文件分别是：__________、__________和控制文件。

二、单项选择题

1. 达梦数据库管理系统的架构方式是（　　）。

A. 客户机/客户机

B. 服务器/服务器

C. 客户机/服务器

D. 虚拟机/物理机

2. Windows 下达梦数据库默认的安装目录是（　　）。

A. C:\dmdba

B. C:\dmdbms

C. C:\dinstall

D. C:\DMServer

3. 安装程序把客户端工具安装在目标路径的目录是（　　）。

A. dmdba

B. DMServer

C. tool

D. Mysql

4. Windows 系统下安装达梦数据库，应使用的用户是（　　）。

A. Guest 用户

B. 拥有管理员权限的用户

C. 任意用户

D. Windows 操作系统不可安装

三、多项选择题

1. DM 7 安装程序提供的安装方式包括（　　）。

A. 典型安装

B. 服务器安装

C. 客户端安装

D. 自定义安装

2. 达梦数据库配置助手包含的选项是（　　）。

A. 创建数据库实例

B. 修改数据库实例

C. 删除数据库服务

D. 删除数据库实例

3. 安装路径里的目录名可以包含(　　)。

A. 英文字母

B. 数字

C. 下划线

D. 空格

4. DM 7 在 Windows 平台下提供的客户端程序包括(　　)。

A. Manager

B. Mysql

C. Console

D. Dts

第三章　达梦数据库常用对象管理

达梦数据库常用对象包括表空间、用户、模式、表,这些对象构成了达梦数据库的基本组件,理解和使用常用对象是使用达梦数据库的基础。本章主要介绍表空间、用户、模式和表等常用对象的创建、修改和删除操作,并主要通过图形化工具 DM 管理工具来实现,使用 SQL 语句进行常用对象的管理将在第四章进行介绍。

第一节　表空间管理

DM 7 表空间是对达梦数据库的逻辑划分,一个数据库有多个表空间,每个表空间对应磁盘上一个或多个数据库文件。从物理存储结构上讲,数据库的对象,如表、视图、索引、序列、存储过程等存储在磁盘的数据文件中;从逻辑存储结构上讲,这些数据库对象都存储在表空间中,因此表空间是创建其他数据库对象的基础。

根据表空间的用途不同,表空间又可以细分为基本表空间、临时表空间、大表空间等,本节重点介绍表空间的创建、修改、删除等日常管理操作。

一、创建表空间

创建表空间过程就是在磁盘上创建一个或多个数据文件的过程,这些数据文件被达梦数据库管理系统控制和使用,所占的磁盘存储空间归数据库所有。表空间用于存储表、视图、索引等内容,可以占据固定的磁盘空间,也可以随着存储数据量的增加而不断扩展。表空间可以通过 SQL 命令创建,也可以通过 DM 管理工具来创建,本节主要介绍用 DM 管理工具创建表空间。

(一) 创建表空间操作

【例 3-1】 创建一个名为 EXAMPLE2 的表空间,包含一个数据文件 EXAMPLE2. DBF,初始大小为 128MB。

步骤 1:启动 DM 管理工具,并使用具有 DBA 角色的用户登录数据库,如使用 SYSDBA 用户,如图 3-1 所示。由于达梦数据库严格区分大小写,请输入口令时注意大小写。同时,在后续操作中也需注意大小写问题。

步骤 2:登录达梦管理工具后,右键单击对象导航页面的“表空间”节点,在弹出的快捷菜单中单击“新建表空间”,如图 3-2 所示。

步骤 3:在弹出的如图 3-3“新建表空间”对话框中,在“表空间名”文本框中设置表空间的名称为 EXAMPLE2,请注意大小写。对话框中的参数说明见表 3-1。

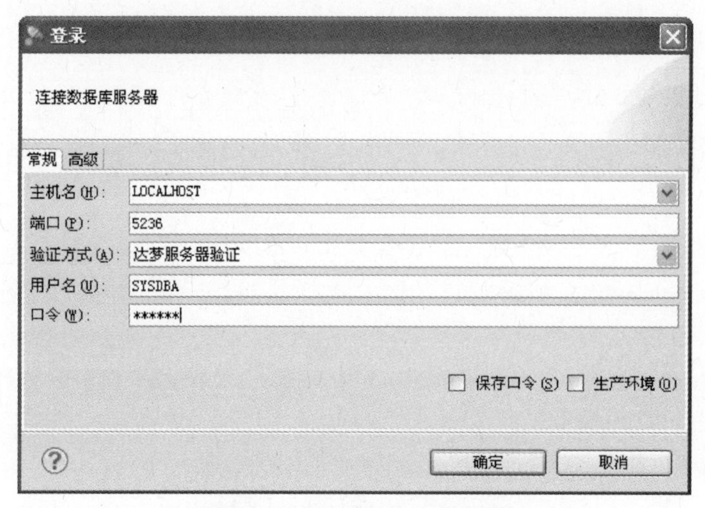

图 3-1 登录 DM 管理工具

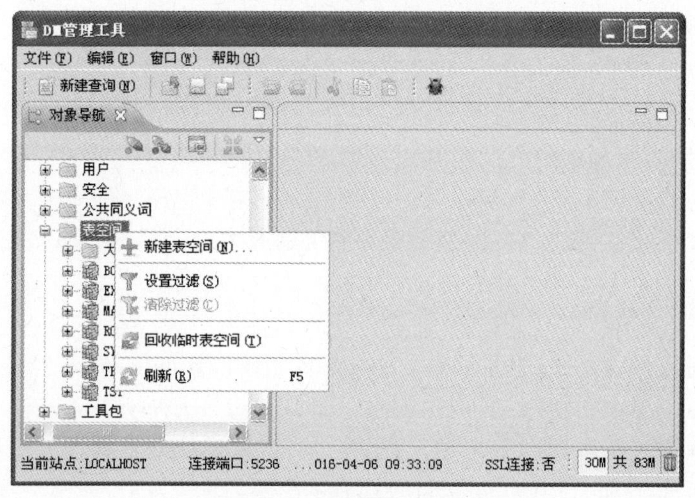

图 3-2 新建表空间

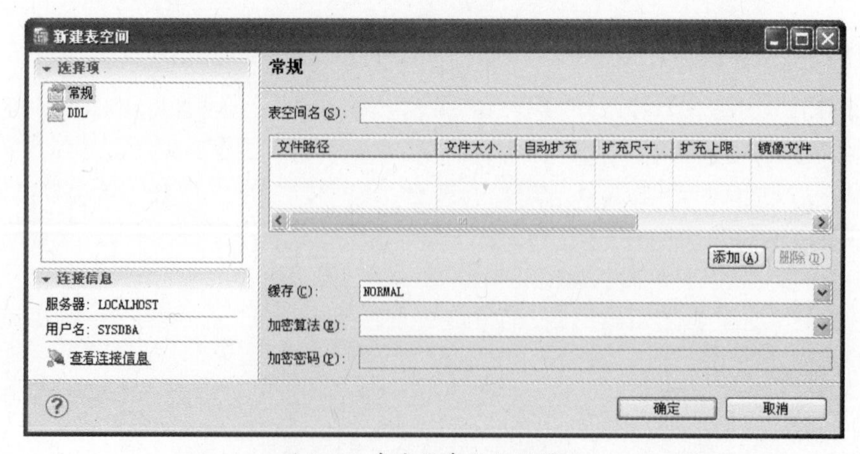

图 3-3 表空间参数设置界面

表 3-1　DM 管理工具创建表空间参数说明

参 数	说　明
表空间名	表空间的名称
文件路径	数据文件的路径。可以单击浏览按钮浏览本地数据文件路径,也可以手动输入数据文件路径,但该路径应该对服务器端有效,否则无法创建
文件大小	数据文件的大小,单位为 MB
自动扩充	数据文件的自动扩充属性状态,包括以下三种情况: 默认:指使用服务器默认设置; 打开:指开启数据文件的自动扩充; 关闭:指关闭数据文件的自动扩充
扩充尺寸	数据文件每次扩展的大小,单位为 MB
扩充上限	数据文件可以扩充到的最大值,单位为 MB

步骤 4:在图 3-3 中单击"添加"按钮,在表格中自动添加一行记录,数据文件大小默认为 32,修改为 128,在文件路径单元格中输入或选择"C:\dmdbms\data\DAMENG\ EXAMPLE2. dbf"文件。其他参数不变,结果如图 3-4 所示。

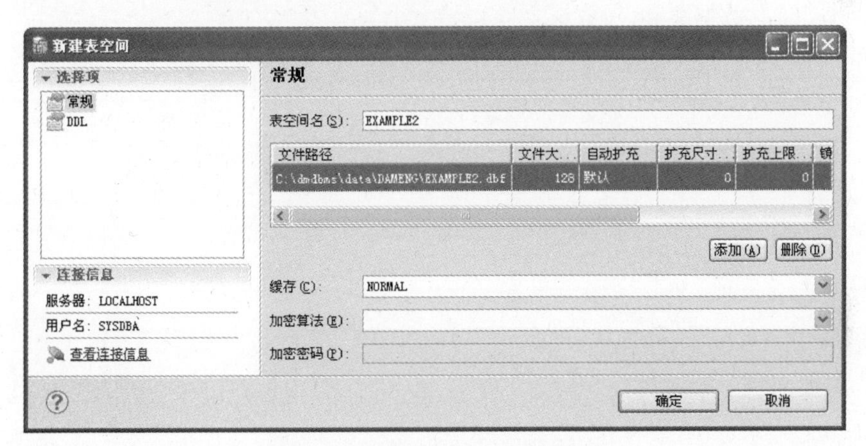

图 3-4　新建 EXAMPLE2 表空间

步骤 5:参数设置完成后,可单击"新建表空间"对话框左侧的 DDL 选择项,观察新建表空间对应的 DDL 语句,如图 3-5 所示。单击"确定"按钮,完成 EXAMPLE2 表空间的创建,可在 DM 管理工具左侧对象导航页面的"表空间"节点下,观察到新建的 EXAMPLE2 表空间。

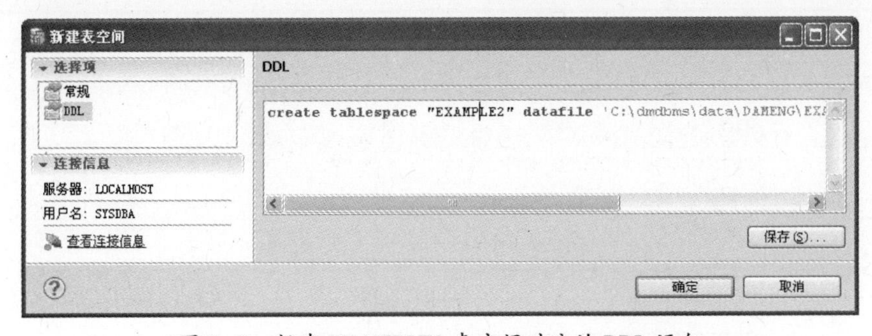

图 3-5　新建 EXAMPLE2 表空间对应的 DDL 语句

(二) 注意事项

(1) 创建表空间的用户必须具有创建表空间的权限,一般登录具有 DBA 权限的用户进行创建、修改、删除等表空间管理活动。

(2) 表空间名在服务器中必须唯一。

(3) 一个表空间最多可以拥有 256 个数据文件。

二、修改表空间

随着数据库的数据量不断增加,原来创建的表空间可能不能满足数据存储的需要,应当适时对表空间进行修改,增加数据文件或者扩展数据文件的大小。同样,对表空间的修改可以通过运用 SQL 命令和 DM 管理工具来修改表空间,本部分只介绍通过 DM 管理工具修改表空间的方法。

(一) 修改表空间操作

【例 3-2】 将 EXAMPLE2 表空间名称改为 EXAMPLE1,并为该表空间增加一个名为 EXAMPLE1. dbf 的数据文件,设置该文件初始大小为改为 768MB,且不能自动扩展。

步骤 1:在 DM 管理工具中,右键单击“表空间”节点下的“EXAMPLE2”节点,弹出如图 3-6 所示菜单。

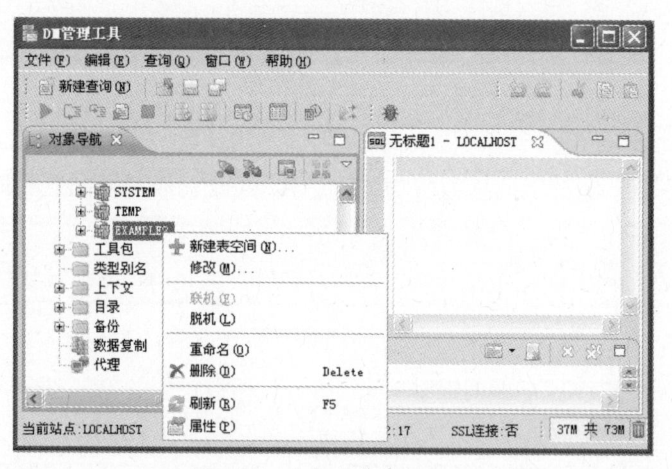

图 3-6 重命名表空间入口

步骤 2:在图 3-6 中,单击“重命名”,弹出如图 3-7 所示重命名表空间对话框,在对话框中,设置名称为 EXAMPLE1,然后单击“确定”按钮,完成表空间的重命名。

图 3-7 重命名表空间对话框

步骤3:再次进入图3-6所示界面,单击“修改”菜单,进入图3-8所示修改表空间对话框。

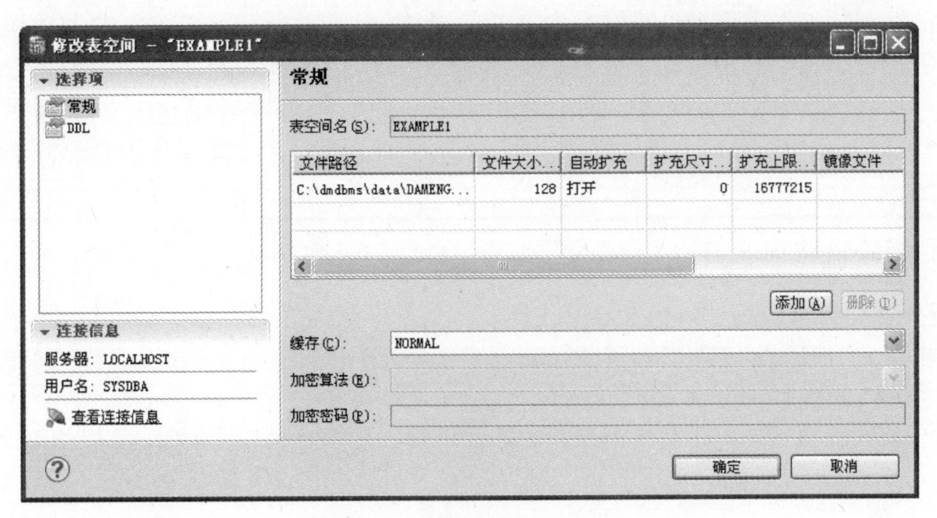

图3-8 修改表空间对话框

步骤4:在图3-8中,单击“添加”按钮,添加一行记录,并如图3-9所示,设置文件路径、文件大小、自动扩展等参数,并单击“确定”按钮,完成数据文件的添加。

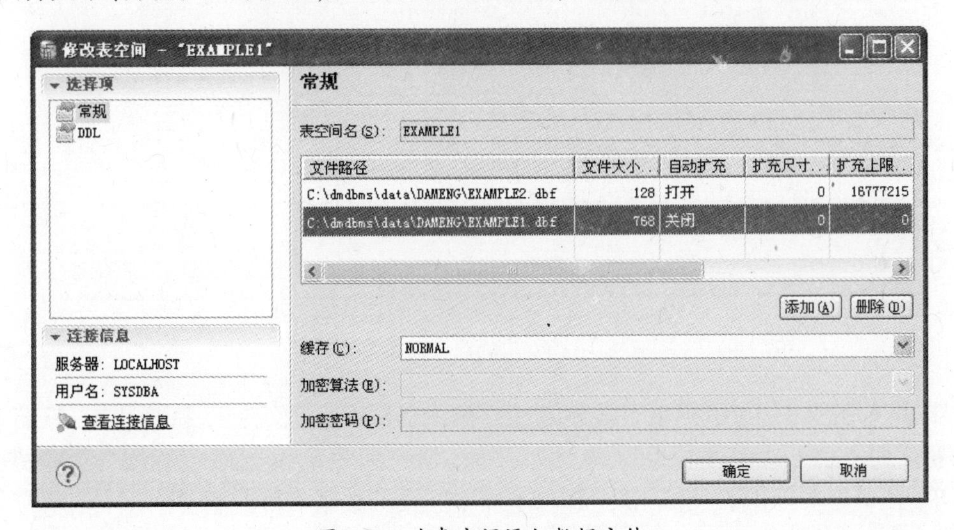

图3-9 为表空间添加数据文件

(二) 注意事项

(1) 修改表空间的用户必须具有修改表空间的权限,一般登录具有DBA权限的用户进行创建、修改、删除等表空间管理活动。

(2) 修改表空间数据文件大小时,其大小必须大于自身大小。

(3) 如果表空间有未提交事务,表空间不能修改OFFLINE状态。

(4) 重命名表空间数据文件时,表空间必须处于OFFLINE状态,修改成功后再将表空间修改为ONLINE状态。

三、删除表空间

虽然实际工作中很少进行删除表空间的操作,但是掌握删除表空间的方法还是有必要的。由于表空间中存储了表、视图、索引等数据对象,删除表空间必然带来数据损失,所以达梦数据库对删除表空间有严格限制。我们既可以运用 SQL 命令删除表空间,也可以通过 DM 管理工具删除表空间,本部分只介绍使用 DM 管理工具删除表空间的方法。

(一) 删除表空间操作

【例 3-3】 删除表空间 EXAMPLE1。

步骤 1:登录 DM 管理工具,右键单击"表空间"节点下的"EXAMPLE1"节点,弹出类似图 3-6 所示菜单。

步骤 2:在弹出的快捷菜单中单击"删除"按钮,进入删除表空间主界面,如图 3-10 所示。

图 3-10 删除表空间主界面

步骤 3:在图 3-10 中列出了被删除表空间的对象名、对象类型、执行状态、反馈消息等内容。EXAMPLE1 处于待删除的状态,"取消"按钮表示不删除,"确定"按钮表示删除。单击"确定"按钮后,完成 EXAMPLE1 表空间及其数据文件的删除。

(二) 注意事项

(1) SYSTEM、RLOG、ROLL 和 TEMP 表空间不允许删除。

(2) 删除表空间的用户必须具有删除表空间的权限,一般登录具有 DBA 权限的用户进行创建、修改、删除等表空间管理活动。

(3) 系统处于 SUSPEND 或 MOUNT 状态时不允许删除表空间,系统只有处于 OPEN 状态下才允许删除表空间。

(4) 如果表空间存放了数据,则不允许删除表空间。如果确实要删除表空间,则必须先删除表空间中的数据对象。

第二节　用户管理

用户是达梦数据库的基本管理对象,具有双重意义:从安全角度看,只有在数据库内部建立用户以后,使用者才能以该用户名登录和使用数据库;从管理角度看,数据库的对象(除全局同义词外)都是按照用户的模式名进行组织管理的,或者说数据库对象都被组织到用户的模式下,因此用户管理是 DM 对象管理的基础。

对用户的管理主要包括创建用户、修改用户和删除用户等操作。

一、创建用户

创建用户时要指定相关的要素,通常包括用户登录数据库时的身份验证模式与口令、用户拥有对象存储的默认表空间、对用户访问数据库资源的各项限制等。可以通过 SQL 命令和 DM 管理工具来创建用户,本部分主要介绍使用 DM 管理工具创建用户的方法。

(一) 创建用户操作

【例 3-4】 创建 USER3 用户,采用密码验证方式,口令为 DMUSER123,使用表空间为 TS1,会话持续期(会话超时)为 30min。

由于表空间 TS1 不存在,读者可先自行参照前述内容创建一个名为 TS1 的表空间。使用 DM 管理工具创建用户步骤如下。

步骤 1:启动 DM 管理工具,并使用具有 DBA 角色的用户登录数据库,如使用 SYSDBA 用户,在 DM 管理工具界面中,右键单击对象导航页面下的“管理用户”,填出快捷菜单,如图 3-11 所示。

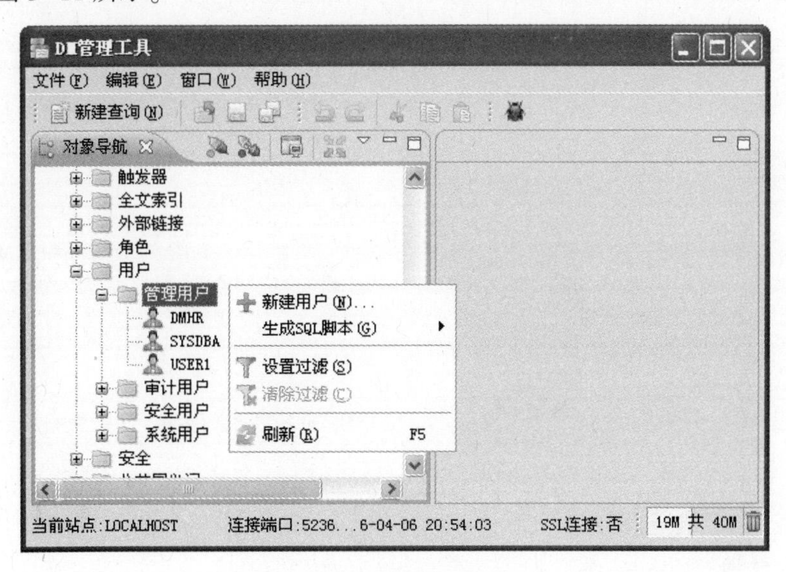

图 3-11　新建用户操作入口

步骤 2:在弹出的快捷菜单中单击“新建用户”选项,弹出新建用户对话框,如图3-12所示。

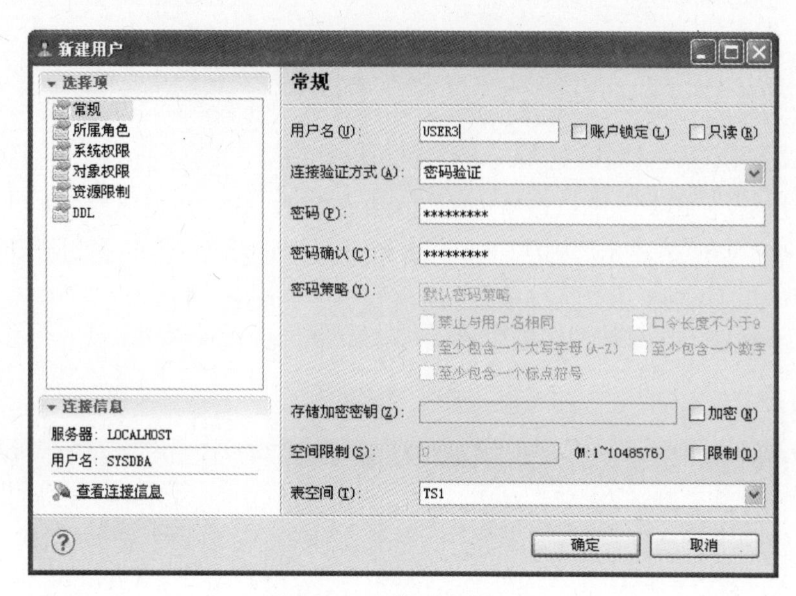

图 3-12　新建用户对话框

步骤 3:在图 3-12 中,用户名设置为"USER3",连接验证方式选择"密码验证",密码为"DMUSER123",表空间为"TS1"。

步骤 4:进入"资源限制"页面,如图 3-13 所示,选中"会话持续期"的"限制"复选框,限制为 3 分钟。其他参数忽略,默认即可,然后单击"确定"按钮,完成用户创建。

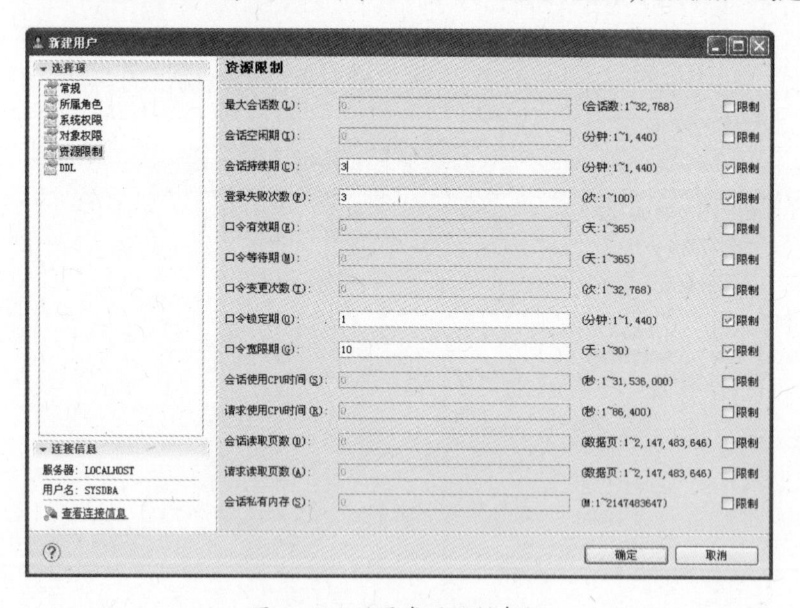

图 3-13　设置资源限制参数

(二) 注意事项

(1) 用户名在服务器中必须唯一。

(2) 用户口令以密文形式存储。

(3) 系统预先设置了三个用户,分别为 SYSDBA、SYSAUDITOR 和 SYSSSO,其中 SYSDBA 具备 DBA 角色,SYSAUDITOR 具备 DB_AUDIT_ADMIN 角色,而 SYSSSO 具备 DB_POLICY_ADMIN 系统角色。

(4) DM 提供三种身份验证模式来保护服务器访问的安全,即数据库身份验证模式、外部身份验证模式和混合身份验证模式。数据库身份验证模式需要利用数据库口令;外部身份验证模式既支持基于操作系统(OS)的身份验证,又提供了口令管理策略;混合身份验证模式同时支持数字证书和数据库身份的双重验证。

二、修改用户

在数据库使用过程中,可能需要修改用户的登录密码、使用的表空间等,这些都是修改用户的操作。可以采用 SQL 命令或 DM 管理工具来修改用户,本部分只介绍通过 DM 管理工具修改用户的方法。

(一) 修改用户操作

【例 3-5】 修改用户 USER3,口令为 USER33333,口令登录错误 5 次就会锁定用户。

步骤 1:启动 DM 管理工具,并使用具有 DBA 角色的用户登录数据库,如使用 SYSDBA 用户,右键单击对象导航窗体中"用户"节点下"管理用户"中的"USER3"节点,弹出修改用户操作入口,如图 3-14 所示。

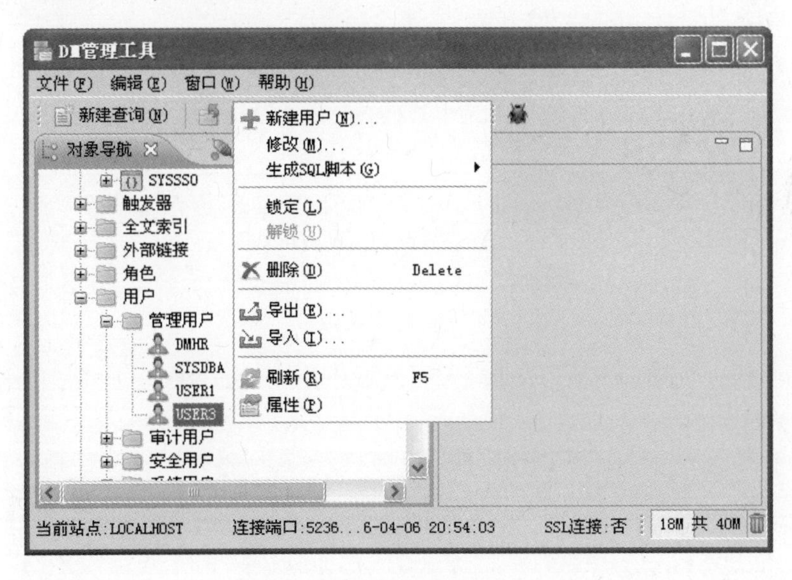

图 3-14 修改用户操作入口

步骤 2:在弹出的快捷菜单中单击"修改"选项,弹出修改用户密码对话框,如图 3-15 所示。

步骤 3:在图 3-15 中,将"密码"和"密码确认"修改为 USER33333。

步骤 4:进入"资源限制"页面,如图 3-16 所示,设置登录失败次数为 5。单击"确定"按钮,完成修改用户过程。

图 3-15　修改用户密码

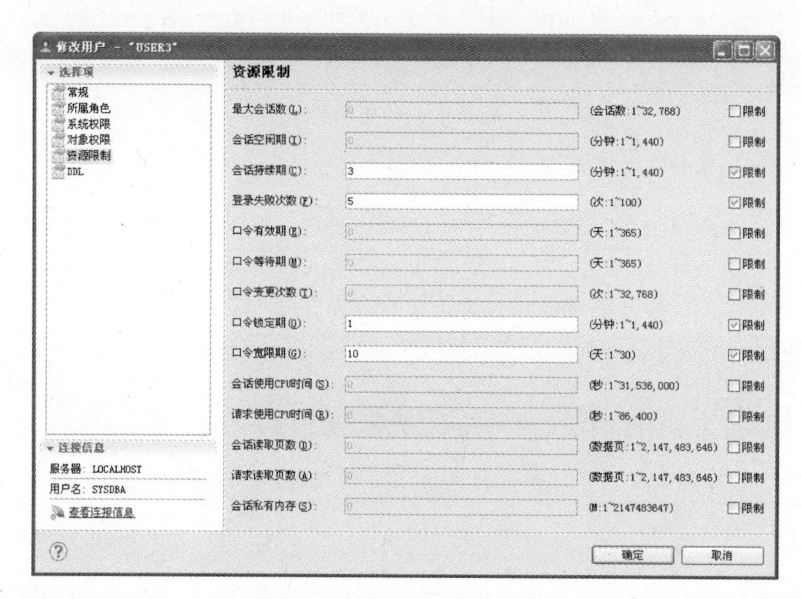

图 3-16　修改登录失败次数

(二) 注意事项

(1) 每个用户均可修改自身的口令,SYSDBA 用户可强制修改非系统预设用户的口令(在数据库验证方式下)。

(2) 只有具备 ALTER USER 权限的用户才能修改其身份验证模式、系统角色及资源限制项。

(3) 不论 dm.ini 的 DDL_AUTO_COMMIT 设置为自动提交还是非自动提交,ALTER USER 操作都会被自动提交。

(4) 系统预设用户不能修改其系统角色和资源限制项。

三、删除用户

DM 数据库提供删除用户的管理,在数据库中的对象都是组织在用户模式下的,如果删除用户,那么用户模式下的数据对象都要删除,并且对该用户模式下的数据对象的依赖也都会被删除。删除用户应当慎重,可以使用 SQL 命令或 DM 管理工具来删除用户,本部分只介绍通过 DM 管理工具删除用户的方法。

(一) 删除用户操作

【例 3-6】 删除用户 USER3。

步骤 1:启动 DM 管理工具,并使用具有 DBA 角色的用户登录数据库,如使用 SYSDBA 用户,右键单击对象导航窗体中“用户”节点下“管理用户”中的“USER3”节点,弹出用户管理操作入口,如图 3-14 所示。

步骤 2:在弹出的快捷菜单中单击“删除”选项,弹出“删除对象”对话框,如图 3-17 所示。

步骤 3:在图 3-17 中,单击“确定”按钮,删除 USER3 用户。

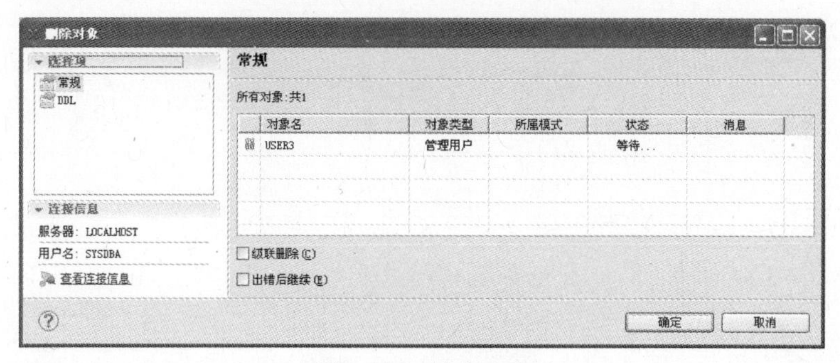

图 3-17 删除用户

(二) 注意事项

(1) 系统自动创建的三个系统用户(SYSDBA、SYSAUDITOR 和 SYSSSO)不能被删除。

(2) 具有相应 DROP USER 权限的用户即可进行删除用户操作。

(3) 删除用户会删除该用户建立的所有对象,且不可恢复。如果要保存这些实体,请参考 REVOKE 语句。

(4) 如果未使用 CASCADE 选项,若该用户建立了数据库对象(如表、视图、过程或函数),或其他用户对象引用了该用户的对象,或在该用户的表上存在其他用户建立的视图,DM 将返回错误信息,而不能删除此用户。

(5) 如果使用了 CASCADE 选项,除数据库中该用户及其创建的所有对象被删除外,如果其他用户创建的表引用了该用户表上的主关键字或唯一关键字,或者在该表上创建了视图,DM 还将自动删除相应的参照完整性约束及视图依赖关系。

(6) 正在使用的用户可以被删除,删除后重新登录或者进行操作会报错。

第三节 模式管理

在 DM 数据库中,系统为每一个用户自动建立了一个与用户名同名的模式作为默认模式,用户还可以用模式定义语句建立其他模式。一个用户可以创建多个模式,但一个模式只归属于一个用户,一个模式中的对象(表、视图等)可以被该用户使用,也可以授权给其他用户访问。

一、创建模式

创建模式时要指定归属的用户名,可以在创建模式的同时创建模式中的对象,但通常是分开进行的。可以采用 SQL 命令或 DM 管理工具来创建模式,本部分只介绍使用 DM 管理工具创建模式的方法。

(一) 创建模式操作

【例 3-7】 以用户 SYSDBA 给 DMHR 用户创建一个模式,名称为 DMHR3。

步骤 1:启动 DM 管理工具,使用 SYSDBA 用户登录数据库,右键单击对象导航窗体中“模式”节点,弹出如图 3-18 所示操作界面。

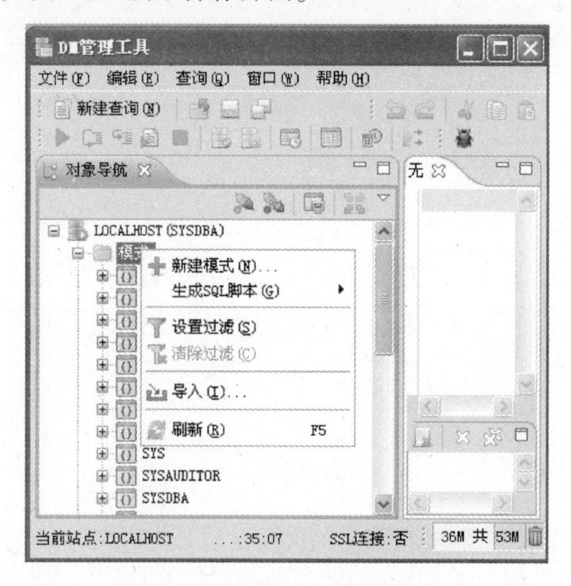

图 3-18　新建模式

步骤 2:在弹出的快捷菜单中单击“新建模式”按钮,弹出如图 3-19 所示操作界面。

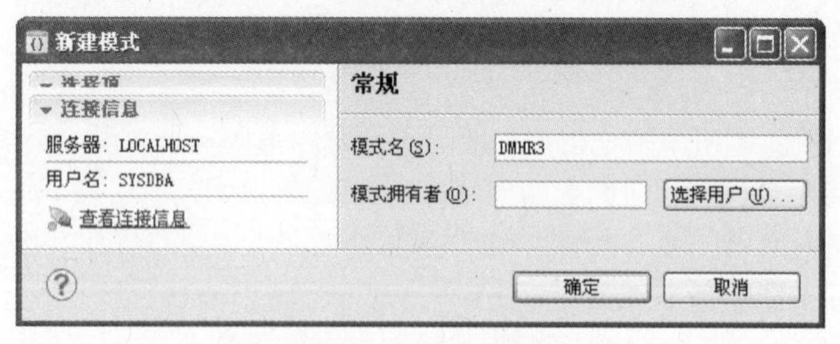

图 3-19　设置模式名

步骤 3:在图 3-19 中进入常规参数页面,设置模式名为“DMHR3”。单击“选择用户”按钮,弹出选择(用户)对话框,如图 3-20 所示,选中 DMHR 用户并单击“确定”按钮返回。

步骤 4:在图 3-19 中,单击“确定”按钮,完成模式创建过程。

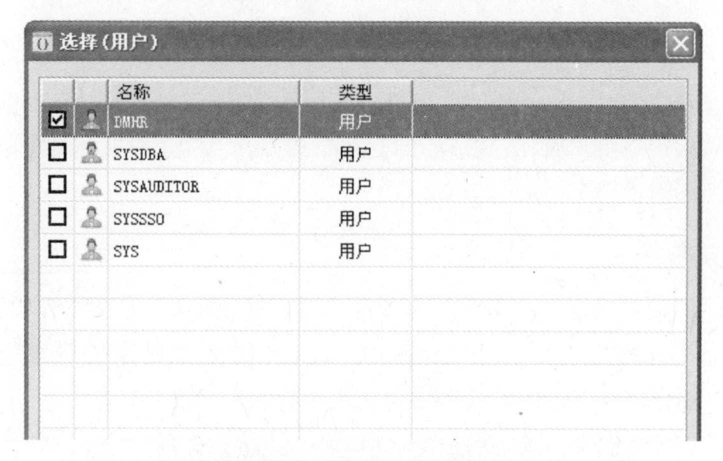

图 3-20　选择(用户)对话框

(二) 注意事项

(1) 模式名不可与其所在数据库中其他模式名相同;在创建新的模式时,如果存在同名的模式,那么该操作不能执行。

(2) 执行该操作的用户必须具有 DBA 或 CREATE SCHEMA 权限。

(3) 模式一旦定义,该用户所建基表、视图等均属于该模式,其他用户访问该用户所建立的基表、视图等均需在表名、视图名前冠以模式名;而建表者访问自己当前模式所建表、视图时模式名可省;若没有指定当前模式,则系统自动以当前用户名作为模式名。

二、设置当前模式

当一个用户有多个模式时,可以指定一个模式为当前默认模式,用 SQL 命令来设置当前模式。

设置当前模式的 SQL 命令格式如下:

```
SET SCHEMA <模式名>;
```

【例 3-8】 将 DMHR3 模式设置为 DMHR 用户的当前模式。

用 DM 管理工具设置当前模式步骤如下。

步骤 1:启动 DM 管理工具,并使用 DMHR 用户登录数据库,默认密码为“dameng123”。

步骤 2:在 DM 管理工具中,单击工具栏中“新建查询”按钮,新建一个查询。

步骤 3:在新建的查询中输入下面语句,注意达梦数据库执行 SQL 语句时,会自动将数据对象名装换为大写,如不希望强制转换,可使用双引号将数据对象名括起来。

```
SET SCHEMA dmhr3;
```

步骤 4:用鼠标选中刚才输入的语句,并单击工具栏上的向右的三角按钮▶,执行输入的语句。

步骤 5:单击工具栏的提交按钮,即完成操作。

三、删除模式

在 DM 数据库中，允许用户删除整个模式，当模式下有表或视图等数据库对象时，必须采取级联删除，否则删除失败。可以通过 SQL 命令或 DM 管理工具删除模式，本部分只介绍通过管理工具删除模式的方法。

（一）删除模式操作

【例 3-9】 以 SYSDBA 用户登录 DM 管理工具，删除 DMHR3 模式。

步骤 1：启动 DM 管理工具，并使用 SYSDBA 用户登录，右键单击对象导航窗体中“模式”节点下的“DMHR3”节点，弹出如图 3-21 所示菜单。

图 3-21　模式管理操作入口

步骤 2：在图 3-21 所示菜单中，单击“删除”按钮，弹出删除对象对话框，如图 3-22 所示。

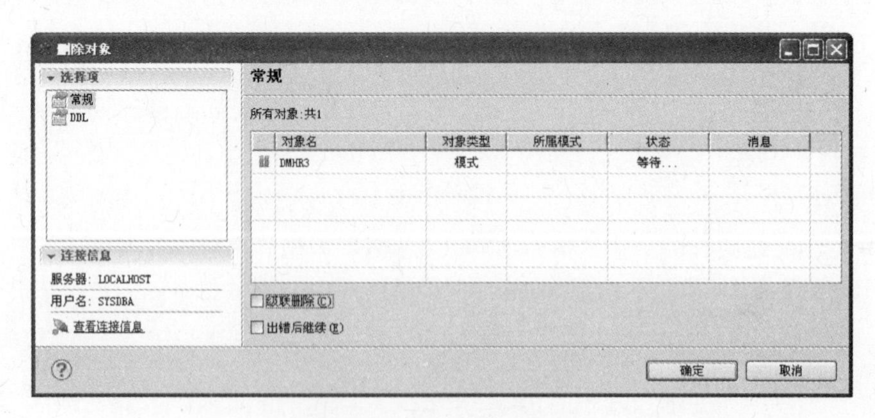

图 3-22　删除对象对话框

步骤 3：在图 3-22 中，确认无误后，单击“确定”按钮，完成 DMHR3 模式的删除。

(二) 注意事项

（1）模式名必须是当前数据库中已经存在的模式。

（2）执行删除模式的用户必须具有 DBA 权限或是该模式的所有者。

（3）如果未勾选级联删除,若在该模式下建立了数据库对象(如表、视图、过程或函数),或其他用户对象引用了该模式的对象,或在该模式的表上存在其他用户建立的视图,DM 将返回错误信息,而不删除此模式。

第四节　表 管 理

表是数据库中数据存储的基本单元,是对用户对数据进行操作的逻辑实体。表由列和行组成,每一行代表一个单独的记录。为了确保数据库中数据的一致性和完整性,在创建表时可以定义表的实体完整性、域完整性和参照完整性。如果用户在创建表时没有定义表的完整性和一致性约束条件,那么用户可以利用 DM 数据库所提供的表修改语句或工具来进行补充或修改。

在达梦数据库中,表可以分为两类,即数据库表和外部表,数据库表由数据库管理系统自行组织管理,而外部表在数据库的外部组织,是操作系统文件。本部分只介绍数据库表的创建、修改和删除等操作。

一、创建表

DM 数据库中,数据库表用于存储数据对象,分为一般数据库表(简称数据库表)和高性能数据库表。本部分只介绍使用 DM 管理工具创建数据库表。下面直接通过例子讲述用 DM 提供的图形化管理工具来创建数据库表。

【例 3-10】　在 DMHR 模式下创建 DEPT 表,表的字段要求见表 3-2。

表 3-2　DEPT 表字段

字段名	字段类型	主键	非空	唯一
DEPTID	NUMBER(2, 0)	是	是	是
DEPTNAME	VARCHAR(20)	—	是	是
DEPTLOC	VARCHAR(128)	—	—	—

步骤 1:启动 DM 管理工具,使用 DBA 角色的用户连接数据库,如 SYSDBA 用户。登录数据库成功后,右键单击对象导航窗体中 DMHR 模式下的“表”,弹出如图 3-23 所示菜单。

步骤 2:在弹出的快捷菜单中单击“新建表”按钮,弹出“新建表”对话框,如图 3-24 所示。

步骤 3:在图 3-24 中,进入常规参数页面,设置表名为“DEPT”,注释为“部门表”。

单击“+”按钮,增加一个字段,选中主键,列名为 DEPTID,数据类型选择 NUMBER,默认非空,精度为 2,标度为 0。

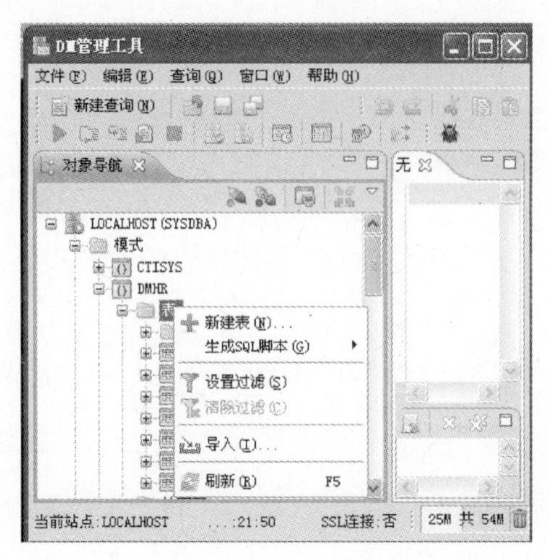

图 3-23　新建表

单击“+”按钮,增加一个字段,列名为 DEPTNAME,数据类型选择 VARCHAR,选中非空,精度为 20,标度为 0。在列属性中,值唯一选择“是”。

单击“+”按钮,增加一个字段,列名为 DEPTLOC,数据类型为 VARCHAR,精度为 128,标度为 0。

步骤 4:字段设置完成后,单击“确定”按钮,完成 DEPT 表的创建。

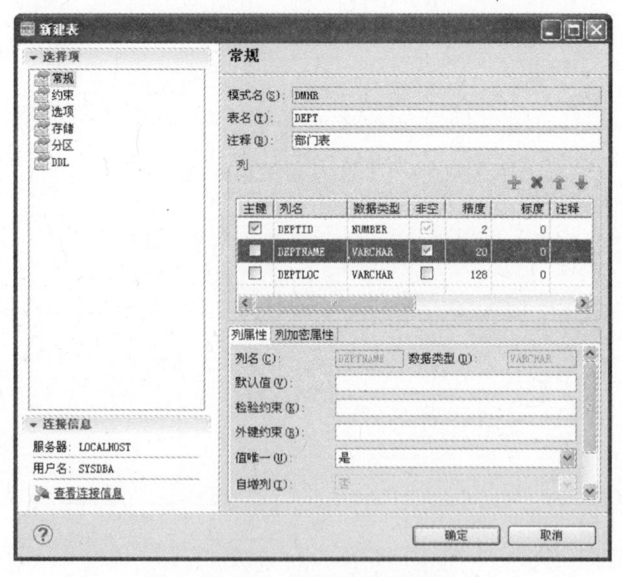

图 3-24　设置表字段参数

二、修改表

为了满足用户在建立应用系统的过程中需要调整数据库结构的要求,DM 系统提供了数据库表修改语句和工具,对表的结构进行全面修改,包括修改表名、字段名、增加字段、删除字段、修改字段类型、增加表级约束、删除表级约束、设置字段默认值、设置触发器状态等。

(一) 修改表操作

【例 3-11】 删除和添加字段。以 SYSDBA 用户登录,删除 DMHR 模式下的 DEPT 表中的 DEPTLOC 字段,并添加一个 DEPTMANAGERID 字段,该字段数据类型为 INT,长度为 10。

步骤 1:启动 DM 管理工具,以 SYSDBA 用户登录。登录数据库成功后,右键单击对象导航窗体中 DMHR 模式下的 DEPT 表,弹出如图 3-25 所示菜单。

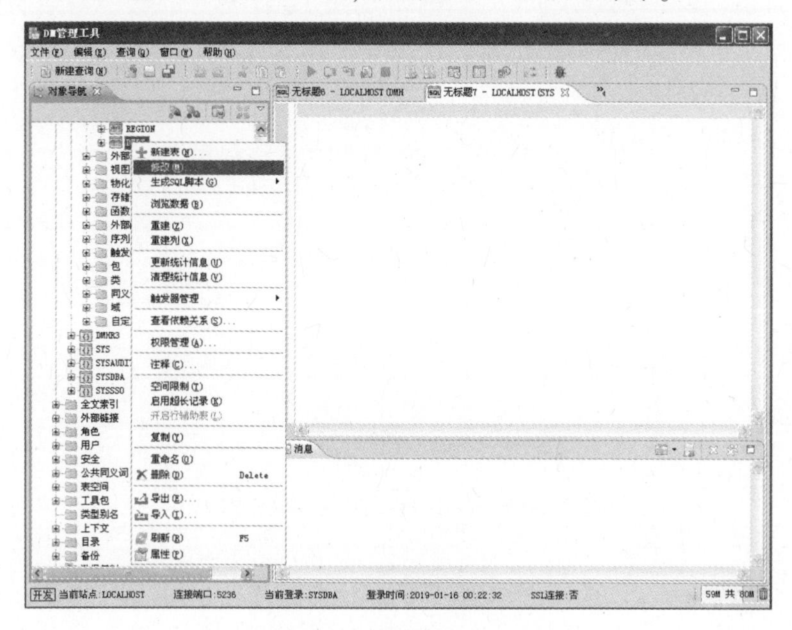

图 3-25　修改表操作入口

步骤 2:在图 3-25 所示菜单中,单击"修改"菜单,进入如图 3-26 所示的修改表对话框。

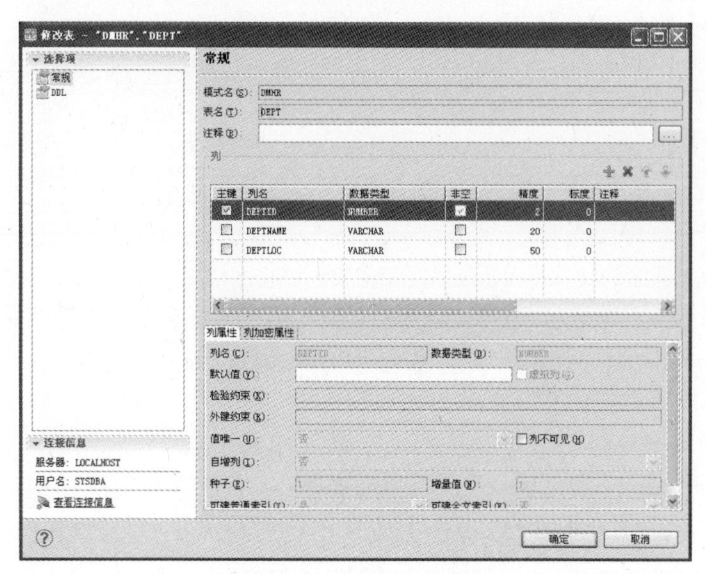

图 3-26　修改表对话框

步骤3:在图3-26所示操作界面中,选中DEPTLOC字段信息,并单击“ ”按钮,删除该字段,单击“+”按钮,增加一个名为DEPTMANAGERID的字段,并设置该字段类型为INT,精度为10,如图3-27所示。

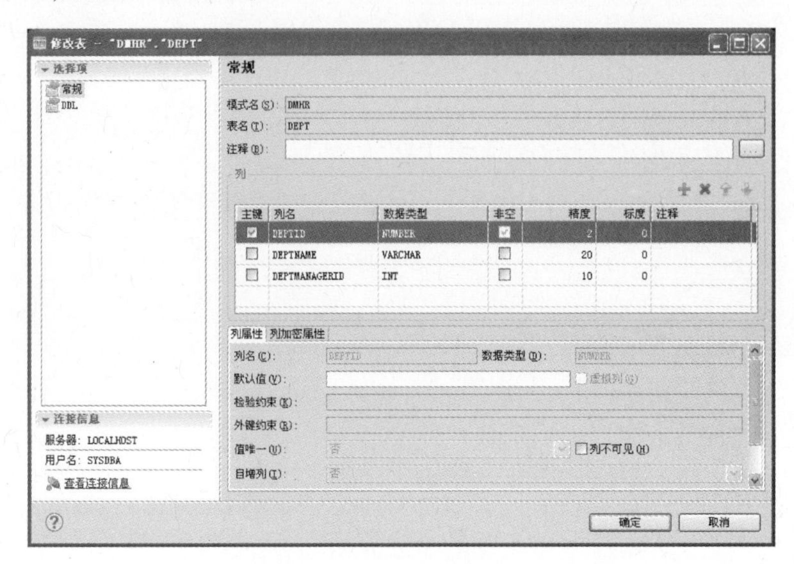

图3-27　修改表操作完成

步骤4:修改完成后,单击“确定”按钮,即可完成表的修改操作。

(二) 注意事项

(1) 对列进行修改可更改列的数据类型时,若该表中无元组,则可任意修改其数据类型、长度、精度或量度;若表中有元组,则系统会尝试修改其数据类型、长度、精度或量度,如果修改不成功,则会报错返回。无论表中有无元组,多媒体数据类型和非多媒体数据类型都不能相互转换。

(2) 修改有默认值的列的数据类型时,原数据类型与新数据类型必须是可以转换的,否则即使数据类型修改成功,在进行插入等其他操作时,也会出现数据类型转换错误。

(3) 增加列时,新增列名之间、新增列名与该基表中的其他列名之间均不能重复。若新增列跟有默认值,则已存在的行的新增列值是其默认值。

(4) 具有DBA权限的用户或该表的建表者才能执行此操作。

三、删除表

删除数据库表会导致该表的数据以及对该表的约束依赖被删除,因此业务工作中很少有删除数据表的操作,但是作为数据库管理员,掌握删除数据库表的方法是非常必要的。

(一) 删除表操作

【例3-12】 删除表。以SYSDBA用户登录,删除DMHR模式下的DEPT表。

使用DM管理工具删除表很简单,具体操作步骤如下。

步骤1:启动DM管理工具,以SYSDBA用户登录。登录数据库成功后,右键单击对象导航窗体中DMHR模式下的DEPT表,弹出如图3-25所示菜单。

步骤2:在图3-25所示菜单中,单击"删除"按钮,弹出如图3-28所示删除对象对话框。

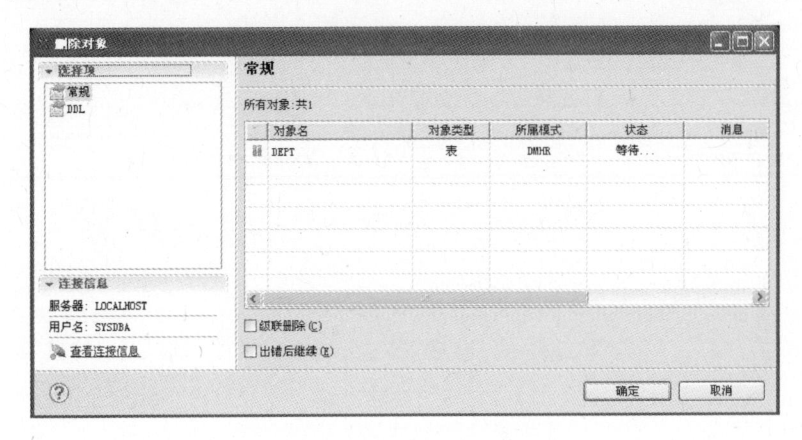

图3-28 删除对象对话框

步骤3:在图3-28所示对话框中,单击"确定"按钮,即可删除该表。

(二) 注意事项

(1) 删除主从表时,应先删除从表,再删除主表。

(2) 表删除后,在该表上所建索引也同时被删除。

(3) 表删除后,所有用户在该表上的权限也自动取消,以后系统中再创建的同名基表是与该表毫无关系的表。

作 业 题

一、填空题

1. 达梦数据库常用对象包括表空间、______、______、表,这些对象构成了达梦数据库的基本组件,理解和使用常用对象是使用达梦数据库的基础。

2. 常用对象管理主要包括常用对象的______、______和删除操作。

3. 根据表空间的用途不同,表空间又可以细分为______、______和大表空间等。

4. 系统处于SUSPEND或MOUNT状态时不允许删除表空间,系统只有处于______状态下才允许删除表空间。

5. 用户口令以______形式存储。

6. 系统预先设置了三个用户,分别为______、SYSAUDITOR和SYSSSO。

7. 执行删除模式的用户必须具有______权限或是该模式的所有者。

8. ______是数据库中数据存储的基本单元,是对用户数据进行读和操纵的逻辑实体。

9. 为了确保数据库中数据的一致性和完整性,在创建表时可以定义表的______、______和参照完整性。

二、选择题

1. 一个表空间最多可以拥有下列哪个个数的数据文件(　　)。

A. 64

B. 128

C. 256

D. 512

2. 修改表空间数据文件大小时,欲设置的文件大小必须满足下列哪个条件(　　)。

A. 小于自身大小

B. 等于自身大小

C. 大于自身大小

D. 小于等于自身大小

3. 如果表空间有未提交事务,表空间不能修改为下列哪个状态(　　)。

A. SUSPEND

B. MOUNT

C. OFFLINE

D. ONLINE

4. SYSDBA 具备的角色是(　　)。

A. DB_AUDIT_ADMIN

B. DBA

C. CONNECT

D. DB_POLICY_ADMIN

5. 下列表空间可以被删除的是(　　)。

A. RLOG

B. USERTABLESPACE

C. TEMP

D. SYSTEM

6. 下列表空间可以被删除的是(　　)。

A. TEMP

B. RLOG

C. USERTABLESPACE

D. SYSTEM

7. 删除主从表时,应当(　　)。

A. 先删除主表,再删除从表

B. 先删除从表,再删除主表

C. 同时删除

D. 没有顺序之分

三、多项选择题

1. DM 提供三种身份验证模式来保护服务器访问的安全,即(　　)。

A. 数据库身份验证模式

B. 外部身份验证模式

C. 混合身份验证模式

D. 组合身份验证模式

2. 具备 ALTER USER 权限的用户可以修改其(　　)。

A. 身份验证模式

B. 所属表空间

C. 资源限制项

D. 系统角色

3. 下列关于模式描述正确的是(　　)。

A. 系统自动为用户建立一个同名的模式

B. 一个模式中的对象只可以被该用户使用

C. 一个模式可归属于多个用户

D. 一个用户可以创建多个模式

第四章　达梦数据库 SQL

结构化查询语言(Structured Query Language,SQL)是一种数据库查询和程序设计语言,用于存储数据以及查询、更新和管理关系数据库系统。SQL 是高级的非过程化编程语言,其语法接近英语的语句结构,方便简洁、使用灵活、功能强大,倍受用户及计算机工业界的欢迎,被众多计算机公司和数据库厂商所采用,经过各公司的不断修改、扩充和完善,SQL 语言发展成为关系数据库的标准语言。DM SQL 语言遵循 SQL 标准,并对标准 SQL 进行了扩充,对其他数据库管理系统(如 Oracle、SQL Server)具有较强的兼容性。本章主要介绍 DM SQL 的特点、功能和基本语法。

第一节　DM SQL 概述

1970 年,IBM 研究中心的 E. F. Codd 提出关系模型。1972 年 IBM 开始研制实验型关系数据库管理系统 System R,为其开发的查询语称为 SQUARE(Specifying QUeries As Relation Expression)。1974 年,来自同一实验室的 Boyce 和 Chamberlain 把 SQUARE 修改为 SEQUEL (Structured English QUEry Language),1980 年改名为 SQL。Oracle 公司于 1979 年首先提供了商用的 SQL。1986 年,美国国家标准化协会(American National Standards Institute ,ANSI)宣布将 SQL 作为关系数据库语言的美国标准。1987 年 6 月,国际化标准化组织(International Standardization Organization,ISO)将 SQL 采纳为国际标准,称为 SQL-86。1989 年,ANSI 用 SQL-89 取代了 SQL-86,以后通过对 SQL-86 的不断修改和完善,于 1989 年第二次公布了 SQL 标准 ISO/IEC9075-1989(E),即 SQL-89。1992 年又公布了 SQL 标准 ISO/IEC 9075-1992,即 SQL-92。1999 年发布了 ISO/IEC 9075-1999《信息技术——数据库语言 SQL》标准,即 SQL-99。目前,世界上主流的数据库管理系统均支持 SQL 语言,如 Oracle、Sybase、SQL Server、DB2 等。我国也相继公布了数据库 SQL 的国家标准。

DM SQL 遵循结构化查询语言 SQL 标准,并对标准 SQL 进行了扩充。DM SQL 集数据定义、数据查询、数据操纵和数据控制于一体,是一种一体化的、综合的关系数据库语言。

一、DM SQL 的主要功能

DM SQL 语言的功能主要包括数据定义、查询、操纵和控制四个方面,通过各种不同的 SQL 语句来实现。DM SQL 的主要功能包括:

(1) 数据定义功能。数据定义功能用于定义、撤销和修改数据模式。例如,用户、模式、基表、视图、索引、序列、全文索引、存储过程和触发器的定义和删除语句,基表、视图、全文索引的修改语句,对象的更名语句等。

（2）数据查询功能。数据查询功能用于进行数据的查询。

（3）数据操纵功能。数据操纵功能用于增加、删除和修改数据。

（4）数据控制功能。数据控制功能用于对数据访问权限的控制、完整性描述、事务控制等。

DM SQL 语言具有如下特点：

（1）便捷的多媒体数据管理和处理能力。DM SQL 对多媒体数据类型的管理和处理，与常规数据类型一样，一体化定义、一体化存储、一体化检索、一体化处理，最大限度地提高了 DM 数据库管理系统处理多媒体的能力和速度。

（2）强大的混合编程能力。DM SQL 语言既是自含式语言，又是嵌入式语言。作为自含式语言，它能独立运行于联机交互方式。作为嵌入式语言，DM SQL 语句能够嵌入到 C、C++、Java 语言程序中，将高级语言（也称主语言）灵活的表达能力、强大的计算功能与 DM SQL 语言的数据处理功能相结合，实现各种复杂的事务处理。而在这两种不同的使用方式中，DM SQL 语言的语法结构是一致的，从而为用户使用提供了极大的方便性和灵活性。

（3）高度的封装性。DM SQL 语言对 SQL 命令进行了高度封装。用户只需指出“做什么”，而无须指出“怎么做”，对数据存取路径的选择及 DM SQL 语句功能的实现均由系统自动完成，与用户编制的应用程序、具体的机器及关系 DBMS 的实现细节无关，从而降低应用程序开发的复杂性，提高应用程序开发效率，也增强了数据的独立性和应用系统的可移植性。

（4）高效的数据操作方式。DM SQL 语言采用了集合操作方式。不仅查询结果可以是元组的集合，而且一次插入、删除、修改操作的对象也可以是元组的集合，相对于面向记录的数据库语言（一次只能操作一条记录）来说，DM SQL 语言简化了用户的处理，提高了应用程序的运行效率。

（5）简洁易学的语法结构。DM SQL 语言集数据库的定义、查询、更新、控制、维护、恢复、安全等一系列操作于一体，每一项操作都只需一种操作符表示，格式规范，风格一致，简单方便，易学易用。

二、DM SQL 数据类型

DM 数据库系统具有 SQL-92 的绝大部分数据类型，以及部分 SQL-99 数据类型。

（一）数值型数据类型

数值型数据类型语法及说明如表 4-1 所列。

表 4-1　数值型数据类型语法及说明

语　法	说　　明
NUMERIC[（精度[，标度]）] DEC[（精度[，标度]）] DECIMAL[（精度[，标度]）]	NUMERIC 数据类型用于存储零、正负定点数。其中：精度是一个无符号整数，定义了总的数字数，精度范围为 1~38，标度定义了小数点右边的数字位数，定义时如果省略精度，则默认是 16，如果省略标度，则默认是 0。一个数的标度不应大于其精度。所有 NUMERIC 数据类型，如果其值超过精度，达梦数据库返回一个出错信息，如果超过标度，则多余的位截断。NUMERIC（4，1）定义了小数点前面 3 位和小数点后面 1 位，共 4 位的数字，范围为-999.9~999.9

（续）

语　法	说　　明
INTEGER INT PLS_INTEGER	用于存储有符号整数，精度为 10，标度为 0。取值范围为 $-2147483648(-2^{31})\sim+2147483647(2^{31}-1)$
FLOAT[（精度）]	FLOAT 是带二进制精度的浮点数，精度最大不超过 53，如果省略精度，则二进制精度为 53，十进制精度为 15。取值范围为 $-1.7\times10^{308}\sim1.7\times10^{308}$
DOUBLE[（精度）]	同 FLOAT 相似，精度最大不超过 53

（二）字符型数据类型

字符型数据类型语法及说明如表 4-2 和表 4-3 所列。

表 4-2　字符型数据类型语法及说明

语　法	说　　明
CHAR[（长度）]	CHAR 数据类型指定定长字符串。在表中，定义 CHAR 类型的列时，其最大存储长度由数据库页面大小决定，可以指定一个不超过其最大存储长度的正整数作为字符长度，如 CHAR(100)。如果未指定长度，默认为 1。DM 确保存储在该列的所有值都具有这一长度。CHAR 数据类型最大存储长度和页面大小的对应关系请见表 4-3。但是，在表达式计算中，该类型的长度上限不受页面大小限制，为 32767
VARCHAR[（长度）] CHARACTER[（长度）] VARCHAR2	VARCHAR 数据类型指定变长字符串，用法类似 CHAR 数据类型，可以指定一个不超过 8188 的正整数作为字符长度，如 VARCHAR(100)。如果未指定长度，默认为 8188。但是，在表中，插入 VARCHAR 数据类型的实际最大存储长度由数据库页面大小决定，具体最大长度算法见表 4-3。但 VARCHAR 类型在表达式计算中的长度上限不受页面大小限制，为 32767。CHAR 与 VARCHAR 的区别在于前者长度不足时，系统自动填充空格，而后者只占用实际的字节空间。另外，实际插入表中的列长度要受到记录长度的约束，每条记录总长度不能大于页面大小的 1/2。VARCHAR2 类型和 VARCHAR 类型用法相同

表 4-3　CHAR 数据类型最大存储长度和页面大小的对应关系

数据库页面大小	实际最大长度
4Kb	1900
8Kb	3900
16Kb	8000
32Kb	8188

（三）日期型数据类型

日期型数据类型语法及说明如表 4-4 所列。

表 4-4 日期型数据类型语法及说明

语 法	说 明	举 例
DATE	日期类型,包括年、月、日信息,定义了'0001-01-01'和'9999-12-31'之间任何一个有效的格里高利日期。 DM 支持 SQL92 标准或 SQL Server 的 DATE 字值。例如,DATE '1999-10-01'、'1999/10/01'或'1999.10.01'都是有效的 DATE 值,且彼此等价。年月日中第一个非 0 数值前的 0 亦可省略,如'0001-01-01'等价于'1-1-1'	创建数据表 t1,其中字段 c1 为 DATE 类型,然后插入记录: CREATE TABLE t1(c1 DATE); INSERT INTO t1 VALUES (DATE '2002-12-12')
TIME	包括时、分、秒信息,定义了一个在'00:00:00.000000'和'23:59:59.999999'之间的有效时间。TIME 类型的小数秒精度规定了秒字段中小数点后面的位数,取值范围为 0~6,如果未定义,默认精度为 0。 DM 支持 SQL92 标准或 SQL Server 的 TIME 字值,如 TIME'09:10:21'、'09:10:21'或'9:10:21'都是有效的 TIME 值,且彼此等价	创建数据表 t2,其中字段 c1 为 TIME 类型,然后插入记录: CREATE TABLE t2(c1 TIME); INSERT INTO t2 VALUES (TIME '09:10:21')
TIMESTAMP	时间戳型,包括年月日时分秒信息,定义了一个在'0001-01-0100:00:00.000000'和'9999-12-31 23:59:59.999999'之间的有效格里高利日期时间。TIMESTAMP 类型的小数秒精度规定了秒字段中小数点后面的位数,取值范围为 0~6,如果未定义,默认精度为 6。DM 支持 SQL92 标准或 SQL Server 的 TIMESTAMP 字值,如 TIMESTAMP'2002-12-12 09:10:21'、'2002-12-12 9:10:21'、'2002/12/12 09:10:21'、'2002.12.12 09:10:21'都是有效的 TIMESTAMP 值,且彼此等价	创建数据表 t3,其中字段 c1 为 TIMESTAMP 类型,然后插入记录: CREATE TABLE t3(c1 TIMESTAMP); INSERT INTO t3 VALUES (TIMESTAMP'1999-07-13 10:11:22')

三、DM SQL 表达式

DM 支持多种类型的表达式,包括数值表达式、字符串表达式、时间值表达式、时间间隔值表达式等。

(一) 数值表达式

数值表达式包括一元运算符和二元运算符,如表 4-5 所列。

表 4-5 数值表达式

运算类型	运算符	说 明	举 例
一元运算符	+,-	表示正数或负数,正数可省去+。在 SQL 中由于两短横即"--"表示"注释开始",则双负号必须是-(-5),而不是--5	-1234.56
二元运算符	+,-,*,/	分别表示两个表达式进行加、减、乘、除运算	

(二) 字符串表达式

字符串表达式是连接操作符"||",表示两个字符串以给定的顺序将字符串连接在一起,并返回一个字符串。其长度等于两个运算数长度之和。如果两个运算数中有一个是

NULL,则 NULL 等价为空串。要求每一个都是对属于同一字符集的字符串的求值,如'湖北'||'武汉'的结果是'湖北武汉'。

(三) 运算符的优先级

当一个复杂的表达式有多个运算符时,运算符优先性决定执行运算的先后次序,在较低等级的运算符之前先对较高等级的运算符进行求值。运算符有下面这些优先等级(从高到低排列),如表 4-6 所列。

表 4-6 运算符优先级

等级序号	运 算 符
1	( )
2	+(一元正)、-(一元负)
3	*(乘)、/(除)
4	+(加)、||(串联)、-(减)

本书中,SQL 语句语法中各个符号的含义如下:

(1) ◇表示一个语法对象。

(2) ::=为定义符,用来定义一个语法对象。定义符左边为语法对象,右边为相应的语法描述。

(3) |为或者符,或者符限定的语法选项在实际的语句中只能出现一个。

(4) { }为大括号,指明大括号内的语法选项在实际的语句中可以出现 0~*N* 次(*N* 为大于 0 的自然数),但是大括号本身不能出现在语句中。

(5) [ ]为中括号,指明中括号内的语法选项在实际的语句中可以出现 0~1 次,但是中括号本身不能出现在语句中。为了便于阅读,在 SQL 语句中所有关键字以大写形式出现,所有数据库对象、变量均采用小写。

四、DM SQL 主要函数

(一) 数值函数

数据库中有很多信息都是以数值的形态存在,数值函数能够对这些数值进行运算,此类函数作用于 INT、FLOAT、NUMBER 等数值型数据类型。主要的数值函数如表 4-7 所列。

表 4-7 数值函数

函 数 名	功能简要说明
ABS(n)	求数值 *n* 的绝对值
CEIL(n)	求大于或等于数值 *n* 的最小整数
CEILING(n)	求大于或等于数值 *n* 的最小整数,等价于 CEIL
COS(n)	求数值 *n* 的余弦值
EXP(n)	求数值 *n* 的自然指数

（续）

函 数 名	功能简要说明
FLOOR(n)	求小于或等于数值 *n* 的最大整数
GREATEST(n1,n2,n3)	求 *n*1、*n*2 和 *n*3 三个数中最大的
GREAT (n1,n2)	求 *n*1、*n*2 两个数中最大的
LEAST(n1,n2,n3)	求 *n*1、*n*2 和 *n*3 三个数中最小的
LOG(n1[,n2])	求数值 *n*2 以 *n*1 为底数的对数
LOG10(n)	求数值 *n* 以 10 为底的对数
PI()	得到常数 π
POWER(n1,n2)	求数值 *n*2 以 *n*1 为基数的指数
RAND([n])	求一个 0~1 之间的随机浮点数
ROUND(n[,m])	求四舍五入值函数
SIN(n)	求数值 *n* 的正弦值
TO_NUMBER(char [,fmt])	将 CHAR、VARCHAR、VARCHAR2 等类型的字符串转换为 DECIMAL 类型的数值
TO_CHAR(n [,fmt [,'nls']])	将数值类型的数据转换为 VARCHAR 类型输出

1. 函数 ABS

语法格式：ABS(n)

功能：返回 *n* 的绝对值。*n* 必须是数值类型。

【例 4-1】 函数 ABS 举例。

```
SELECT ABS(-10);
```

查询结果：10。

2. 函数 ACOS

语法格式：ACOS(n)，*n* 必须是数值类型，且取值在-1~1 之间。

功能：返回 *n* 的反余弦值，函数结果为 0~π。

【例 4-2】 函数 ACOS 举例。

```
SELECT ACOS(0.5);
```

查询结果：1.0471975511965979。

（二）字符串函数

字符串函数对二进制数据、字符串和表达式执行不同的运算，此类函数作用于 CHAR、VARCHAR、BINARY 和 VARBINARY 数据类型及可以隐式转换为 CHAR 或 VARCHAR 的数据类型。主要的字符串函数如表 4-8 所列。

表 4-8　字符串函数

函数名	功能简要说明
ASCII(char)	返回字符对应的整数
CHR(n)	返回整数 n 对应的字符,等价于 CHAR
CONCAT(char1,char2,char3,…)	顺序联结多个字符串成为一个字符串
DIFFERENCE(char1,char2)	比较两个字符串的 SOUNDEX 值之差异,返回两个 SOUNDEX 值串同一位置出现相同字符的个数
INITCAP(char)	将字符串中单词的首字符转换成大写的字符
INS(char1,begin,n,char2)	删除在字符串 char1 中以 begin 参数所指位置开始的 n 个字符,再把 char2 插入到 char1 串的 begin 所指位置
INSERT(char1,n1,n2,char2)/ INSSTR(char1,n1,n2,char2)	将字符串 char1 从 n1 的位置开始删除 n2 个字符,并将 char2 插入到 char1 中 n1 的位置
INSTR(char1,char2[,n,[m]])	从输入字符串 char1 的第 n 个字符开始查找字符串 char2 的第 m 次的出现,以字符计算
INSTRB(char1,char2[,n,[m]])	从 char1 的第 n 个字节开始查找字符串 char2 的第 m 次出现的位置,以字节计算
LCASE(char)	将大写的字符串转换为小写的字符串
LEN(char)	返回给定字符串表达式的字符(而不是字节)个数(汉字为一个字符),其中不包含尾随空格
LENGTH(char)	返回给定字符串表达式的字符(而不是字节)个数(汉字为一个字符),其中包含尾随空格
LOCATE(char1,char2[,n])	返回 char1 在 char2 中首次出现的位置
LOWER(char)	将大写的字符串转换为小写的字符串
REPLACE(char,search_string [,replacement_string])	将输入字符串中所有出现的 search_string 都替换成 replace_string 字符串
TO_CHAR(DATE[,fmt])	将日期数据类型 DATE 转换为一个在日期语法 fmt 中指定语法的 VARCHAR 类型字符串
EMPTY_BLOB ()	初始化 BLOB 字段

【例 4-3】　函数 ASCII 举例。

```
SELECT ASCII('B') ,ASCII('中');
```

查询结果:66,54992。

五、示例数据库及使用方法

(一) 示例数据库内容

本章的例子会用到达梦数据库管理系统自带的示例数据库,示例数据库是关于某公司的人力资源信息，数据表包括员工信息（EMPLOYEE）、部门信息（DEPARTMENT）、岗位信息（JOB）、员工任职岗位历史信息（JOB_HISTORY）、部门地理位置信息（LOCATION）、部门所在地区信息（REGION）、部门所在城市信息（CITY），示例数据库ER图如图4-1所示，各数据表的内容如表4-9~表4-15所列。

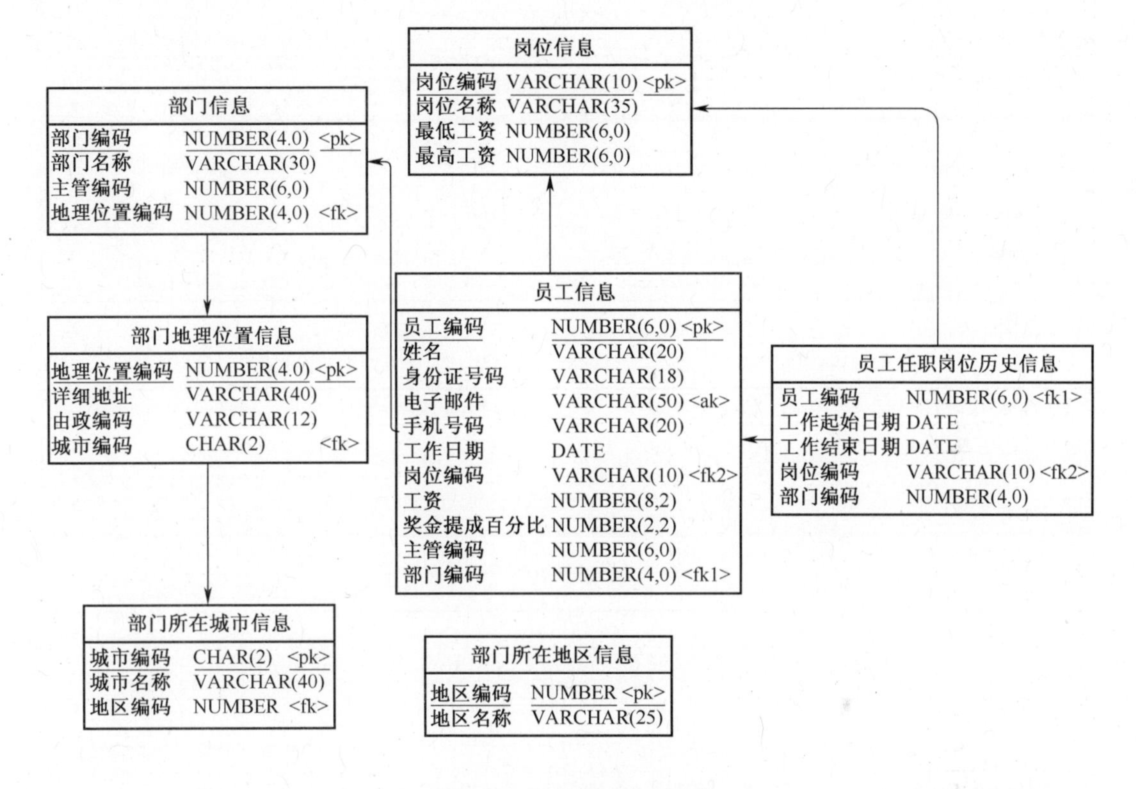

图4-1 示例数据库ER图

表4-9 员工信息（EMPLOYEE）的列清单

字段代码	数据类型	长度	说明
EMPLOYEE_ID	NUMBER(6,0)	6	主键，员工编码
EMPLOYEE_NAME	VARCHAR(20)	20	姓名
IDENTITY_CARD	VARCHAR(18)	18	身份证号码
EMAIL	VARCHAR(50)	50	电子邮件
PHONE_NUM	VARCHAR(20)	20	手机号码
HIRE_DATE	DATE	—	工作日期
JOB_ID	VARCHAR(10)	10	外键，岗位编码
SALARY	NUMBER(8,2)	8	工资
COMMISSION_PCT	NUMBER(2,2)	2	奖金提成百分比
MANAGER_ID	NUMBER(6,0)	6	主管编码
DEPARTMENT_ID	NUMBER(4,0)	4	部门编码

表 4-10 部门信息(DEPARTMENT)的列清单

字段代码	数据类型	长度	说明
DEPARTMENT_ID	NUMBER(4,0)	4	主键,部门编码
DEPARTMENT_NAME	VARCHAR(30)	30	部门名称
MANAGER_ID	NUMBER(6,0)	6	外键,主管编码
LOCATION_ID	NUMBER(4,0)	4	外键,地理位置编码

表 4-11 岗位信息(JOB)的列清单

字段代码	数据类型	长度	说明
JOB_ID	VARCHAR(10)	10	主键,岗位编码
JOB_TITLE	VARCHAR(35)	35	岗位名称
MIN_SALARY	NUMBER(6,0)	6	最低工资
MAX_SALARY	NUMBER(6,0)	6	最高工资

表 4-12 员工任职岗位历史信息(JOB_HISTORY)的列清单

字段代码	数据类型	长度	说明
EMPLOYEE_ID	NUMBER(6,0)	6	员工编码
START_DATE	DATE	—	工作起始日期
END_DATE	DATE	—	工作结束日期
JOB_ID	VARCHAR(10)	10	外键,岗位编码
DEPARTMENT_ID	NUMBER(4,0)	4	外键,部门编码

表 4-13 部门地理位置信息(LOCATION)的列清单

字段代码	数据类型	长度	说明
LOCATION_ID	NUMBER(4,0)	4	主键,地理位置编码
STREET_ADDRESS	VARCHAR(40)	40	详细地址
POSTAL_CODE	VARCHAR(12)	12	邮政编码
CITY_ID	CHAR(2)	2	外键,城市编码

表 4-14 部门所在地区信息(REGION)的列清单

字段代码	数据类型	长度	说明
REGION_ID	NUMBER	—	主键,地区编码
REGION_NAME	VARCHAR(25)	25	地区名称

表 4-15 部门所在城市信息(CITY)的列清单

字段代码	数据类型	长度	说明
CITY_ID	CHAR(2)	2	主键,城市编码
CITY_NAME	VARCHAR(40)	40	城市名称
REGION_ID	NUMBER	—	外键,地区编码

(二) DM SQL 的运行方法

访问示例数据库有两种基本方式:通过图形化界面“DM 管理工具”和命令行方式

“SQL 交互式查询工具”，如图 4-2 所示。对于初学者推荐使用“DM 管理工具”，这是本书例题中主要使用的方式。例题中涉及 SQL 语句，建议初学者在 DM 管理工具中执行所有 SQL 语句。

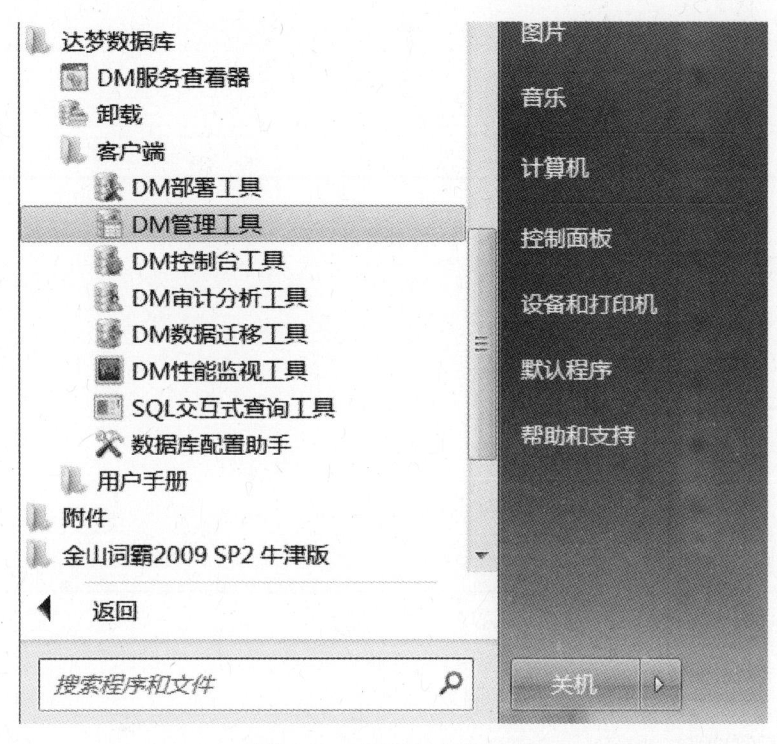

图 4-2　DM SQL 相关工具

如图 4-3 所示，在 DM 管理工具界面上单击左侧【对象导航】栏中的条目，会弹出【登录】对话框。默认用户名是 SYSDBA，如安装时未修改，默认密码是 SYSDBA。

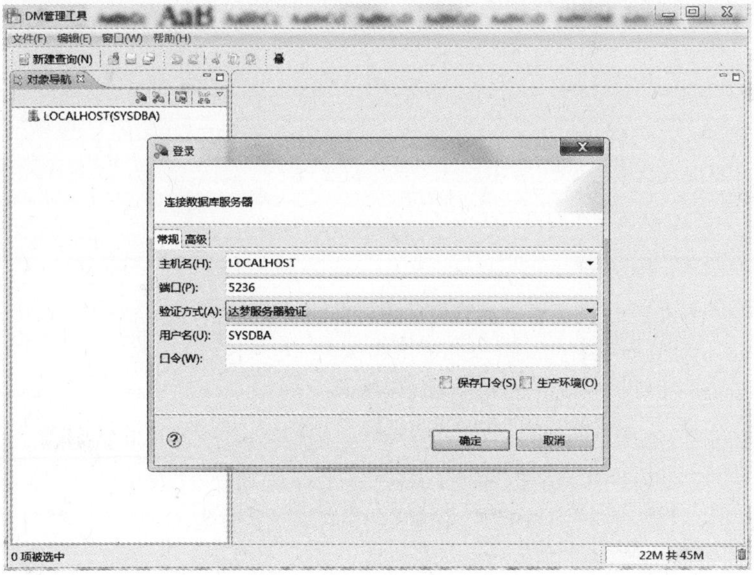

图 4-3　登录 DM 管理工具

用户登录成功后,书写的 SQL 语句中所涉及的数据对象如不带模式名,则默认为与用户名同名的模式下的对象,如需操作其他模式,需在数据对象名前加“模式名.”,如 SYSDBA 用户想查询 DMHR 模式下的 CITY 表,则对应的 SQL 语句为

```
select  *  from   dmhr.city;
```

达梦数据库执行 SQL 语句时,会自动将小写字符转换为大写,除非使用双引号括起来,如上一句 SQL 会转换为

```
SELECT  *  FROM  DMHR.CITY;
```

可以通过以下方式检查示例数据库是否已经正确安装:如图 4-4 所示,如果左侧导航栏中【模式】列表下含有“DMHR”条目,则示例数据库已经正确安装。使用初始用户名 DMHR 和密码 dameng123 可以登录并管理示例数据库。否则需要重新安装达梦数据库系统,并在初始化数据库实例步骤时勾选多选框“创建示例数据库 DMHR”,则系统将自动创建示例数据库“DMHR”。如图 4-4 所示,在左侧导航栏中右键单击表名并选择【浏览数据】则可以查看表中的数据。

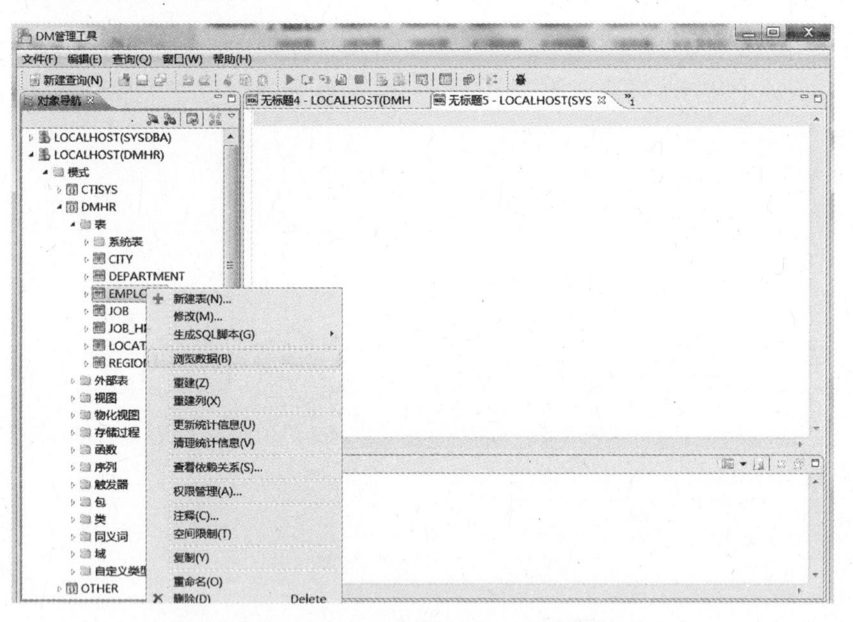

图 4-4　使用 DM 管理工具浏览数据

如图 4-5 所示,在左侧导航栏中右键单击表名并依次选择【Select To】、【新 SQL 编辑器】,则会自动生成查询语句的 SQL 命令。类似地,如果选择【Insert To】、【Update To】、【Delete To】,条目则会分别生成插入数据、修改数据、删除数据的 SQL 语句。当然,也可以在 SQL 编辑窗口中直接手动写入 SQL 语句。

如图 4-6 所示,编辑好 SQL 语句后,单击工具栏中的绿色三角符号则开始运行命令,并在窗口的下部面板中输出结果。由于达梦数据库严格区分大小写,并且执行 SQL 语句时,会自动将 SQL 语句中的字符转换为大写,除非数据对象名使用双引号括起来。本书为了阅读方便,统一将关键字用大写,对象名用小写。初学者在操作时,建议 SQL 语句中的字符统一使用大写。

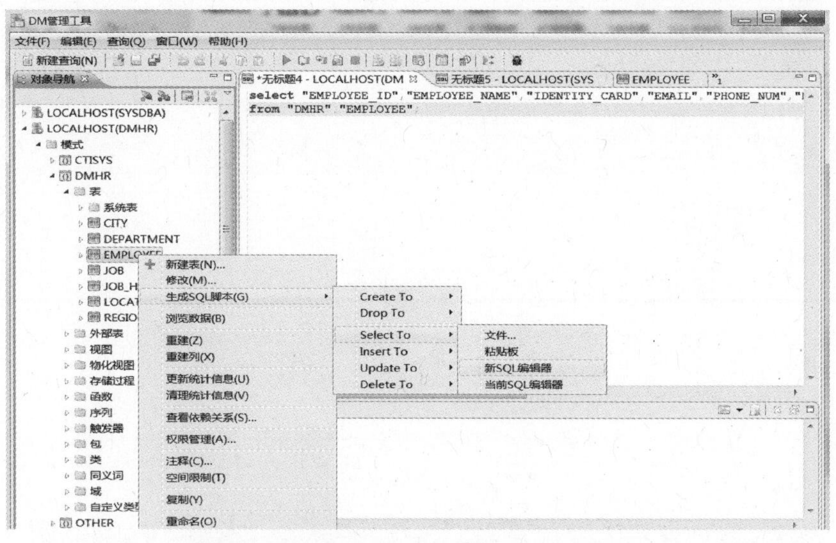

图 4-5 使用 DM 管理工具运行 DM SQL

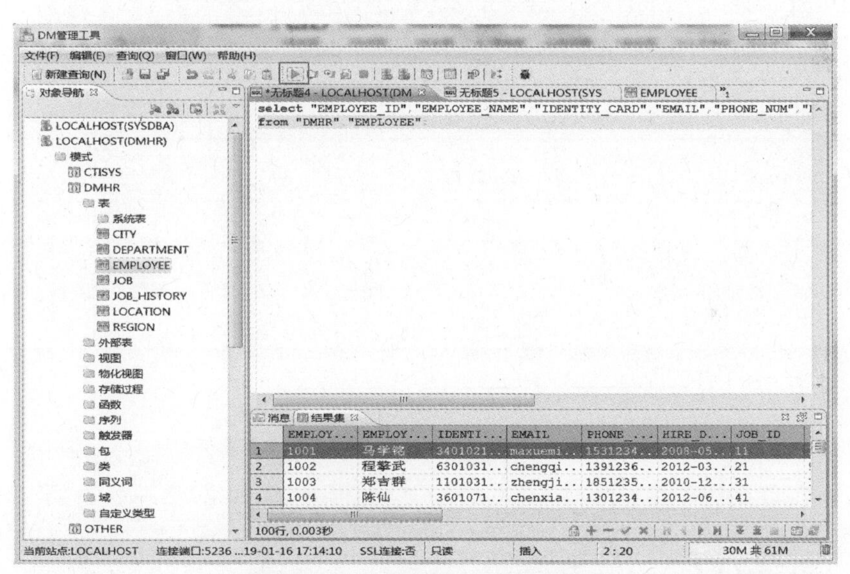

图 4-6 运行 DM SQL 并查看结果

DISQL 工具即图 4-2 所示 SQL 交互式查询工具,可直接启动该工具,也可到该工具所在目录下启动,其通常位于 DM 数据库安装目录的 bin 子目录下(图 4-7),例如 DM 数据库的安装目录为 C:\dmdbms,则 DISQL 位于 C:\dmdbms\bin\DIsql. exe。双击启动,然后输入用户名 SYSDBA、密码 SYSDBA,就可连接数据库,或输入 conn SYSDBA/SYSDBA 连接数据库,使用 disconn 命令断开数据库连接。

如图 4-8 所示,启动之后出现“SQL>”符号时,用户就可以利用 DM 提供的 SQL 语句和数据库进行交互操作了。需要注意的是,在 DISQL 中 SQL 语句应以半角分号“;”结束。同样,在 DISQL 工具中输入 SQL 语句尽量使用大写字母,小写的数据库对象需要加双引号,主要因为达梦数据库执行 SQL 语句时,自动将使用双引号括起来的数据对象名字符转换为大写形式。

图 4-9 所示为命令“SELECT * FROM dmhr. employee;”的输出结果。

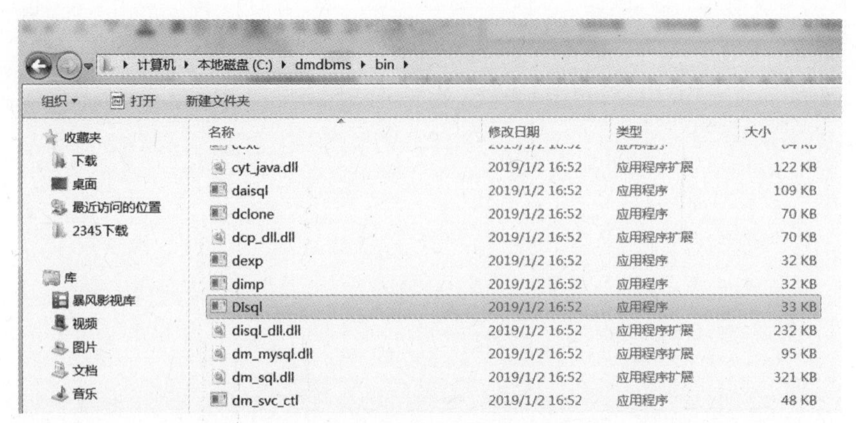

图 4-7　启动命令行工具 DISQL

```
LOCALHOST : 5236 / SYSDBA
disql V7.1.5.121-Build(2016.10.11-73873)STD
用户名:SYSDBA
密码:

服务器[LOCALHOST:5236]:处于普通打开状态
使用普通用户登录

登录使用时间: 76.948(毫秒)
Connected to: DM 7.1.5.121
SQL>
```

图 4-8　登录 DISQL 工具

```
LOCALHOST : 5236 / SYSDBA
           EMAIL                     PHONE_NUM   HIRE_DATE  JOB_ID SALARY

           COMMISSION_PCT MANAGER_ID  DEPARTMENT_ID

855        11144       张智春         650104198103017000
           zhangzhichun@dameng.com  13912369895 2014-08-06 52     9799
           0              11005       1105

行号       EMPLOYEE_ID EMPLOYEE_NAME IDENTITY_CARD

           EMAIL                     PHONE_NUM   HIRE_DATE  JOB_ID SALARY

           COMMISSION_PCT MANAGER_ID  DEPARTMENT_ID

856        11145       林子程         220103198501166000
           linzicheng@dameng.com    13712346383 2009-06-16 52     9809
           0              11005       1105

856 rows got

已用时间: 1.782(毫秒). 执行号:112.
SQL>
```

图 4-9　DISQL 工具运行 DM SQL 并查看结果

第二节　DM SQL 数据定义语句

数据定义语言（Data Definition Language，DDL）主要包括数据库对象的创建（CREATE）、删除（DROP）和修改（ALTER）等操作。本章主要以表空间、用户、模式、表等为对象，介绍达梦数据库的数据定义语言。本节例子需要使用具有管理员权限的用户进行操作，推荐使用系统管理员 SYSDAB 用户。

一、表空间管理语句

DM 表空间是对达梦数据库的逻辑划分，一个数据库有多个表空间，一个表空间对应磁盘上一个或多个数据库文件。从物理存储结构上讲，数据库的对象，如表、视图、索引、序列、存储过程等存储在磁盘的数据文件中；从逻辑存储结构讲，这些数据库对象都存储在表空间中，因此表空间是创建其他数据库对象的基础。根据表空间的用途不同，表空间又可以细分为基本表空间、临时表空间、大表空间等，本章重点介绍表空间的创建、修改、删除等日常管理操作。

（一）创建表空间

简单地说，创建表空间过程就是在磁盘上创建一个或多个数据文件的过程，这些数据文件被达梦数据库管理系统控制和使用，所占的磁盘存储空间归数据库所有。这些数据文件将来用于存储表、视图、索引等内容，可以占据固定的磁盘空间，也可以随着存储数据量的增加而不断扩展。

1. 语法格式

创建表空间的 SQL 命令格式如下：

```
CREATE TABLESPACE <表空间名> <数据文件子句>[<数据页缓冲池子句>][<存储加密子句>];
```

其中各子句具体语法如下：

```
<数据文件子句> ::= DATAFILE <文件说明项>{,<文件说明项>}
<文件说明项> ::= <文件路径>[ MIRROR <文件路径>] SIZE <文件大小>[<自动扩展子句>]
<自动扩展子句> ::= AUTOEXTEND <ON [<每次扩展大小子句>][<最大大小子句> |OFF>
<每次扩展大小子句> ::= NEXT <扩展大小>
<最大大小子句> ::= MAXSIZE <文件最大大小>
<数据页缓冲池子句> ::= CACHE = <缓冲池名>
<存储加密子句> ::= ENCRYPT WITH <加密算法> BY <加密密码>
```

创建表空间时必须指定表空间的名称和表空间使用的数据文件，当一个表空间有多个数据文件时，在数据文件子句中依次列出。数据页缓冲池子句是可选项，默认值为"NORMAL"，存储加密子句是可选项，默认不加密。语法格式中的各项参数的详细说明如表 4-16 所列。

2. 注意事项

（1）创建表空间的用户必须具有 DBA 权限；

（2）表空间名在服务器中必须唯一；

（3）一个表空间最多可以拥有 256 个数据文件。

表 4-16　参数说明

参　数	说　　明
<表空间名>	表空间名称最大长度 128 字节
<文件路径>	指明新生成的数据文件在操作系统下的路径和新数据文件名。数据文件的存放路径符合 DM 安装路径的规则，且该路径必须是已经存在的
MIRROR	数据文件镜像，用于在数据文件出现损坏时替代数据文件进行服务。<文件路径>必须是绝对路径，必须在建库时开启页校验的参数 page_check
<文件大小>	整数值，指明新增数据文件的大小(单位 MB)，取值范围为 4096 * 页大小~2147483647 * 页大小

3. 应用举例

【例 4-4】 创建表空间举例。

（1）创建一个名为 EXAMPLE 的表空间，包含一个数据文件 EXAMPLE. DBF，初始大小为 128M。

```
CREATE TABLESPACE example DATAFILE 'C:\dmdbms\data\DAMENG\EXAMPLE.DBF' SIZE 128;
```

在 SQL 命令中，文件大小的单位默认为 MB，在命令中只写数据文件大小的阿拉伯数字即可。

（2）创建一个名称为 TS1 的表空间，包含两个数据文件，其中，TS101. DBF 文件初始大小为 128MB，可自动扩展，每次扩展 4MB，最大扩展至 1024MB，TS102. DBF 文件初始大小为 256MB，不能自动扩展。

创建 TS1 表空间。

```
CREATE TABLESPACE ts1 DATAFILE 'C:\dmdbms\data\DAMENG\TS101.DBF' SIZE 128 AUTOEXTEND ON NEXT 4 MAXSIZE 1024,'C:\dmdbms\data\DAMENG\TS102.DBF' SIZE 256 AU-TOEXTEND OFF;
```

查询 TS1 表空间。

```
SELECT file_name, autoextensible FROM dba_data_files WHERE tablespace_name = 'TS1';
```

查询结果如下：

```
行号        FILE_NAME                          AUTOEXTENSIBLE
---------- ---------------------------------- -------------------
1          C:\dmdbms\data\DAMENG\TS101.DBF    YES
2          C:\dmdbms\data\DAMENG\TS102.DBF    NO
```

这个例子说明，一个逻辑意义上的表空间可以包含磁盘上的多个物理数据文件。

（3）创建一个名称为 TS2 的表空间，包含一个数据文件 TS201. DBF，初始大小为 512MB。

```
CREATE TABLESPACE ts2 DATAFILE 'C:\dmdbms\data\DAMENG\TS201.DBF' SIZE 512;
```

这个例子说明,创建表空间的命令中,除了一些必要的参数外,其他参数可以省略,采用默认值。

(二)修改表空间

随着数据库的数据量不断增加,原来创建的表空间不能满足数据存储的需要,应当适时对表空间进行修改,增加数据文件或扩展数据文件的大小。

1. 语法格式

修改表空间的SQL命令格式如下:

```
ALTER TABLESPACE <表空间名> [ONLINE |OFFLINE |<表空间重命名子句> |<数据文件重命名子句> |<增加数据文件子句> |<修改文件大小子句> |<修改文件自动扩展子句> |<数据页缓冲池子句>];
```

其中各子句说明如下:

```
<表空间重命名子句> ::= RENAME TO <表空间名>
<数据文件重命名子句>::= RENAME DATAFILE <文件路径>{,<文件路径>} TO <文件路径>{,<文件路径>}
<增加数据文件子句> ::= ADD <数据文件子句>
<修改文件大小子句> ::= RESIZE DATAFILE <文件路径> TO <文件大小>
<修改文件自动扩展子句> ::= DATAFILE <文件路径>{,<文件路径>}[<自动扩展子句>]
```

通过这条命令,可以设置表空间脱机或联机,可以修改表空间的名称,可以修改数据文件的名称,可以增加数据文件,可以修改数据文件大小,还可以修改数据文件的自动扩展特性等。

2. 注意事项

(1) 修改表空间的用户必须具有DBA权限;

(2) 修改表空间数据文件大小时,其大小必须大于自身大小;

(3) 如果表空间有未提交事务时,表空间不能修改OFFLINE状态;

(4) 重命名表空间数据文件时,表空间必须处于OFFLINE状态,修改成功后再将表空间修改为ONLINE状态。

3. 应用举例

【例4-5】 修改表空间举例。

(1) 给TS1表空间增加数据文件TS103. DBF,大小为128MB。

```
ALTER TABLESPACE ts1 ADD DATAFILE 'C:\dmdbms\data\DAMENG\TS103.DBF' SIZE 128;
```

(2) 修改TS1表空间数据文件TS103. DBF的大小为256MB。

```
ALTER TABLESPACE ts1 RESIZE DATAFILE 'C:\dmdbms\data\DAMENG\TS103.DBF' TO 256;
```

(3) 重命名数据文件TS103. DBF为TS_103. DBF。

重命名数据文件时必须先将数据文件设置为离线状态,然后才能重命名文件。

①设置数据文件离线。

```
ALTER TABLESPACE ts1 OFFLINE;
```

② 修改数据文件名。

```
ALTER TABLESPACE ts1 RENAME DATAFILE 'C:\dmdbms\data\DAMENG\TS103.DBF' TO
'C:\dmdbms\data\DAMENG\TS_103.DBF';
```

③ 设置数据文件在线。

```
ALTER TABLESPACE ts1 ONLINE;
```

④ 修改数据文件 TS102. DBF 为自动增长,每次增长 4MB,最大为 1024MB。

```
ALTER TABLESPACE ts1 DATAFILE 'C:\dmdbms\data\DAMENG\TS102.DBF' AUTOEXTEND
ON NEXT 4 MAXSIZE 1024;
```

⑤ 将 TS1 表空间改名为 TS_1。

```
ALTER TABLESPACE ts1 RENAME TO ts_1;
```

⑥ 修改 TS_1 表空间缓冲池名字为 KEEP。

```
ALTER TABLESPACE ts_1 CACHE = "KEEP";
```

注意:KEEP 要大写并加上双引号。

(三) 删除表空间

虽然实际工作中很少进行删除表空间的操作,但是掌握删除表空间的方法还是有必要的。由于表空间中存储了表、视图、索引等数据对象,删除表空间必然带来数据损失,因此达梦数据库对删除表空间有严格限制。

1. 语法格式

删除表空间的 SQL 命令格式为

```
DROP TABLESPACE <表空间名>
```

2. 注意事项

(1) SYSTEM、RLOG、ROLL 和 TEMP 表空间不允许删除;

(2) 用该语句的用户必须具有 DBA 权限;

(3) 系统处于 SUSPEND 或 MOUNT 状态时不允许删除表空间,系统只有处于 OPEN 状态下才允许删除表空间;

(4) 如果表空间存放了数据,则不允许删除表空间,如果确实要删除表空间,必须先删除表空间中的数据对象。

3. 应用举例

【例 4-6】 删除表空间举例。

(1) 删除表空间 TS2。

```
DROP TABLESPACE ts2;
```

(2) 试图删除 TEMP 表空间。

```
DROP TABLESPACE temp;
```

该命令的执行结果为

```
DROP TABLESPACE temp;
第 1 行附近出现错误[-3418]:系统表空间[TEMP]不能被删除.
```

这个例子说明删除表空间是有限制的,数据库安装过程中系统创建的表空间 SYSTEM、TEMP 等表空间不允许删除。如果表空间中已经存在数据对象,该表空间也不允许删除。

二、用户管理语句

用户在数据库中具有双重意义,从安全角度看,只有在数据库内部建立用户以后,使用者才能以该用户名登录和使用数据库;从管理角度看,数据库的对象(除全局同义词外)都是按照用户的模式名来进行组织管理,或者说数据库对象都被组织到用户的模式下,因此用户管理是 DM 对象管理的基础。

(一) 创建用户

创建用户时要指定相关的要素,通常包括用户登录数据库时的身份验证模式与口令、用户拥有对象存储的默认表空间、对用户访问数据库资源的各项限制等。

1. 语法格式

创建用户的 SQL 命令格式如下:

```
CREATE USER <用户名> IDENTIFIED <身份验证模式>  [PASSWORD_POLICY <口令策略>]
[<锁定子句>][<存储加密密钥>][<空间限制子句>][<只读标志>][<资源限制子句>][<允许 IP
子句>][<禁止 IP 子句>][<允许时间子句>][<禁止时间子句>][< TABLESPACE 子句>]
```

其中各子句说明如下:

```
<身份验证模式> ::= <数据库身份验证模式> |<外部身份验证模式>
<数据库身份验证模式> ::= BY <口令>
<外部身份验证模式> ::= EXTERNALLY
<口令策略> ::= 口令策略项的任意组合
<锁定子句> ::= ACCOUNT LOCK | ACCOUNT UNLOCK
```

语法格式中的参数说明如表 4-17 和表 4-18 所列。

表 4-17　参数说明

参数	说　明
用户名	用户名称最大长度 128 字节
身份验证模式	<数据库身份验证模式>格式为 IDENTIFIED BY 密码 <外部身份验证模式>格式为 IDENTIFIED EXTERNALLY 基于 OS 的身份验证分为本机验证和远程验证,本机验证在任何情况下都可以使用,而远程验证则需要将配置文件 dm.ini 的 ENABLE_REMOTE_OSAUTH 项设置为 1(默认为 0),表示支持远程验证,同时还要将配置文件 dm.ini 的 ENABLE_ENCRYPT 项设置为 1,表示采用 SSL 安全连接

（续）

参数	说　明
用户名	用户名称最大长度 128 字节
口令策略	可以为以下值或其任何组合。 0:表示无策略。 1:表示禁止与用户名相同。 2:表示口令长度不小于 6。 4:表示至少包含一个大写字母(A~Z)。 8:表示至少包含一个数字(0~9)。 16:表示至少包含一个标点符号。 其他:表示以上设置值的和,如 3=1+2,表示同时启用第 1 项和第 2 项策略。当设置为 0 时,表示设置口令没有限制,但总长度不得超过 48 个字节。另外,若不指定该项,则默认采用系统配置文件中 PWD_POLICY 所设值
存储加密密钥	存储加密密钥用于与半透明加密配合使用,默认情况下系统自动生成一个密钥

2. 注意事项

(1) 用户名在服务器中必须唯一。

(2) 用户口令以密文形式存储。

(3) 系统预先设置了 3 个用户,分别为 SYSDBA、SYSAUDITOR 和 SYSSSO,其中 SYSDBA 具备 DBA 角色,SYSAUDITOR 具备 DB_AUDIT_ADMIN 角色,而 SYSSSO 具备 DB_POLICY_ADMIN 系统角色。

(4) DM 提供三种身份验证模式来保护对服务器访问的安全,即数据库身份验证模式、外部身份验证模式和混合身份验证模式。数据库身份验证模式需要利用数据库口令;外部身份验证模式既支持基于操作系统的身份验证又提供口令管理策略;混合身份验证模式是同时支持数字证书和数据库身份的双重验证。

表 4-18　资源设置项说明

资源设置项	说　明	最大值	最小值	默认值
SESSION_PER_USER	在一个实例中,一个用户可以同时拥有的会话数量	32768	1	系统所能提供的最大值
CONNECT_TIME	一个会话连接、访问和操作数据库服务器的时间上限(单位:10min)	144(1 天)	1	无限制
CONNECT_IDLE_TIME	会话最大空闲时间(单位:10min)	144(1 天)	1	无限制
FAILED_LOGIN_ATTEMPS	将引起一个帐户被锁定的连续登陆失败的次数	100	1	3
CPU_PER_SESSION	一个会话允许使用的 CPU 时间上限(单位:s)	31536000(365 天)	1	无限制
CPU_PER_CALL	用户的一个请求能够使用的 CPU 时间上限(单位:s)	86400(1 天)	1	无限制
READ_PER_SESSION	会话能够读取的总数据页数上限	2147483646	1	无限制

（续）

资源设置项	说　明	最大值	最小值	默认值
READ_PER_CALL	每个请求能够读取的数据页数	2147483646	1	无限制
MEM_SPACE	会话占有的私有内存空间上限（单位:MB）	2147483647	1	无限制
PASSWORD_LIFE_TIME	一个口令在其终止前可以使用的天数	365	1	无限制
PASSWORD_REUSE_TIME	一个口令在可以重新使用前必须经过的天数	365	1	无限制
PASSWORD_REUSE_MAX	一个口令在可以重新使用前必须改变的次数	32768	1	无限制
PASSWORD_LOCK_TIME	如果超过 FAILED_LOGIN_ATTEMPS 设置值，一个帐户将被锁定的分钟数	1440（1 天）	1	1
PASSWORD_GRACE_TIME	以天为单位的口令过期宽限时间	30	1	10

3. 应用举例

【例 4-7】 创建用户举例。

（1）创建 USER0 用户，口令为 pworduser0。

```
CREATE USER user0 IDENTIFIED BY "pworduser0";
```

注意：由于这个例子的口令中要求小写字母，因此口令要加双引号，如果不加双引号，口令自动转换为大写。

（2）创建 USER1 用户，口令为 PWORDUSER1，会话超时为 3min，默认表空间为 EXAMPLE。

```
CREATE USER user1 IDENTIFIED BY pworduser1 LIMIT CONNECT_TIME 3 DEFAULT
TABLESPACE example;
```

这个例子中口令 pworduser1 虽然使用小写，由于没有加双引号，实际上它是大写，在使用 user1 或 USER1 登录时，口令一定要用大写，即 PWORDUSER1。注意，表空间子句放在最后面。

（3）创建 USER2 用户，口令为 PWORDUSER2，默认表空间同样为 EXAMPLE。

```
CREATE USER user2 IDENTIFIED BY pworduser2 DEFAULT TABLESPACE example;
```

这个例子说明不同用户可以使用同样的表空间。

（二）修改用户

在数据库使用过程中，可能需要修改用户的登录密码，修改用户默认使用的表空间，这些都是修改用户的操作。

1. 语法格式

修改用户的的 SQL 命令格式如下：

```
ALTER USER <用户名> [IDENTIFIED <身份验证模式>] [PASSWORD_POLICY <口令策略>] [<锁定子句>] [<存储加密密钥>] [<空间限制子句>] [<只读标志>][<资源限制子句>][<允许IP 子句>][<禁止 IP 子句>][<允许时间子句>][<禁止时间子句>][< TABLESPACE 子句>]
```

其中各子句的格式和参数说明与创建用户的 SQL 命令相同。

2. 注意事项

(1) 每个用户均可修改自身的口令,SYSDBA 用户可强制修改非系统预设用户的口令(在数据库验证方式下)；

(2) 只有具备 ALTER USER 权限的用户才能修改其身份验证模式、系统角色及资源限制项；

(3) 无论 dm.ini 的 DDL_AUTO_COMMIT 设置为自动提交还是非自动提交,ALTER USER 操作都会被自动提交；

(4) 系统预设用户不能修改其系统角色和资源限制项。

3. 应用举例

【例 4-8】 将 DMHR 用户的密码修改为 DMHR12345。

如果不知道 DMHR 用户的密码,可以以 SYSDBA 用户登录来修改 DMHR 用户的密码。

```
ALTER USER DMHR IDENTIFIED BY DMHR12345;
```

这个例子的前提条件数据库中已经存在 DMHR 用户。为了不影响后续例子演示,我们再将 DMHR 用户的密码复原为默认密码“dameng123”。

```
ALTER USER DMHR IDENTIFIED BY “dameng123”;
```

(三)删除用户

前面已经讲过,数据库的对象都是组织在用户的模式下面,如果删除用户,那么用户模式下数据对象都要删除,并且对该用户模式下数据对象的依赖也都会被删除。

1. 语法格式

删除用户的 SQL 命令格式如下：

```
DROP USER <用户名> [RESTRICT | CASCADE];
```

用户名是指要删除的用户名称。

2. 注意事项

(1) 系统自动创建的三个系统用户 SYSDBA、SYSAUDITOR 和 SYSSSO 不能被删除；

(2) 具有相应 DROP USER 权限的用户即可进行删除用户操作；

(3) 删除用户会删除该用户建立的所有对象,且不可恢复。如果要保存这些实体,请参考 REVOKE 语句；

(4)如果未使用 CASCADE 选项,若该用户建立了数据库对象(如表、视图、过程或函数),或者其他用户对象引用了该用户的对象,或者在该用户的表上存在其他用户建立的

视图,DM 将返回错误信息,而不删除此用户;

(5) 如果使用了 CASCADE 选项,除数据库中该用户及其创建的所有对象被删除外,如果其他用户创建的表引用了该用户表上的主关键字或唯一关键字,或者在该表上创建了视图,DM 还将自动删除相应的参照完整性约束及视图依赖关系;

(6) 正在使用中的用户可以被删除,删除后重新登录或进行操作会报错。

3. 应用举例

【例 4-9】 删除用户举例。

(1) 以用户 SYSDBA 登录,删除用户 USER0。

```
DROP USER user0;
```

(2) 以用户 SYSDBA 登录,尝试删除用户 SYSSSO,验证能不能删除系统自动创建的 SYSSSO 用户。

```
DROP USER syssso;
```

命令执行结果如下:

```
DROP USER syssso;
第 1 行附近出现错误[-5533]:没有删除用户权限.
```

三、模式管理语句

在 DM 中,系统为每一个用户自动建立了一个与用户名同名的模式作为默认模式,用户还可以用模式定义语句建立其他模式。一个用户可以创建多个模式,一个模式只归属一个用户,一个模式中的对象(表、视图等)可以被该用户使用,也可以授权给其他用户访问。

(一)创建模式

创建模式时要指定归属的用户名,可以在创建模式的同时创建模式中的对象,但通常是分开进行的。

1. 语法格式

创建模式的 SQL 命令格式如下:

```
<模式定义子句 1> | <模式定义子句 2>
```

其中各子句说明如下:

```
<模式定义子句 1> ::= CREATE SCHEMA <模式名> [AUTHORIZATION <用户名>][<DDL_GRANT 子句> {<DDL_GRANT 子句>}];
<模式定义子句 2> ::= CREATE SCHEMA AUTHORIZATION <用户名> [<DDL_GRANT 子句> {<DDL_GRANT 子句>}]
<DDL_GRANT 子句> ::= <基表定义> | <域定义> | <基表修改> | <索引定义> | <视图定义> | <序列定义> | <存储过程定义> | <存储函数定义> | <触发器定义> | <特权定义> | <全文索引定义> | <同义词定义> | <包定义> | <包体定义> | <类定义> | <类体定义> | <外部链接定义>] | <物化视图定义> | <物化视图日志定义> | <注释定义>
```

<用户名>是指明给哪个用户创建模式,如果默认用户名,默认给当前用户创建模式。语法格式中其他部分都是可选项,如<表定义>、<表修改>、<视图定义>等子句,后面章节将详细介绍。

2. 注意事项

(1)<模式名>不可与其所在数据库中其他模式名相同;在创建新的模式时,如果存在同名的模式,那么该命令不能执行。

(2)使用该语句的用户必须具有 DBA 或 CREATE SCHEMA 权限。

(3)模式一旦定义,该用户所建基表、视图等均属该模式,其他用户访问该用户所建立的基表、视图等均需在表名、视图名前冠以模式名;而建表者访问自己当前模式所建表、视图时模式名可省;若没有指定当前模式,系统自动以当前用户名作为模式名。

(4)模式定义语句不允许与其他 SQL 语句一起执行。

(5)在 DISQL 中使用该语句必须以"/"结束。

3. 应用举例

【例 4-10】 以用户 SYSDBA 登录,为 DMHR 用户增加一个模式,模式名为 DMHR2,并在 DMHR2 模式中定义一张表 TAB1。SQL 命令如下:

```
CREATE SCHEMA dmhr2 AUTHORIZATION dmhr;
CREATE TABLE dmhr2.tab1(id INT, name VARCHAR(20));
/
```

注意,该 SQL 命令最终不是以分号结束,而是以"/"结束。

(二) 设置当前模式

当一个用户有多个模式时,可以指定一个模式为当前默认模式,用 SQL 命令来设置当前模式。

1. 语法格式

设置当前模式的 SQL 命令格式如下:

```
SET SCHEMA <模式名>;
```

2. 注意事项

一个用户只能设置自己的某个模式为该用户的当前模式。

3. 应用举例

【例 4-11】 将 DMHR2 模式设置 DMHR 用户的当前模式,并在 DMHR2 模式下 TAB1 表中增加一条记录。

(1) 以 DMHR 用户登录。

```
CONN dmhr/dameng123;
服务器[LOCALHOST:5236]:处于普通打开状态,使用普通用户登录
```

注意:CONN 命令需要在"SQL 交互式查询工具"的命令行窗口中输入,在 DM 管理工具的 SQL 编辑器中无法执行。新手推荐使用 DM 管理工具界面中用户登录界面进行登录(图 4-10)。

（2）设置 DMHR 用户的当前模式为 DMHR2。

```
SET SCHEMA dmhr2;
```

（3）在 TAB1 表中插入一条记录。

```
INSERT INTO tab1 VALUES(1, '武汉');
COMMIT;
```

（4）查询 TAB1 表的数据。

DMHR 用户登录后，由于已经设置当前模式，表名 TAB1 之前不需要加模式名。

```
SELECT * FROM tab1;
行号        ID          NAME
---------- ----------- ----
1           1           武汉
```

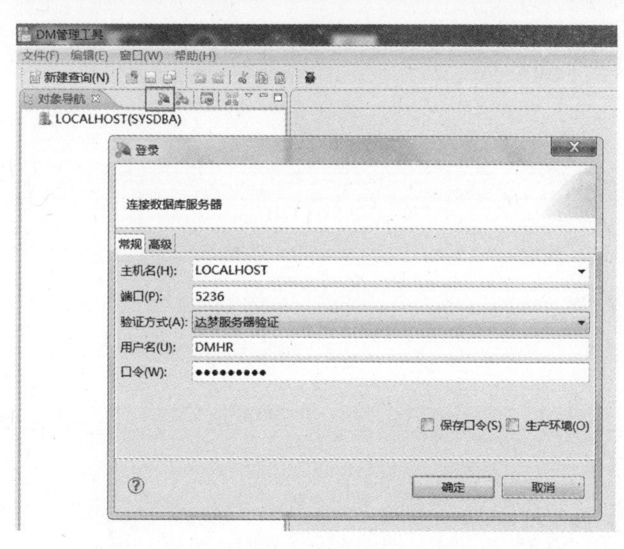

图 4-10　DM 管理工具界面中用户登录界面

（三）删除模式

在 DM 系统中，允许用户删除整个模式，如果模式下有表或视图等数据库对象时，必须采取级联删除，否则删除失败。

1. 语法格式

删除模式的 SQL 命令格式如下：

```
DROP SCHEMA <模式名> [RESTRICT | CASCADE];
```

如果使用 RESTRICT 选项，只有当模式为空时才能删除成功，否则，当模式中存在数据库对象时则删除失败。默认选项为 RESTRICT 选项。

如果使用 CASCADE 选项，则将整个模式、模式中的对象，以及与该模式相关的依赖关系都被删除。

2. 注意事项

(1) <模式名>必须是当前数据库中已经存在的模式;

(2) 用该语句的用户必须具有 DBA 权限或该模式的所有者。

3. 应用举例

【例 4-12】 以用户 SYSDBA 登录,删除 DMHR2 模式。

(1) 以 SYSDBA 用户登录数据库。新手推荐使用 DM 管理工具中的图形化界面登录。

(2) 直接删除 DMHR2 模式。

```
DROP SCHEMA dmhr2;
```

命令执行后的结果:

```
DROP SCHEMA dmhr2;
第 1 行附近出现错误[-5001]:模式[DMHR2]不为空.
```

删除失败的原因是 DMHR2 模式不为空,存在数据库对象 TAB1,不能删除非空的模式。

(3) 使用 CASCADE 选项删除 DMHR2 模式。

```
DROP SCHEMA dmhr2 CASCADE;
```

该命令执行成功,使用 CASCADE 选项将整个模式、模式中的对象及其依赖关系全部删除。为了不影响后面的例子,恢复创建 dmhr2 模式及相关表,方法见例 4-10。

四、表管理语句

表是数据库中数据存储的基本单元,是对用户数据进行读和操纵的逻辑实体。表由列和行组成,每一行代表一个单独的记录。表中包含一组固定的列,表中的列描述该表所跟踪的实体的属性,每个列都有一个名字及特性。列的特性由两部分组成:数据类型和长度。对于 NUMERIC、DECIMAL 及那些包含秒的时间间隔类型来说,可以指定列的小数位及精度特性。在 DM 系统中,CHAR、CHARACTER、VARCHAR 数据类型的最大长度由数据库页面大小决定,数据库页面大小在初始化数据库时指定。

为了确保数据库中数据的一致性和完整性,在创建表时可以定义表的实体完整性、域完整性和参照完整性。实体完整性定义表中的所有行能唯一地标识,一般用主键、唯一索引、UNIQUE 关键字及 IDENTITY 属性来定义;域完整性通常指数据的有效性,限制数据类型、默认值、规则、约束、是否可以为空等条件,域完整性可以确保不会输入无效的值;参考完整性维护表间数据的有效性、完整性,通常通过建立外键对应另一表的主键来实现。如果用户在创建表时没有定义表的完整性和一致性约束条件,那么用户可以利用 DM 所提供的表修改语句来进行补充或修改。DM 系统提供表修改语句,可对表的结构进行全面修改,包括修改表名、列名、增加字段、删除字段、修改字段类型、增加表级约束、删除表级约束、设置字段默认值、设置触发器状态等一系列修改功能。这里分别介绍数据库表的创建、修改和删除,外部表的创建和删除。

(一)创建数据库表

1. 语法格式

表结构的完整语法格式篇幅很长,为了便于读者学习,这里做一些必要的简化。创建数据库表的 SQL 命令格式如下:

```
CREATE [[GLOBAL] TEMPORARY] TABLE <表名定义> <表结构定义>;
```

各子句简化说明如下:

```
<表名定义> ::= [<模式名>.] <表名>
<表结构定义> ::= (<字段定义> {,<字段定义>} [<表级约束定义>{,<表级约束定义>}])[<
PARTITION 子句>][<空间限制子句>] [<STORAGE 子句>]
<字段定义>::=<字段名> <字段类型> [DEFAULT <列默认值表达式>][<列级约束定义>]
<列级约束定义>::=[CONSTRAINT <约束名>] [NOT] NULL |<唯一性约束选项> |<引用约束>
|[CHECK (<检验条件>)]
<唯一性约束选项>::=[PRIMARY KEY] |[[NOT] CLUSTER PRIMARY KEY] |[CLUSTER[U-
NIQUE] KEY] |UNIQUE
<引用约束>::=REFERENCES [<模式名>.]<表名>[(<列名>{[,<列名>]})]
<表级约束定义>::=[CONSTRAINT <约束名>]<唯一性约束选项>(<列名> {,<列名>}) |FOR-
EIGN KEY (<列名>{,<列名>}) <引用约束> |CHECK (<检验条件>)
```

表结构定义的核心是字段名和字段类型,还包括字段约束和表约束等,初学者掌握这几项即可。达梦数据库表还包括分区表、HFS 表、LIST 表等,在创建这些高性能表时,还需要指定专门的关键词和子句,将在后续章节中详细介绍。

2. 注意事项

(1) 表至少要包含一个字段,在一个表中,各字段名不得相同。一张表中最多可以包含 2048 个字段。

(2) 如果字段类型为 DATE 类型,指定默认值时,格式如 DEFAULT DATE '2005-13-26',则会对数据进行有效性检查。

(3) 如果字段未指明 NOT NULL,也未指明<DEFAULT 子句>,则隐含为 DEFAULT NULL。

(4) 如果完整性约束只涉及当前正在定义的列,则既可定义成列级完整性约束,也可以定义成表级完整性约束;如果完整性约束涉及该表的多个列,则只能在语句的后面定义成表级完整性约束。定义与该表有关的列级或表级完整性约束时,可以用 CONSTRAINT <约束名>子句对约束命名,系统中相同模式下的约束名不得重复。如果不指定约束名,系统将为此约束自动命名。经定义后的完整性约束被存入系统的数据字典中,用户操作数据库时,由 DBMS 自动检查该操作是否违背这些完整性约束条件。

3. 应用举例

【例 4-13】 在 DMHR2 模式下创建 REGION、CITY 和 LOCATION 表,表的字段要求见本章第一节节示例数据库。

(1) 设置 DMHR 用户的当前模式为 DMHR2。

```
SET SCHEMA dmhr2;
```

(2) 创建 REGION 表。

```
CREATE TABLE DMHR2.REGION
(
REGION_ID INT NOT NULL,
REGION_NAME VARCHAR(25),
CONSTRAINT REG_ID_PK NOT CLUSTER PRIMARY KEY(REGION_ID))
STORAGE(ON DMHR, CLUSTERBTR) ;
```

(3) 创建 CITY 表。

```
CREATE TABLE DMHR2.CITY
(
CITY_ID CHAR(2) NOT NULL,
CITY_NAME VARCHAR(40),
REGION_ID INT,
CONSTRAINT CITY_C_ID_PK NOT CLUSTER PRIMARY KEY(CITY_ID),
CONSTRAINT CITY_REG_FK FOREIGN KEY(REGION_ID) REFERENCES DMHR.REGION(RE-
GION_ID))
STORAGE(ON  DMHR, CLUSTERBTR);
```

(4) 创建 LOCATION 表。

```
CREATE TABLE DMHR2.LOCATION
(
LOCATION_ID INT NOT NULL,
STREET_ADDRESS VARCHAR(50),
POSTAL_CODE VARCHAR(12),
CITY_ID CHAR(2),
CONSTRAINT LOC_ID_PK NOT CLUSTER PRIMARY KEY(LOCATION_ID),
CONSTRAINT LOC_C_ID_FK FOREIGN KEY(CITY_ID)
REFERENCES DMHR.CITY(CITY_ID))
STORAGE(ON DMHR, CLUSTERBTR);
```

(二) 修改数据库表

为了满足用户在建立应用系统的过程中需要调整数据库结构的要求,DM 系统提供数据库表修改语句,对表的结构进行全面修改,包括修改表名、字段名、增加字段、删除字段、修改字段类型、增加表级约束、删除表级约束、设置字段默认值、设置触发器状态等一系列修改。

1. 语法格式

修改数据库表的 SQL 命令格式如下:

```
ALTER TABLE [<模式名>.]<表名> <修改表定义子句>
```

其中,<修改表定义子句>简化格式如下:

```
MODIFY <字段定义> |
ADD <字段定义> |
DROP [COLUMN] <字段名> [RESTRICT |CASCADE] |
ADD [CONSTRAINT [<约束名>]] <表级约束定义> [<CHECK 选项>] |
DROP CONSTRAINT <约束名> [RESTRICT | CASCADE]
```

2. 注意事项

(1) 使用 MODIFY COLUMN 时,不能更改聚集索引的列或引用约束中引用和被引用的列。

(2) 使用 MODIFY COLUMN 时,一般不能更改用于 CHECK 约束的列。只有当该 CHECK 列都为字符串时,且新列的长度大于旧列长度,或是都为整型时,新列的类型能够完全覆盖旧列的类型(如 char(1)到 char(20),tinyint 到 int)时才能修改。

(3) 使用 MODIFY COLUMN 子句不能在列上增加 CHECK 约束,能修改的约束只有列上的 NULL、NOT NULL 约束;如果某列现有的值均非空,则允许添加 NOT NULL;属于聚集索引包含的列不能被修改;自增列不允许被修改。

(4) 使用 MODIFY COLUMN 修改可更改列的数据类型时,若该表中无元组,则可任意修改其数据类型、长度、精度或量度;若表中有元组,则系统会尝试修改其数据类型、长度、精度或量度,如果修改不成功,则会报错返回。无论表中有、无元组,多媒体数据类型和非多媒体数据类型都不能相互转换。

(5) 修改有默认值的列的数据类型时,原数据类型与新数据类型必须是可以转换的,否则即使数据类型修改成功,但在进行插入等其他操作时,仍会出现数据类型转换错误。

(6) 使用 ADD COLUMN 时,新增列名之间、新增列名与该基表中的其他列名之间均不能重复。若新增列有默认值,则已存在的行的新增列值是其默认值。添加新列对于任何涉及表的约束定义没有影响,对于涉及表的视图定义会自动增加。例如:如果用"*"为一个表创建一个视图,那么后加入的新列会自动地加入该视图。

(7) 用 DROP COLUMN 子句删除一列有两种方式:RESTRICT 和 CASCADE。RESTRICT 方式为默认选项,确保只有不被其他对象引用的列才被删除。无论哪种方式,表中的唯一列不能被删除。

3. 应用举例

【例 4-14】 修改数据表结构举例,本例需要设置 DMHR 用户的当前模式为 DMHR,方法参照例 4-13。

(1) 修改字段类型长度。将 EMPLOYEE 表中 EMAIL 字段的数据类型改为 VARCHAR(60),并指定该列为 NOT NULL 默认。

```
ALTER TABLE employee MODIFY email VARCHAR(60) NOT NULL ;
```

(2) 增加普通字段。将 EMPLOYEE 表增加 HOME_ADDRESS 字段,字段类型为 VARCHAR(200)类型。

```
ALTER TABLE employee ADD home_address VARCHAR(200);
```

（3）增加 CHECK 约束。将 EMPLOYEE 表增加 CHECK 约束，名称为 SALARY_CHECK，要求 SALARY 字段的值大于 1000。

```
ALTER TABLE employee ADD CONSTRAINT salary_check CHECK(salary>1000);
```

（4）删除约束。删除 EMPLOYEE 表的 SALARY_CHECK 约束。

```
ALTER TABLE employee DROP CONSTRAINT salary_check;
```

（5）删除字段。删除 EMPLOYEE 表的 HOME_ADDRESS 字段。

```
ALTER TABLE employee DROP HOME_ADDRESS CASCADE;
```

（三）删除数据库表

删除数据库表会导致该表的数据及对该表的约束依赖被删除，因此业务工作中很少有删除数据表的操作，但是作为数据库管理员，掌握删除数据库表的方法是非常必要的。

1. 语法格式

删除数据库表的 SQL 命令如下：

```
DROP TABLE [<模式名>.]<表名> [RESTRICT |CASCADE];
```

表删除有两种方式：RESTRICT 方式和 CASCADE 方式，其中 RESTRICT 为默认值。如果以 RESTRICT 方式删除该表，要求该表上已不存在任何视图及参照完整性约束，否则 DM 返回错误信息，而不删除该表。如果以 CASCADE 方式删除该表，将删除表中唯一列上和主关键字上的参照完整性约束，当设置 dm. ini 中的参数 DROP_CASCADE_VIEW 值为 1 时，还可以删除所有建立在该表上的视图。

2. 注意事项

（1）该表删除后，在该表上所建索引也同时被删除；

（2）该表删除后，所有用户在该表上的权限也自动取消，以后系统中再建同名基表是与该表毫无关系的表。

3. 应用举例

【例 4-15】 删除 DMHR2 模式下的 CITY 表。

```
DROP TABLE dmhr2.city CASCADE;
```

因为该 CITY 表中的字段 CITY_ID 作为 LOCATION 表中的一个外键，所以需要使用 CASCADE 方式。

第三节　DM SQL 数据查询语句

数据查询是数据库的核心操作，DMSQL 语言提供了功能丰富的查询方式，满足实际应用需求。在 DM 数据库中，对数据库数据的查询采用 SELECT 语句。SELECT 语句的功能非常强大，使用灵活。本章重点介绍利用该语句对数据库进行各种查询的方法。

一、单表查询

单表查询就是利用 SELECT 语句仅从一个表/视图中检索数据,其语法如下:

```
SELECT <选择列表>
FROM [<模式名>.]<基表名> | <视图名> [<相关名>]
[<WHERE 子句>]
[<CONNECT BY 子句>]
[<GROUP BY 子句>]
[<HAVING 子句>]
[ORDER BY 子句];
```

可选项 WHERE 子句用于设置对于行的查询条件,结果仅显示满足查询条件的数据内容;CONNECT BY 子句用于层次查询,适用于具有层次结构的自相关数据表查询,也就是说,在一张表中,有一个字段是另一个字段的外键;GROUP BY 子句逻辑地将由 WHERE 子句返回的临时结果重新编组,结果是行的集合,一组内一个分组列的所有值都是相同的;HAVING 子句用于为组设置检索条件;ORDER BY 子句则指定查询结果的排序条件,即以指定的一个字段或多个字段的数据值排序,根据条件可指定升序或降序。

(一) 简单查询

【例 4-16】 要查询雇员的姓名、邮箱、电话号码、雇佣日期、工资等数据,则查询语句为

```
SELECTemployee_name, email, phone_num, hire_date, salary
FROM employee;
```

简单查询结果如表 4-19 所列。可以看出,查询语句将雇员表中所有员工的信息全部罗列出来,如果只需要罗列出用户感兴趣的数据,则需要使用带条件查询。

表 4-19 简单查询结果

employee_name	email	phone_num	hire_date	salary
马学铭	maxueming@ dameng. com	153××××8552	2008-05-30	30000. 00
程擎武	chengqingwu@ dameng. com	139××××6391	2012-03-27	9000. 00
郑吉群	zhengjiqun@ dameng. com	185××××5646	2010-12-11	15000. 00
陈仙	chenxian@ dameng. com	130××××7208	2012-06-25	12000. 00
金纬	jinwei@ dameng. com	136××××4154	2011-05-12	10000. 00
…	…	…	…	…

(二) 带条件查询

带条件查询是指在指定表中查询出满足条件的数据。该功能是在查询语句中使用 WHERE 子句实现的。WHERE 子句常用的查询条件由谓词和逻辑运算符组成。谓词指

明了一个条件,该条件求解后,结果为一个布尔值:真、假或未知。逻辑算符有 AND,OR,NOT。谓词包括比较谓词(= 、>、<、> = 、< = 、<>)、BETWEEN 谓词、IN 谓词、LIKE 谓词、NULL 谓词和 EXISTS 谓词。

1. 使用比较谓词的查询

当使用比较谓词时,数值数据根据它们代数值的大小进行比较,字符串的比较则按序对同一顺序位置的字符逐一进行比较。若两字符串长度不同,短的一方应在其后增加空格,使两串长度相同后再作比较。

【例 4-17】 查询工资高于 20000 元且雇佣日期晚于 2008 年 1 月 1 日的员工信息,查询语句如下:

```
SELECT employee_name, email, phone_num, hire_date, salary
FROM employee
WHERE salary > 20000 AND hire_date>'2008-01-01';
```

查询结果如表 4-20 所示。

表 4-20　使用比较谓词的查询结果

employee_name	email	phone_num	hire_date	salary
马学铭	maxueming@ dameng. com	153××××8552	2008-05-30	30000. 00
苏国华	suguohua@ dameng. com	156××××0864	2010-10-26	30000. 00

2. 使用 BETWEEN 谓词的查询

【例 4-18】 查询雇佣日期在 2008 年 1 月的员工信息,查询语句如下:

```
SELECT employee_name, email, phone_num, hire_date, salary
FROM employee
WHERE hire_date BETWEEN ('2007-12-31') AND ('2008-02-01');
```

查询结果如表 4-21 所示。

表 4-21　使用 BETWEEN 谓词和 IN 谓词的查询结果

employee_name	email	phone_num	hire_date	salary
乔雅雯	qiaoyawen@ dameng. com	145××××1354	2008-01-20	3345. 00
简戈满	jiangeman@ dameng. com	147××××0051	2008-01-12	3366. 00
胡钰	huyu@ dameng. com	183××××8015	2008-01-25	9191. 00
潘志宇	panzhiyu@ dameng. com	137××××9182	2008-01-03	19041. 00
韩林娜	hanlinna@ dameng. com	159××××3770	2008-01-12	19194. 00
刘峰	liufeng@ dameng. com	189××××3986	2008-01-06	6812. 00
郭昆	guokun@ dameng. com	137××××8413	2008-01-07	8814. 00

3. 使用 IN 谓词的查询

【例 4-19】 查询雇佣日期在 2008 年 1 月的员工信息,查询语句如下:

```
SELECT employee_name, email, phone_num, hire_date, salary
FROM employee
WHERE SUBSTR(hire_date,1,7) IN('2008-01');
```

4. 使用 LIKE 谓词的查询

【例 4-20】 查询姓刘的员工信息,查询语句如下:

```
SELECT employee_name, email, phone_num, hire_date, salary
FROM employee
WHERE employee_name LIKE '刘%';
```

注意事项:

(1) 在使用 LIKE 谓词查询时,可能会使用到通配符。通配符包括"%"和"_",其中"%"表示任意字符串,"_"表示任意一个字符。

(2) 在查询语句中,经常用"*"来表示数据表中的所有列。例如,SELECT * FROM employee 表示查询员工表中所有字段的数据值。

(三) 集函数

为了进一步方便用户的使用,增强查询能力,SQL 语言提供了多种内部集函数。集函数又称库函数,当根据某一限制条件从表中导出一组行集时,使用集函数可对该行集作统计操作。

1. 集函数分类

集函数可分为 7 类:

(1) COUNT(*);

(2) 相异集函数 AVG|MAX|MIN|SUM|COUNT(DISTINCT<列名>);

(3) 完全集函数 AVG|MAX|MIN|COUNT|SUM([ALL]<值表达式>);

(4) 方差集函数 VAR_POP、VAR_SAMP、VARIANCE、STDDEV_POP、STDDEV_SAMP、STDDEV;

(5) 协方差函数 COVAR_POP、COVAR_SAMP、CORR;

(6) 求区间范围内最大值集函数 AREA_MAX;

(7) FIRST/LAST 集函数 AVG|MAX|MIN|COUNT|SUM([ALL]<值表达式>) KEEP (DENSE_RANK FIRST | LAST ORDER BY 子句)。

2. 注意事项

相异集函数与完全集函数的区别是:相异集函数是对表中的列值消去重复后再做集函数运算,而完全集函数是对包含列名的值表达式做集函数运算且不需重复。在使用集函数时要注意以下几点:

(1) 默认情况下,集函数均为完全集函数。

(2) 集函数中的自变量不允许是集函数,即不能嵌套使用。

(3) 要注意 DISTINCT 的用法。

(4) AVG、SUM 的参数必须为数值类型;MAX、MIN 的结果数据类型与参数类型保持一致;对于SUM函数,如果参数类型为BYTE、BIT、SMALLINT或INTEGER,那么结果类型为INTEGER,如果参数类型为NUMERIC、DECIMAL、FLOAT和DOUBLE PRECISION,那么结果类型为DOUBLE PRECISION;COUNT结果类型统一为INTEGER。对于AVG函数,其参数类型与结果类型对应关系如表4-22所列。

表4-22 参数类型与结果类型的对应关系

参数类型	结果类型
tinyint	dec(3,1)
smallint	dec(5,1)
int	dec(10,1)
bigint	bigint
float	double
double	double
dec(x,y)	dec(x1,y1)

说明:对于dec类型,如果 $y<6$,则 $y1=6$,否则 $y1=y$;如果 $x<19$,则 $x1=x+19$,否则$x1=38$。

(5)方差集函数中参数expr为<列名>或<值表达式>,具体用法如表4-23所列。

表4-23 方差集函数具体用法

函数名称	函数说明
VAR_POP(expr)	返回expr的总体方差
VAR_SAMP(expr)	返回expr的样本方差,如果expr的行数为1,则返回NULL
VARIANCE(expr)	返回expr的方差,如果expr的行数为1,则返回为0,行数大于1时,与VAR_SAMP函数的计算公式一致
STDDEV_SAMP(expr)	返回expr的标准差,返回的结果为样本方差的算术平方根,即VAR_SAMP函数结果的算术平方根,所以如果expr的行数为1,stddev_samp返回NULL
STDDEV(expr)	与STDDEV_SAMP基本一致,差别在于,如果expr的行数为1,STDDEV返回0

(6)协方差集函数中参数expr1和expr2为<列名>或<值表达式>,具体用法如表4-24所列。

表4-24 协方差集函数具体用法

函数名称	函数说明
COVAR_POP(expr1,expr2)	返回expr1和expr2的总体协方差
COVAR_SAMP(expr1,expr2)	返回expr1和expr2的样本协方差,如果expr的行数为1,则返回NULL

(7)AREA_MAX(EXP,LOW,HIGH)在区间[LOW,HIGH]的范围内取EXP的最大值。如果EXP不在该区间内,则返回LOW值。如果LOW或HIGH为NULL,则返回NULL。EXP为<变量>、<常量>、<列名>或<值表达式>。参数EXP类型为TINYINT、SMALLINT、INT、BIGINT、DEC、FLOAT、DOUBLE、DATE、TIME、DATETIME、BINARY、VAR-

BINARY、INTERVAL YEAR TO MONTH、INTERVAL DAY TO HOUR、TIME WITH TIME ZONE、DATETIEM WITH TIME ZONE。LOW 和 HIGH 的数据类型和 EXP 的类型一致，如果不一致，则转换为 EXP 的类型，不能转换则报错。AREA_MAX 集函数返回值定义如表 4-25、表 4-26 所列。

表 4-25 AREA_MAX 集函数返回值定义 1

EXP 集合	是否有在[LOW,HIGH]区间内的非空值	结 果
空集	—	LOW
非空集	否	LOW
非空集	是	在[LOW,HIGH]区间的最大值

表 4-26 AREA_MAX 集函数返回值定义 2

分组前结果	在[LOW, HIGH]区间内是否非空值	结 果
空集	—	整个结果为空集
非空集	是	在[LOW,HIGH]区间的最大值
非空集	否	LOW

(8) FIRST/LAST 集函数。首先根据 SQL 语句中的 GROUP BY 分组(如果没有指定分组，则所有结果集为一组)，然后在组内进行排序。根据 FIRST/LAST 计算第一名(最小值)或者最后一名(最大值)的集函数值，排名按照奥林匹克排名法。

3. 应用举例

下面按集函数的功能分别举例说明。

(1) 求最大值集函数 MAX 和最小值集函数 MIN。

【例 4-21】 查询最低工资和最高工资。

```
SELECT MIN(salary) 最低工资, MAX(salary) 最高工资 FROM employee;
```

查询结果：最低工资为 2653，最高工资为 30000。

(2) 求平均值集函数 AVG 和总和集函数 SUM。

【例 4-22】 查询平均工资和总工资。

```
SELECT AVG(salary) 平均工资, SUM(salary) 总工资 FROM employee;
```

查询结果：平均工资为 8932.86，总工资为 7646527。

(3) 求总个数集函数 COUNT。

【例 4-23】 查询员工总人数。

```
SELECT COUNT( * )总人数 FROM employee;
```

查询结果：总人数为 856。

(4)求区间范围内的最大值函数 AREA_MAX。

【例 4-24】 求员工工资在 3000~5000 之间的最大值。

```
SELECT AREA_MAX(salary, 3000, 5000) 最高工资 FROM employee;
```

查询结果:最高工资为 5000。

其他集函数的查询形式基本相似,用户可以自行尝试。

二、连接查询

如果一个查询包含多个表(>=2),则称这种方式的查询为连接查询。DM 的连接查询方式包括内连接、外连接、自然连接等。连接查询语法如下:

```
SELECT <选择列表><FROM 子句>[<WHERE 子句>|<CONNECT BY 子句>|<GROUP BY 子句>|<HAVING 子句>]
<FROM 子句>::= FROM <表项>
<表项>::=<单表> |<连接表项>
<连接表项>::=<交叉连接>|<限定连接>|(<连接表>)
<交叉连接>::=<表引用> CROSS JOIN <表引用>
<限定连接>::=<表引用>[NATURAL][<连接类型>][<强制连接类型>][JOIN] <表引用>[<连接条件>]
<连接类型>::=INNER|<外连接类型>[OUTER]
<外连接类型>::=LEFT |RIGHT |FULL
<强制连接类型>::=HASH
<连接条件>::=ON <搜索条件> |USING (<连接列列名>[{,<连接列列名>}])
```

(一) 内连接(INNER JOIN)

根据连接条件,结果集仅包含满足全部连接条件的记录,把这样的连接称为内连接。

【例 4-25】 为测试查询结果,创建另一个员工新表 EMPLOYEE2,仅包含 101 号和 102 号部门的员工。创建语句如下:

```
CREATE TABLE employee2 AS SELECT * FROM employee WHERE department_id in ('101','102');
```

从员工新表和部门表中查询员工姓名和部门名称。

```
SELECT employee_name,department_name
FROM employee2 t1 INNER JOIN department t2 ON t1.department_id = t2.department_id
```

内连接查询结果如表 4-27 所列。

表 4-27 内连接查询结果

employee_name	department_name
马学铭	总经理办
程擎武	行政部
陈辰	总经理办
杨毓	总经理办
王金玉	行政部

（续）

employee_name	department_name
林炳森	行政部
周魏	行政部
程东生	行政部
…	…

（二）外连接（OUTER JOIN）

对结果集进行了扩展，会返回一张表的所有记录，对于另一张表无法匹配的字段用NULL填充返回，把这种连接称为外连接。DM数据库支持三种方式的外连接：左外连接、右外连接、全外连接。

外连接中常用的术语为左表、右表。根据表所在外连接中的位置来确定，位于左侧的表，称为左表；位于右侧的表，称为右表。例如，SELECT * FROM T1 left join T2 on T1. c1 =T2. d1。

T1表为左表，T2表为右表。返回所有记录的表根据外连接的方式而定。

（1）左外连接：返回左表所有记录。

（2）右外连接：返回右表所有记录。

（3）全外连接：返回两张表所有记录。处理过程为分别对两张表进行左外连接和右外连接，然后合并结果集。

【例4-26】 从部门表和员工新表中查询部门名称和员工姓名，包括没有员工的部门。

```
SELECT department_name,employee_name
FROM department t1 LEFT OUTER JOIN employee2 t2 ON t1.department_id =
t2.department_id;
```

外连接查询结果如表4-28所列。

表4-28 外连接查询结果

department_name	employee_name
总经理办	马学铭
总经理办	郑旭明
总经理办	严云飞
总经理办	杨毓
行政部	程擎武
行政部	程东生
…	…

外连接还有一种写法，在连接条件或WHERE条件中，在列后面增加（+）指示左外连接或者右外连接。如果表A和表B连接，连接条件或者WHERE条件中，A的列带有（+）

后缀,则认为是 B left join A。如果用户的(+)指示引起了外连接环,则报错。

【例 4-27】 从部门表和员工新表中查询部门名称和员工姓名,包括没有员工的部门。

```
SELECT department_name,employee_name
FROM department t1, employee2 t2
WHERE t1.department_id=t2.department_id(+);
```

(三) 自然连接(NATURAL JOIN)

把两张连接表中的同名列作为连接条件,进行等值连接,把这样的连接称为自然连接。自然连接具有以下特点。

(1) 连接表中存在同名列;

(2) 如果有多个同名列,则会产生多个等值连接条件;

(3) 如果连接表中的同名列类型不匹配,则报错处理。

【例 4-28】 查询员工的姓名和职务。

```
SELECT t1.employee_name 姓名, t2.job_title 职务
FROM employee t1 NATURAL JOIN job t2;
```

自然连接查询结果如表 4-29 所示。

表 4-29 自然连接查询结果

姓　　名	职　　务
马学铭	总经理
林子程	技术支持工程师
张智春	技术支持工程师
沈连连	技术支持工程师
…	…

三、子查询

在 DM_SQL 语言中,一个 SELECT-FROM-WHERE 语句称为一个查询块,如果在一个查询块中嵌套一个或多个查询块,把这种查询称为子查询。子查询会返回一个值(标量子查询)或一个表(表子查询)。它通常采用(SELECT…)的形式嵌套在表达式中。子查询语法如下:

```
<子查询> ::= ( <查询表达式>)
```

即子查询是嵌入括弧的<查询表达式>,而这个<查询表达式>通常是一个 SELECT 语句。它有下列限制。

(1) 在子查询中不得有 ORDER BY 子句。

(2) 子查询允许 TEXT 类型与 CHAR 类型值比较。比较时,取出 TEXT 类型字段的最多 8188 字节与 CHAR 类型字段进行比较;如果比较的两字段都是 TEXT 类型,则最多

取 300×1024 字节进行比较。

(3) 子查询不能包含在集函数中。

(4) 在子查询中允许嵌套子查询。

(5) 按子查询返回结果的形式,DM 子查询可分为以下两大类。

① 标量子查询:只返回一行一列。

② 表子查询:可返回多行多列。

(一) 标量子查询

标量子查询是一个普通 SELECT 查询,它只应该返回一条记录。如果返回结果多于一行则会提示无效子查询。

下面是几个标量子查询的例子。

```
    SELECT 'VALUE IS', (SELECT department_name FROM department WHERE
department_id = 101)
    FROM department;
    --子查询只有一列,结果正确
    SELECT 'VALUE IS', LEFT((SELECT department_name FROM department WHERE
department_id = 101),2) FROM department;
    --函数+标量子查询,结果正确
    SELECT 'VALUE IS', (SELECT department_name,manager_id FROMdepartment
    WHEREdepartment_id = 101) FROM department;
    --返回列数不为 1,报错
    SELECT 'VALUE IS', (SELECT department_name FROM department) FROM department;
    --子查询返回行值多于一个,报错
    SELECT 'VALUE IS', (SELECT department_name FROMdepartment WHERE 1 = 2) FROM
department;
    --子查询有 0 行,结果返回 NULL
    UPDATE employee
    SET job_id =(SELECT job_id FROM job WHERE job_title ='总经理')
    WHERE employee_name ='严云飞';
    -- Update 语句中允许使用标量子查询
```

类似地,也可以在 INSERT 语句中使用标量子查询,由于篇幅的限制,这里不多介绍,用户可以自行尝试。上述例子中的标量子查询都是独立查询,还可以将标量子查询与主表进行条件关联,从而实现一些复杂的查询功能。

【例 4-29】 查询员工及其经理的姓名。

```
    SELECT employee_name, (SELECT employee_name FROM employee t1
    WHERE t1.employee_id = t2.manager_id) manager_name FROM employee t2;
```

(二) 表子查询

表子查询通常类似标量子查询,单列构成了子查询的选择清单,但它的查询结果允许返回多行。可以从上下文中区分出表子查询,在其前面始终有一个只对表子查询的运算符:<比较运算符>ALL、<比较运算符>ANY(或是其同义词<比较运算符> SOME)、IN、EXISTS 或 UNIQUE。其中,对于 IN/NOT IN 表子查询,DM 支持多列操作。

【例 4-30】 查询职务包含总经理的员工姓名、邮箱及职务号。

```
SELECT employee_name, email,job_id FROM employee
WHERE job_id IN ( SELECT job_id FROM job WHERE job_title like '总经理%');
```

使用表子查询的查询结果如表 4-30 所列。

表 4-30 使用表子查询的查询结果

employee_name	email	job_id
马学铭	maxueming@ dameng. com	11
张伦宏	zhanglunhong@ dameng. com	12
奕连波	yilianbo@ dameng. com	12
张滨	zhangbin@ dameng. com	12
谢幸美	xiexingmei@ dameng. com	12
薛辉明	xuehuiming@ dameng. com	12
欧锋利	oufengli@ dameng. com	12
何杭菊	hehangju@ dameng. com	12
陈伟婷	chenweiting@ dameng. com	12
李珏	liyu@ dameng. com	12
缪振峰	loaozhenfeng@ dameng. com	12
…	…	…

该查询语句的求解方式为首先通过子查询“SELECT JOB_ID FROM JOB WHERE JOB_TITLE LIKE'总经理%'”查到职务包含总经理的 JOB_ID 的集合,然后,在 EMPLOYEE 表中找到与子查询结果集中的 JOB_ID 所对应员工的的姓名、邮箱和职务号。

在带有子查询的查询语句中,通常也将子查询称内层查询或下层查询。由于子查询还可以嵌套子查询,相对于下一层的子查询,上层查询又称为父查询或外层查询。

由于 DM_SQL 语言所支持的嵌套查询功能可以将一系列简单查询构造成复杂的查询,从而有效地增强了 DM_SQL 语句的查询功能。以嵌套的方式构造语句是 DM_SQL 的“结构化”的特点。

需要说明的是,上例的外层查询只能用 IN 谓词而不能用比较算符“=”,因为子查询的结果包含多个元组,除非能确定子查询的结果只有一个元组,才可用等号比较。

四、查询子句

(一) GROUP BY 子句的使用

GROUP BY 子句是 SELECT 语句的可选项部分,它定义了分组表。GROUP BY 子句的语法如下:

```
<GROUP BY 子句>::= GROUP BY <分组项> | <ROLLUP 项> | <CUBE 项> | <GROUPING SETS 项>
<分组项>::= <列名> | <值表达式>{,<列名> | <值表达式>}
<ROLLUP 项>::=ROLLUP (<分组项>)
<CUBE 项>::=CUBE (<分组项>)
<GROUPING SETS 项>::=GROUPING SETS (<分组项> | (<分组项>){,<分组项> | (<分组项>)})
```

GROUP BY 定义了分组表:行组的集合,其中每一个组由其中所有分组列的值都相等的行构成。

【例 4-31】　统计每个部门的员工数。

```
SELECT department_id,COUNT( * )
FROM employee
GROUP BY department_id;
```

查询结果如表 4-31 所示。

表 4-31　使用 GROUP BY 分组查询各部门员工数

department_id	COUNT(*)
101	5
102	5
103	10
…	…

系统执行此语句时,首先将 EMPLOYEE 表按 department_id 列进行分组,相同的 department_id 为一组,然后对每一组使用集函数 COUNT(*),统计该组内的记录个数,如此继续,直到处理完最后一组,返回查询结果。如果存在 WHERE 子句,则系统先根据 WHERE 条件进行过滤,然后对满足条件的记录进行分组。此外,GROUP BY 不会对结果集排序。如果需要排序,可以使用 ORDER BY 子句。

【例 4-32】　求 1001 号部门中各职务员工的数量,并按数量多少升序排列。

```
SELECT job_id 职务编号,COUNT( * ) 数量
FROM employee WHERE department_id=1001
GROUP BY job_id
ORDER BY 数量;
```

使用 ORDER BY 排序之后的查询结果如表 4-32 所示。

表 4-32　使用 ORDER BY 排序之后的查询结果

职务编号	数量
11	1
12	4

使用 GROUP BY 子句时要注意以下问题。

（1）在 GROUP BY 子句中的每一列必须明确地命名属于在 FROM 子句中命名的表的一列。分组列的数据类型不能是多媒体数据类型。

（2）分组列不能为集函数表达式或者在 SELECT 子句中定义的别名。

（3）当分组列值包含空值时，则空值作为一个独立组。

（4）当分组列包含多个列名时，则按照 GROUP BY 子句中列出现的顺序进行分组。

（5）GROUP BY 子句中最多可包含 128 个分组列。

（二）HAVING 子句的使用

HAVING 子句是 SELECT 语句的可选项部分，它也定义了一个成组表。HAVING 子句的语法如下：

```
<HAVING 子句> ::= HAVING <搜索条件>
<搜索条件>::= <表达式>
```

HAVING 子句定义了一个成组表，其中只含有搜索条件为 TRUE 的组，且通常跟随一个 GROUP BY 子句。HAVING 子句与组的关系正如 WHERE 子句与表中行的关系。

WHERE 子句用于选择表中满足条件的行，而 HAVING 子句用于选择满足条件的组。

【例 4-33】 统计同一部门、同一职务数量大于 1 的部门编号、职务编号及数量，并按数量从小到大的顺序排列。

```
SELECT department_id , job_id, COUNT( * ) AS NUMS
FROM employee
GROUP BY department_id, job_id
HAVING COUNT( * )>1
ORDER BY nums;
```

使用 HAVING 的查询结果如表 4-33 所列。

表 4-33 使用 HAVING 的查询结果

department_id	job_id	NUMS
801	12	4
102	22	4
501	12	4
202	22	4
401	12	4
601	12	4
201	12	4
1101	12	4
101	12	4
1001	12	4
901	12	4
602	22	9
…	…	…

(三) ORDER BY 子句

ORDER BY 子句可以选择性地出现在<查询表达式>之后,它规定了当行由查询返回时应具有的顺序。ORDER BY 子句的语法如下:

```
<ORDER BY 子句> ::= ORDER BY
<无符号整数> |<列说明> |<值表达式> [ASC |DESC] [NULLS FIRST |LAST]
{,<无符号整数> |<列说明> |<值表达式> [ASC |DESC] [NULLS FIRST |LAST]}
```

【例 4-34】 将员工表中部门编号为 1001 的员工按聘用日期先后顺序排列。

```
SELECT employee_name, hire_date FROM employee
WHERE department_id=1001
ORDER BY hire_date;
```

也可以用无符号整数替代结果列名,如上述查询语句等价于:

```
SELECT employee_name, hire_date FROM employee
WHERE department_id='1001'
ORDER BY 2;
```

该 ORDER BY 子句中的 2 表示的是查询结果中的第 2 列。使用 ORDER BY 指定排序列号的查询结果如表 4-34 所列。

表 4-34　使用 ORDER BY 指定排序列号的查询结果

employee_name	hire_date
欧锋利	2009-10-13
陈伟婷	2012-07-16
薛辉明	2012-09-23
何杭菊	2013-01-03
龚顺超	2014-08-15

需要注意以下几点。

(1) ORDER BY 子句为 DBMS 提供了要排序的项目清单和它们的排序顺序:递增顺序(ASC,默认)或递减顺序(DESC)。它必须跟随<查询表达式>,因为它是在查询计算得出的最终结果上进行操作的。

(2) 排序键可以是任何在查询清单中的列的名称,或者是对最终结果表的列计算的表达式(即使这一列不在选择清单中),也可以是子查询。对于 UNION 查询语句,排序键必须在第一个查询子句中出现;对于 GROUP BY 分组的排序,排序键可以使用集函数,但 GROUP BY 分组中必须包含查询列中所有列。

(3) <无符号整数>对应 SELECT 后结果列的序号。当用<无符号整数>代替列名时,<无符号整数>不应大于 SELECT 后结果列的个数。若采用其他常量表达式(如-1,3×6)作为排序列,将不影响最终结果表的行输出顺序。

(4) 无论采用何种方式标识想要排序的结果列,它们都不应为多媒体数据类型(如IMAGE、TEXT、BLOB 和 CLOB)。

(5) 当排序列值包含 NULL 时,根据指定的“NULLS FIRST|LAST”决定包含空值的行是排在最前还是最后,默认为 NULLS FIRST。

(6) 当排序列包含多个列名时,系统则按列名从左到右排列的顺序,先按左边列将查询结果排序,当左边排序列值相等时,再按右边排序列排序……如此右推,逐个检查调整,最后得到排序结果。

(7) 由于 ORDER BY 只能在最终结果上操作,不能将其放在查询中。

(8) 如果 ORDER BY 后面使用集函数,则必须使用 GROUP BY 分组,且 GROUP BY 分组中必须包含查询列中所有列。

(9) ORDER BY 子句中最多可包含 64 个排序列。

五、伪列的使用

达梦数据库为每张表提供了一些伪列,以实现相关内容的查询。

(一) ROWNUM

ROWNUM 是一个虚假的列,表示从表中查询的行号,或者连接查询的结果集行数。它将被分配为 1,2,3,4,…,N,N 是行的数量。通过使用 ROWNUM 可以限制查询返回的行数。例如,执行以下语句只会返回前五行数据。

```
SELECT * FROM employee WHERE ROWNUM < 6;
```

一个 ROWNUM 值不是被永久地分配给一行。表中的某一行并没有标号,不可以查询 ROWNUM 值为 5 的行。ROWNUM 值只有当被分配之后才会增长,并且初始值为 1,即只有满足一行后,ROWNUM 值才会加 1,否则只会维持原值不变。因此,以下语句在任何时候都不能返回数据。

```
SELECT * FROM employee WHERE ROWNUM > 11;
SELECT * FROM employee WHERE ROWNUM = 5;
```

ROWNUM 的一个重要作用是控制返回结果集的规模,可以避免查询在磁盘中排序。因为 ROWNUM 值的分配是在查询的谓词解析之后、任何排序和聚合之前进行的。因此,在排序和聚合使用 ROWNUM 时需要注意,可能得到并非预期的结果,例如:

```
SELECT * FROM employee WHERE ROWNUM < 11 ORDER BY employee_id;
```

以上语句只会对表 EMPLOYEE 前 10 行数据按 EMPLOYEE_ID 排序输出,并不是表的所有数据按 EMPLOYEE ID 排序后输出前 10 行,要实现后者,可以选择如下语句的一种:

```
SELECT * FROM (
SELECT * FROM employee ORDER BY employee_id)
WHERE ROWNUM < 11;
SELECT TOP 10 * FROM employee ORDER BY employee_id;
```

使用 ROWNUM 时有以下限制。

（1）在查询中，ROWNUM 可与任何数字类型表达式进行比较及运算，但不能出现在含 OR 的布尔表达式中，否则报错处理。

（2）ROWNUM 只能在非相关子查询中出现，不能在相关子查询中使用，否则报错处理。

（3）在非相关子查询中，ROWNUM 只能实现与 TOP 相同的功能，因此子查询不能含 ORDER BY 和 GROUP BY。

（4）ROWNUM 所处的子谓词只能为如下形式：ROWNUM op exp，exp 的类型只能是立即数、参数和变量值，op ∈ {<, <=, >, >=, =, <>}。

（二）ROW

在使用 LIKE 查询时，可以用 ROW 依次对表或视图中所有字符类型的列进行 LIKE 计算，只要有一列符合条件，则返回 TRUE。

【例 4-35】　查询员工表中任意列中包含“51”字符的数据。

```
SELECT * FROM employee t WHERE t.row LIKE '%51%';
```

（三）ROWID

DM 中行标识符 ROWID 用来标识数据库基表中每一条记录的唯一键值，标识了数据记录确切的存储位置。如果用户在选择数据的同时从基表中选取 ROWID，在后续的更新语句中，就可以使用 ROWID 来提高性能。如果在查询时加上 FOR UPDATE 语句，则该数据行就会被锁住，以防其他用户修改数据，保证查询和更新之间的一致性。

【例 4-36】　查询部门号为 103 的员工的 ROWID 及其他信息。

```
SELECT t.ROWID,employee_name, department_id FROM employee t WHERE depart-
ment_id =103;
```

使用 ROWID 的查询结果如表 4-35 所列。

表 4-35　使用 ROWID 的查询结果

rowid	employee_name	department_id
3	郑吉群	103
55	马文星	103
56	马起芬	103
57	陈梦诗	103
58	张永健	103
59	陈典静	103
60	杨恩卫	103

【例 4-37】　修改 ROWID 为 63 的员工信息，将其部门号改为 104。

```
UPDATE employee t SET department_id='104' WHERE ROWID ='63';
```

（四）UID 及 USER

UID 及 USER 表示当前用户的用户标识和用户名。常用这两个伪列来获得当前用户的信息。

【例 4-38】 查询当前用户的用户名及用户标识。

```
SELECT UID,USER FROM DUAL;
```

查询结果如下：

```
行号        UID      USER
---------- -------------- ----------------
1     50331748        DMHR
```

第四节 DM SQL 数据操作语句

数据操作是数据库管理系统的基本功能，包括数据的插入、修改和删除等。在实际应用中，由于多个应用程序会并发操作数据库，导致出现数据库数据的不一致性和并发操作问题，DM 利用事务和封锁机制实现数据并发存取和数据完整性。本章主要介绍 DM SQL 数据插入、修改、删除等操作和事务语句的语法及应用。

一、数据插入语句

数据插入语句用于往已定义好的表中插入单个或成批的数据。INSERT 语句有两种形式：一种形式是值插入，即构造一行或者多行，并将它们插入表中；另一种形式为查询插入，它通过返回一个查询结果集以构造要插入表的一行或多行。

（一）语法格式

（1）单行或多行数据插入语句格式。

```
INSERT INTO <表名> [(<列名>{,<列名>})]
VALUES(<插入值>{,<插入值>}); |(<插入值>{,<插入值>}){,(<插入值>{,<插入值>})};
```

（2）查询语句插入数据格式。

```
INSERT INTO <目标表名> [(<列名>{,<列名>})]
SELECT<列名>{,<列名>}  FROM 源数据表名 [WHERE 条件]
```

其中：

（1）<列名>指明表或视图的列的名称。在插入的记录中，这个列表中的每一列都被 VALUES 子句或查询说明赋一个值。如果在此列表中省略了表的一个列名，则 DM 用先前定义好的默认值插入到这一列中。如果此列表被省略，则在 VALUES 子句和查询中必须为表中的所有列指定值。

(2) <插入值>指明在列表中对应列的插入的列值，如果列表被省略了，插入的列值按照基表中列的定义顺序排列。

(3) 当插入的是大数据文件时，启用@。同时对应的<插入值>格式为：@ 'path'。比如下面的代码。

（二）应用举例

【例 4-39】 在 EMPLOYEE 中插入一条记录，代码如下：

```
INSERT INTO employee(
employee_id,employee_name,identity_card,email, phone_num, hire_date,job_
id,department_id)
VALUES ( 12002, '马学兵', '340102196802204000 ', 'maxuebing @ dameng.com ', '
15312348552',
CAST('1969-02-20' AS DATE),52,1105);
```

【例 4-40】 在 EMPLOYEE 中插入多行记录，代码如下：

```
INSERT INTO employee(
employee_id,employee_name,identity_card,email, phone_num, hire_date,job_
id,department_id)
VALUES(12003,'张长江','340102196702204000','zhangchangjiang@ dameng.com', '
15312348553',
CAST('1967-02-20' AS DATE),52,1105), (12004,'李武','340102196902204000','liwu
@ dameng.com',
'15312348554',CAST('1969-02-20' AS DATE),52,1105);
```

二、数据修改语句

数据修改语句用于修改表中已存在的数据。

（一）语法格式

数据修改语句的语法格式如下：

```
UPDATE <表名> |<视图名>
SET<列名>=<值表达式> |DEFAULT>{,<列名>=<值表达式> |DEFAULT>}
[WHERE <条件表达式>];
```

其中：

(1) <表名>指明被修改数据的表的名称；

(2) <视图名>指明被修改数据的视图的名称，实际上是对视图的基表更新数据；

(3) <列名>表或视图中被更新列的名称，如果 SET 子句中省略列的名称，则列的值保持不变；

(4) <值表达式>指明赋予相应列的新值；

（5）<条件表达式>指明限制被更新的行必须符合指定的条件，如果省略此子句，则修改表或视图中所有的行。

（二）应用举例

【例 4-41】 给所有人员工资增加补助 500 元。

```
UPDATE employee SET salary = salary +500
```

在数据修改语句的<值表达式>位置允许出现标量子查询。

【例 4-42】 将市场部人员的工资在所有员工平均工资的基础上增加 10%。

```
UPDATE employee set salary = salary +
(SELECT avg(salary) * 0.1 FROM employee t, department n
WHERE t.department_id= n.department_id AND n.department_name = '市场部');
```

UPDATE 语句可以同时修改多个字段数据。

【例 4-43】 同时修改多个字段数据。将测试工程师的最低工资标准和最高工资标准提高 5%。

```
UPDATE job SET min_salary = min_salary * 1.05,max_salary = max_salary *
1.05 WHERE job_title = '测试工程师';
```

三、数据删除语句

数据删除语句用于修改表中已存在的数据。删除语句只删除表中的数据，并不会删除表本身，另外，如果表中的记录被引用，则需要先删除引用表中的数据。

（一）语法格式

数据删除语句的语法格式如下：

```
DELETE FROM <表名> [WHERE <条件表达式>]
```

其中：

（1）<表名>指明被删除数据的表名称；

（2）<视图名>指明被删除数据的视图名称；

（3）<条件表达式>指明限制被更新的行必须符合指定的条件，如果省略此子句，则修改表或视图中所有的行。

（二）应用举例

【例 4-44】 删除市场专员的工作历史记录。

```
DELETE FROM job_history
WHERE job_id IN (SELECT d.job_id FROM job_history c, job d
WHERE c.job_id = d.job_id AND d.job_title='市场专员');
```

第五节 DM SQL 数据控制语句

DM SQL 的数据控制是通过对用户角色、权限管理,防止数据的非授权访问、修改和破坏,并保证被授权用户能按其授权范围访问所需要的数据。本章主要介绍权限管理和角色管理。

一、权限管理

达梦数据库对用户的权限有着严格的规定,如果没有权限,用户将无法完成任何操作。用户权限有两类,即数据库权限和对象权限。数据库权限主要是指针对数据库对象的创建、删除、修改数据库对象的权限,以及对数据库备份等权限。而对象权限主要是指对数据库对象中数据的访问权限。数据库权限一般由 SYSDBA、SYSAUDITOR 和 SYSSSO 指定,也可以由具有特权的其他用户授予。对象权限一般由数据库对象的所有者授予用户,也可由 SYSDBA 用户指定,或者由具有该对象权限的其他用户授权。

(一) 权限分类

1. 数据库权限

数据库权限是与数据库安全有关的最重要的权限,这类权限一般是针对数据库管理员的。数据库权限的管理主要包括权限的分配、回收和查询等操作。DM 提供了 100 余种数据库权限。

表 4-36 列出了与用户有关的最重要的常用数据库权限。

表 4-36 常用数据库权限

数据库权限	说　明
CREATE TABLE	在自己的模式中创建表的权限
CREATE VIEW	在自己的模式中创建视图的权限
CREATE USER	创建用户的权限
CREATE TRIGGER	在自己的模式中创建触发器的权限
ALTER USER	修改用户的权限
ALTER DATABASE	修改数据库的权限
CREATE PROCEDURE	在自己的模式中创建存储过程的权限

对于表、视图、用户、触发器这些数据库对象,有关的数据库权限包括创建、删除和修改它们的权限,相关的命令分别是 CREATE、DROP 和 ALTER。表、视图、触发器、存储程序等对象是与用户有关的,在默认情况下对这些对象的操作都是在当前用户自己的模式下进行的。如果要在其他用户的模式下操作这些类型的对象,需要具有相应的 ANY 权限。例如,要能够在其他用户的模式下创建表,当前用户必须具有 CREATE ANY TABLE 数据库权限,如果希望能够在其他用户的模式下删除表,必须具有 DROP ANY TABLE 数据库权限。

数据库权限的授予者一般是数据库管理员。普通用户被授予了某种数据库权限及其转授权时,系统允许他把所拥有的数据库权限再授予其他用户。

2. 对象权限

对象权限主要是对数据库对象中数据的访问权限,这类权限主要是针对普通用户的。表 4-37 所列为常用对象权限。

表 4-37 常用对象权限

数据库对象类型对象权限	表	视图	存储程序	包	类	类型	序列	目录	域
SELECT	√	√					√		
INSERT	√	√							
DELETE	√	√							
UPDATE	√	√							
REFERENCES	√								
DUMP	√								
EXECUTE			√	√	√	√		√	
READ								√	
WRITE								√	
USAGE									√

SELECT、INSERT、DELETE 和 UPDATE 权限分别是针对数据库对象中数据的查询、插入、删除和修改的权限。对于表和视图来说,删除操作是整行进行的,而查询、插入和修改却可以在一行的某个列上进行,所以在指定权限时,DELETE 权限只要指定所要访问的表就可以了,而 SELECT、INSERT 和 UPDATE 权限还可以进一步指定是对哪个列的权限。

REFERENCES 权限是指可以与一个表建立关联关系的权限,如果具有了这个权限,当前用户就可以通过自己的一个表中的外键,与对方的表建立关联。关联关系是通过主键和外键进行的,所以在授予这个权限时,可以指定表中的列,也可以不指定。

EXECUTE 权限是指可以执行存储函数、存储过程的权限。有了这个权限,一个用户就可以执行另一个用户的存储程序。

当一个用户获得另一个用户的某个对象的访问权限后,以"模式名.对象名"的形式访问这个数据库对象。一个用户所拥有的对象和可以访问的对象是不同的,这一点在数据字典视图中有所反映。在默认情况下用户可以直接访问自己模式中的数据库对象,但是要访问其他用户所拥有的对象,就必须具有相应的对象权限。

(二) 授予权限

1. 授予数据库权限

(1) 语法格式。

授予数据库权限的 SQL 命令格式如下:

```
GRANT <权限 1>{,<权限 2>}
TO <用户 1>{,<用户 2>}
[WITH ADMIN OPTION];
```

数据库权限通常是针对表、视图、用户、触发器等类型的对象具有 CREATE、ALTER、DROP 等操作能力。如果使用 ANY 修饰词,表示对所有用户模式下的这些类型对象具有相应操作权限。如果使用 WITH ADMIN OPTION 选项,表示用户 1(用户 2……)获得权限后,还可以把这个权限再次授予其他用户。

(2) 应用举例。

【例 4-45】 将创建表的权限授予一个用户。以 SYSDBA 用户,将 CREATE TABLE 权限授予用户 USER1。

在"SQL 交互式查询工具"命令行窗口中,通过命令给 USER1 授予创建表权限。后面的例子中,如无特殊说明授予权限的命令都在"SQL 交互式查询工具"命令行窗口中执行,而对表和数据的操作在"DM 管理工具"的图形化窗口中执行。

```
CONN SYSDBA/SYSDBA;
GRANT CREATE TABLE TO USER1;
```

使用 USER1 创建 U1T1 表,推荐使用 DM 管理工具执行下面的命令。

```
CREATE TABLE u1t1
(
    id INT,
    text VARCHAR(30)
);
```

执行这些语句后,USER1 成功创建表 U1T1。

【例 4-46】 将创建表的权限授予一个用户并使用 WITH ADMIN OPTION 选项。以 SYSDBA 用户,将 CREATE TABLE 权限授予用户 USER1,USER1 又将创建表的权限授予 USER2。

使用 WITH ADMIN OPTION 选项给 USER1 授予 CREATE TABLE 权限。

```
CONN SYSDBA/SYSDBA;
GRANT CREATE TABLE TO user1 WITH ADMIN OPTION;
```

USER1 将 CREATE TABLE 权限授予 USER2。

```
CONN USER1/PWORDUSER1;
GRANT CREATE TABLE TO USER2;
```

USER2 创建表 U2T1。

```
CONN USER2/PWORDUSER2;
CREATE TABLE u2t1
(
    id INT,
    text VARCHAR(30)
);
```

USER2 成功创建表 U2T1,这个例子说明了 WITH ADMIN OPTION 选项的作用。

2. 授予对象权限

(1) 语法格式。

授予对象权限的 SQL 命令格式如下：

```
GRANT <对象权限 1(列名)>{,<对象权限 2(列名)>}
ON <对象>
TO <用户 1>{,<用户 2>}
[WITH  GRANT  OPTION];
```

对象权限通常是 SELECT、INSERT、UPDATE、DELETE、EXECUTE、REFERENCES 等。对象通常是表、存储过程等。WITH GRANT OPTION 表示用户 1(用户 2……)获得权限后,还可以把这个权限再次授予其他用户。既可以将整个表的某项权限授予其他用户,也可以只将表的某个字段的权限授予其他用户。

在授予对象权限时,不仅要说明是什么权限,还要指定是对哪个对象的访问权限,这是与数据库权限的授予不同的地方。

(2) 应用举例。

【例 4-47】 将一个用户的表的 SELECT 权限授予另一个用户,并可再次授权。以用户 SYSDBA 将 DMHR 模式下的表 CITY 的 SELECT 权限授予用户 USER1。

授权前用户 USER1 尝试查询表 CITY。

```
CONN USER1/PWORDUSER1;
SELECT * FROM dmhr.city WHERE city_id='BJ';
```

查询结果如下：

```
SELECT * FROM dmhr.city WHERE city_id='BJ';
[-5504]:没有[CITY]对象的查询权限.
```

给用户 USER1 授予表 CITY 的查询权限。

```
CONN SYSDBA/SYSDBA;
GRANT SELECT ON dmhr.city TO user1 WITH GRANT OPTION;
```

授权后用户 USER1 尝试查询表 CITY。

```
CONN USER1/PWORDUSER1;
SELECT * FROM dmhr.city WHERE city_id='BJ';
```

查询结果如下：

```
行号      CITY_ID CITY_NAME REGION_ID
---------- ------- --------- ---------
1          BJ 中国北京  1
```

【例 4-48】 将一个用户的表的 SELECT 权限授予所有用户。以用户 SYSDBA 将 DMHR 模式下的表 CITY 的 SELECT 权限授予所有用户。

```
GRANT SELECT ON dmhr.city TO PUBLIC;
```

【例 4-49】 将一个用户的表的某个字段的 INSERT 和 UPDATE 权限授予另一个用户。以用户 SYSDBA 将 DMHR 模式下的表 CITY 的 CITY_ID 字段的 INSERT 权限和 CITY _NAME 字段的 UPDATE 权限授予用户 USER1。

授权前用户 USER1 尝试查询修改表 CITY 的数据。

```
CONN USER1/PWORDUSER1;
UPDATE dmhr.city SET city_name='北京' WHERE city_id='BJ';
```

修改结果如下:

```
UPDATE dmhr.city SET city_name='北京' WHERE city_id='BJ';
[-5503]:没有[CITY]对象的更新权限.
```

授予用户 USER1 修改表 CITY 数据权限。

```
CONN SYSDBA/SYSDBA;
GRANT INSERT(city_id),UPDATE(city_name) ON dmhr.city TO user1;
```

授权后用户 USER1 尝试修改 CITY 表 CITY_NAME 字段值。

```
CONN USER1/PWORDUSER1;
UPDATE dmhr.city SET city_name='北京' WHERE city_id='BJ';
SELECT * FROM dmhr.city WHERE city_id='BJ';
```

查询结果如下:

```
行号    CITY_ID CITY_NAME REGION_ID
---------- ------- --------- ---------
1          BJ 北京        1
```

这样 USER1 对表 CITY 的 CITY_ID 字段有插入权限,对 CITY_NAME 字段有修改权限,对于其他字段就没有这些权限,这是安全控制的有效举措。对于 SELECT、INSERT 和 UPDATE 三个对象权限,还可以指定是在表中的哪个列上具有访问权限,也就是说,可以规定其他用户可以对表中的哪个列进行查询、插入和修改操作。

(三) 回收权限

1. 回收数据库权限

(1) 语法格式。

回收数据库权限的 SQL 命令格式如下:

```
REVOKE <数据库权限 1>{,<数据库权限 2>}
FROM <用户 1>{,<用户 2>}
```

这条命令一般由 SYSDBA 执行。如果一个用户在接受某个数据库权限时是以"WITH ADMIN OPTION"方式接受的,他随后又将这个数据库权限授予其他用户,那么他也可以将这个数据库权限从其他用户回收。

(2) 应用举例。

【例 4-50】 从用户收回用 WITH ADMIN OPTION 方式授予的权限。以用户

SYSDBA 从用户 USER1 回收 CREATE TABLE 权限。

从 USER1 回收 CREATE TABLE 权限。

```
CONN SYSDBA/SYSDBA;
REVOKE CREATE TABLE FROM user1;
```

USER1 尝试创建表 U1T2。

```
CONN USER1/PWORDUSER1;
CREATE TABLE u1t2
(
    id INT,
    text VARCHAR(30)
);
```

USER1 创建表 U1T2 失败,因为没有创建表权限。

USER2 尝试创建表 U2T2。

```
CONN USER2/PWORDUSER2;
CREATE TABLE u2t2
(
    id INT,
    text VARCHAR(30)
);
```

USER2 创建表 U2T2 成功,这个例子说明,数据库权限可以转授,但是回收时不能间接回收。也就是说,SYSDBA 将权限某授予 USER1,USER1 又将该权限授予 USER2,当 SYSDBA 从用户 USER1 中收回该权限时,USER2 仍然拥有这个权限。

2. 回收对象权限

(1) 语法格式。

回收对象权限的 SQL 命令格式如下:

```
REVOKE  <对象权限 1>{,<对象权限 2>} ON <对象>
FROM <用户 1>{,<用户 2>}
[RESTRICT | CASCADE]
```

回收对象权限的操作由一般权限的授予者完成。如果某个对象权限是以“WITH GRANT OPTION”方式授予用户甲,则用户甲可将这个权限再授予用户乙。从用户甲回收对象权限时,需要指定为 CASCADE,进行级联回收,如果不指定,默认为 RESTRICT,则无法进行回收。

(2) 应用举例。

【例 4-51】 从一个用户回收以 WITH GRANT OPTION 方式授予的权限。从 USER1 回收对 DMHR 模式表 CITY 的查询权限。

采用默认 RESTRICT 模式从 USER1 回收权限查询表 CITY 权限。

```
REVOKE SELECT ON dmhr.city FROM user1;
```

结果如下:

```
REVOKE SELECT ON dmhr.city FROM user1;
第 1 行附近出现错误[-5582]:回收权限无效.
```

由于先前采用 WITH GRAND OPTION 模式授予权限,因此不能以默认的 RESTRICT 模式回收权限。

采用 CASCADE 模式回收权限。

```
REVOKE SELECT ON dmhr.city FROM user1 CASCADE;
```

USER2 用户尝试查询表 DMHR. CITY 的数据。

```
CONN USER2/PWORDUSER2;
SELECT * FROM dmhr.city WHERE city_id='BJ';
```

查询结果如下:

```
SELECT * FROM dmhr.city WHERE city_id='BJ';
[-5504]:没有[CITY]对象的查询权限.
```

这个例子说明采用级联(CASCADE)模式从 USER1 回收查询权限后,USER2 也没有查询 CITY 表的权限。

测试 USER1 的表 CITY 更新操作。

```
CONN USER1/PWORDUSER1;
UPDATE dmhr.city SET city_name='北京' WHERE city_id='BJ';
```

执行结果如下:

```
UPDATE dmhr.city SET city_name='北京' WHERE city_id='BJ';
[-5508]:没有[CITY]对象的[CITY_ID]列的查询权限.
```

由于 USER1 没有 CITY_ID 字段的查询权限,因此不能进行条件更新,只能全表更新,操作如下:

```
UPDATE dmhr.city SET city_name=NULL;
COMMIT;
CONN dmhr/dmmeng123;
SELECT COUNT(*) FROM dmhr.city WHERE city_name IS NULL;
```

查询结果如下:

```
行号      COUNT(*)
---------- --------------------
1          11
```

结果表明 USER1 对表 CITY 的更新是有效的,这个例子说明,虽然回收了 USER1 对表 CITY 的查询权限,但是由于没有回收修改数据权限,因此 USER1 还是能够对表

USER1 的数据进行修改。为了不影响后面内容的学习,最好把数据恢复到修改前的状态,恢复方法请参考第六章的备份还原操作。

二、角色管理

角色是一组权限的组合,使用角色的目的是使权限管理更加方便。假设有 10 个用户,这些用户为了访问数据库,至少拥有 CREATE TABLE、CREATE VIEW 等权限。如果将这些权限分别授予这些用户,那么需要进行的授权次数是比较多的。但是如果把这些权限事先放在一起,然后作为一个整体授予这些用户,那么每个用户只需一次授权,授权的次数将大大减少,而且用户数越多,需要指定的权限越多,这种授权方式的优越性就越明显。这些事先组合在一起的一组权限就是角色,角色中的权限既可以是数据库权限,也可以是对象权限。

为了使用角色,首先在数据库中创建一个角色,这时角色中没有任何权限。然后向角色中添加权限。最后将这个角色授予用户,这个用户就具有了角色中的所有权限。在使用角色的过程中,可以随时向角色中添加权限,也可以随时从角色中删除权限,用户的权限也随之改变。如果要回收所有权限,只需将角色从用户回收即可。

在数据库中有两类角色,一类是 DM 预设定的角色,一类是用户自定义的角色。DM 预设定的角色在数据库被创建之后即存在,并且已经包含了一些权限,数据库管理员可以将这些角色直接授予用户。

为了保证数据库系统的安全性,达梦数据库采用"三权分立"或"四权分立"的安全机制。"三权分立"时系统内置三种系统管理员,包括数据库管理员、数据库安全员和数据库审计员,表 4-38 列出了"三权分立"常见的系统角色及其包含的部分权限。"四权分立"新增了一类用户,称为数据库对象操作员。他们各司其职、互相制约,有效地避免了将所有权限集中于一人的风险,保证了系统的安全性。

表 4-38 数据库常见预设角色

角色名称	所包含的权限
DBA	ALTER DATABASE
	BACKUP DATABASE
	CREATE USER
	CREATE ROLE
	SELECT ANY TABLE
	CREATE ANY TABLE
RESOURCE	CREATE ROLE
	CREATE SCHEMA
	CREATE TABLE
	CREATE VIEW
	CREATE SEQUENCE

（续）

角色名称	所包含的权限
PUBLIC	SELECT TABLE
	UPDATE TABLE
	SELECT USER
DB_AUDIT_ADMIN	CREATE USER
	AUDIT DATABASE
DB_AUDIT_OPER	AUDIT DATABASE
DB_POLICY_ADMIN	CREATE USER
	LABEL DATABASE
DB_POLICY_OPER	LABEL DATABASE

（一）创建角色

除了DM预设定的角色以外，用户还可以自己定义角色。一般情况下创建角色的操作只能由SYSDBA完成，如果普通用户要定义角色，则必须具有CREATE ROLE数据库权限。

1. 语法格式

创建角色的SQL命令格式如下：

```
CREATE ROLE 角色名;
```

2. 应用举例

【例4-52】 创建名为ROLE1的角色，命令需要在“交互式查询工具”的命令行窗口中执行。

```
CONN SYSDBA/SYSDBA;
CREATE ROLE role1;
```

（二）管理角色权限

角色刚被创建时，没有包含任何权限。用户可以将权限授予该角色，使这个角色成为一个权限的集合。

1. 授予权限

向角色授权的方法与向用户授权的方法是相同的，只要将用户名用角色名代替就可以了。需要注意的是，如果向角色授予数据库权限，则可以使用WITH ADMIN OPTION选项，但是向角色授予对象权限时，WITH GRANT OPTION将无意义。

【例4-53】 给角色授予数据库权限。给ROLE1角色授予ALTER USER和CREATE VIEW权限。

```
GRANT ALTER USER,CREATE VIEW TO role1;
```

【例 4-54】 给角色授予对象权限。给 ROLE1 角色授予查询和更新表 DMHR. CITY 权限。

```
GRANT SELECT,UPDATE ON dmhr.city TO role1;
```

2. 回收权限

如果要从角色中删除权限,可以执行 REVOKE 命令。权限回收的方法与从用户回收权限的方法相同,只是用角色名代替用户名就可以了。

【例 4-55】 从角色回收权限。从角色 ROLE1 回收更新 DMHR. CITY 表权限。

```
REVOKE UPDATE ON dmhr.city FROM role1;
```

(三) 分配与收回角色

1. 分配角色

只有将角色授予用户,用户才会具有角色中的权限。可以一次将角色授予多个用户,这样这些用户就都具有了这个角色中包含的权限。将角色授予用户的命令是 GRANT,授予角色的方法与授予权限的方法相同,只是将权限名用角色名代替就可以了。在一般情况下,将角色授予用户的操作由 DBA 用户完成,普通用户如果要完成这样的操作,必须具有 ADMIN ANY ROLE 的数据库权限,或者具有相应的角色及其转授权。

【例 4-56】 给用户分配角色。将 ROLE1 角色分配给 USER1 和 USER2 用户。

(1) 分配角色前,USER2 查询表 DMHR. CITY 数据。

```
CONN USER2/PWORDUSER2;
SELECT * FROM dmhr.city;
```

查询结果如下:

```
SELECT * FROM dmhr.city;
[-5504]:没有[CITY]对象的查询权限.
```

(2) 给用户 USER1 和 USER2 分配 ROLE1 角色。

```
CONN SYSDBA/SYSDBA;
GRANT role1 TO user1,user2;
```

(3) USER2 再次查询表 DMHR. CITY 数据。

```
CONN USER2/PWORDUSER2;
SELECT * FROM dmhr.city WHERE city_id='BJ';
```

查询结果如下:

```
行号        CITY_ID CITY_NAME REGION_ID
---------- ------- --------- ---------
1          BJNULL  1
```

这个例子说明给用户分配角色与直接给用户授予权限具有相同的效果。

2. 回收角色

要将角色从用户回收,需要执行 REVOKE 命令。角色被回收后,用户所具有的属于这个角色的权限都将被回收。从用户回收角色与回收权限的方法是相同的。这样的操作一般也有 DBA 用户完成。

【例 4-57】 从用户回收角色。从用户 USER2 中回收 ROLE1 角色。

(1) 从用户 USER2 中回收 ROLE1 角色。

```
CONN SYSDBA/SYSDBA;
REVOKE role1 FROM user2;
```

(2) USER2 再次查询表 DMHR. CITY 数据。

```
CONN USER2/PWORDUSER2;
SELECT * FROM dmhr.city WHERE city_id='BJ';
```

查询结果如下:

```
SELECT * FROM dmhr.city WHERE city_id='BJ';
[-5504]:没有[CITY]对象的查询权限.
```

这个例子说明,从用户回收角色与直接从用户回收权限具有相同的效果。

(四)启用与停用角色

1. 停用角色

某些时候,管理员不愿意删除一个角色,但是却希望这个角色失效,此时,可以使用 SP_SET_ROLE 来设置这个角色为不可用,语法格式如下:

```
SP_SET_ROLE('角色名', 0);
```

只有拥有 ADMIN_ANY_ROLE 权限的用户才能停用角色,并且设置后立即生效;系统预设的角色不能设置停用,如 DBA、PUBLIC、RESOURCE。

【例 4-58】 停用 ROLE1 角色。

(1) 停用角色前,用户 USER1 查询表 DMHR. CITY 数据。

```
CONN USER1/PWORDUSER1;
SELECT * FROM dmhr.city WHERE city_id='BJ';
```

查询结果如下:

```
行号      CITY_ID CITY_NAME REGION_ID
---------- ------- --------- ---------
1           BJNULL      1
```

(2) 停用角色。

```
CONN SYSDBA/SYSDBA;
SP_SET_ROLE('ROLE1',0);
```

注意,单引号中的角色名区分大小写。

(3) 停用角色后,用户 USER1 查询表 DMHR. CITY 数据。

```
CONN USER1/PWORDUSER1;
SELECT * FROM dmhr.city WHERE city_id='BJ';
```

查询结果如下:

```
SELECT * FROM dmhr.city WHERE city_id='BJ';
[-5508]:没有[CITY]对象的[CITY_ID]列的查询权限.
```

这个例子说明当停用角色后,用户就没有角色中的权限,无法进行相关操作。

2. 启用角色

根据需要,随时可以启用被停用的角色,语法格式如下:

```
SP_SET_ROLE('角色名',1);
```

只有拥有 ADMIN_ANY_ROLE 权限的用户才能停用角色,并且设置后立即生效。

【例 4-59】 启用角色。启用 ROLE1 角色。

(1) 启用 ROLE1 角色。

```
CONN SYSDBA/SYSDBA;
SP_SET_ROLE('ROLE1',1);
```

(2) 启用角色后,用户 USER1 查询表 DMHR. CITY 数据。

```
CONN USER1/PWORDUSER1;
SELECT * FROM dmhr.city WHERE city_id='BJ';
```

查询结果如下:

```
行号     CITY_ID CITY_NAME REGION_ID
---------- ------- --------- ---------
1          BJNULL       1
```

这个例子说明当启用角色后,用户立即就具有角色中的权限。

(五) 删除角色

有时需要彻底删除角色,而不是停用,角色被删除时,角色中的权限都间接地被从用户回收,效果与停用角色相同。删除角色的语法格式如下:

```
DROP ROLE 角色名;
```

【例 4-60】 删除 ROLE1 角色。

(1) 删除角色。

```
CONN SYSDBA/SYSDBA;
DROP ROLE role1;
```

(2) 删除角色后,用户 USER1 查询表 DMHR. CITY 数据。

```
CONN USER1/PWORDUSER1;
SELECT * FROM dmhr.city WHERE city_id='BJ';
```

查询结果如下：

```
SELECT * FROM dmhr.city WHERE city_id='BJ';
[-5508]:没有[CITY]对象的[CITY_ID]列的查询权限.
```

这个例子说明删除角色后，用户依赖于该角色的权限就没有了。

作 业 题

一、填空题

1. 删除作战力量数据库表“ZZLL”的命令是________________。

2. DM SQL 语言的功能主要包括数据定义、__________、__________和__________四个方面。

3. DM 数据库系统具有 SQL-92 的大部分数据类型，以及部分__________数据类型。

4. NUMERIC 是__________数据类型，VARCHAR 是__________数据类型，DATE 是__________数据类型。

5. DM SQL 数值运算符“ * ”的含义是__________，运算符“/”的含义是__________。

6. DM SQL 中，数值函数 ABS(n)的含义是__________。

7. DM SQL 中，数值函数 PI() 的含义是__________。

8. DM SQL 中，字符串函数 LOWER(CHAR)的含义是__________。

9. SQL 命令 CREATE TABLESPACE 的作用是__________。

10. SQL 命令 ALTER TABLESPACE 的作用是________。

11. SQL 命令 DROP TABLESPACE 的作用是________。

12. DM 提供三种身份验证模式来保护对服务器访问的安全，即________、外部身份验证模式和混合身份验证模式。其中，数据库身份验证模式需要利用________。

13. DM 数据库系统预先设置了 3 个用户，分别为________、SYSAUDITOR 和 SYSSSO，其中________具备 DBA 角色。

14. 数据库中数据存储的基本单元是________，它是对用户数据进行读和操纵的________实体。

15. 表由列和行组成，每一行代表一个单独的________。

16. 表中包含一组固定的列，每个列都有一个________及特性。列的特性由两部分组成：________和________。

17. DM SQL 命令 CREATE TABLE 的作用是________。

18. DM SQL 命令 ALTER TABLE 的作用是________。

19. DM SQL 命令 DROP TABLE 的作用是________。

20. 1986 年，美国国家标准化协会宣布将________作为关系数据库语言的国家标准。

21. 用户权限有两类，即________权限和________权限。

22. 数据库权限主要是指针对________的创建、删除、修改数据库对象的权限，以及对数据库备份等权限。而对象权限主要是指对数据库对象中的________的访问权限。

二、单项选择题

1. 某旅分配一批新兵，能够将新兵信息添加到作战力量表的 DM SQL 命令是(　　)。

A. INSERT 命令

B. SELECT 命令

C. DROP 命令

D. CREATE 命令

2. 某连所有人员信息都存储在表 RY 中，其中表示年龄的字段是 NL，以下能够查询出本连所有人员平均年龄信息的命令是(　　)。

A. SELECT COUNT(NL) FROM RY;

B. SELECT MAX(NL) FROM RY;

C. SELECT MIN(NL) FROM RY;

D. SELECT AVG(NL) FROM RY;

3. 1970 年，E. F. Codd 提出关系模型的是(　　)。

A. 微软研究中心

B. 甲骨文公司

C. IBM 研究中心

D. 太阳公司

4. 1987 年 6 月，国际化标准化组织(ISO)将 SQL 采纳为国际标准，称为(　　)。

A. SQL-77

B. SQL-80

C. SQL-89

D. SQL-86

三、多项选择题

1. 支持 SQL 语言的数据库管理系统包括(　　)。

A. Oracle

B. Sybase

C. SQL Server

D. DB2

2. 关于 DM SQL 的说法中正确的是(　　)。

A. 遵循结构化查询语言 SQL 标准

B. 不遵循结构化查询语言 SQL 标准

C. 对标准 SQL 进行了扩充

D. 与标准 SQL 完全相同

3. 有关 DM 表空间的说法中正确的是(　　)。

A. 创建表空间的用户必须具有 DBA 权限

B. 表空间名在服务器中必须唯一

C. 表空间的尺寸必须固定不变

D. 表空间不可以删除

4. DM 系统提供数据库表修改语句，可以修改的内容包括(　　)。

A. 表名

B. 字段名

C. 字段类型

D. 表级约束

四、简答题

1. 请给出能够实现以下效果的 DM SQL 语句：查询作战力量数据库表“ZZLL”中的全部数据。

2. 简述 DM SQL 的数据定义功能包括哪些？

3. 简述 DM SQL 的数据控制功能包括哪些？

4. DM SQL 表达式“-(-5)”和“--5”的含义分别是什么？

5. 简述表空间的功能作用？

6. 现有作战力量数据库表(ZZLL)，要求查询表中人员字段(RY)的所有数据值。请给出相应的 DM SQL 语句。

7. 现有作战力量数据库表(ZZLL)，表中包含主键字段(ID)。已知 ID 号为 20160118 的战士新近退伍，请给出删除此战士数据记录的 DM SQL 语句。

8. 现有作战力量数据库表(ZZLL)，表中包含主键字段(ID)和军衔字段(JX)。已知 ID 号为 20160120 的战士军衔晋升为中士，请给出修改此战士军衔数据的 DM SQL 语句。

五、综合题

1. 查询某旅作战力量数据库表“ZZLL”中服役年限(FYNX 字段)介于 10~16 年之间以及满 16 年的所有人员(RY 字段)，以方便给他们颁发服役纪念章。请分别给出能够实现上述效果的 DM SQL 语句。

2. 在某旅年度干部工作中，需要查询作战力量数据库表“ZZLL”中服役年限(FYNX 字段)满 8 年的所有人员(RY 字段)，并按照服役年限进行降序排列。请给出能够实现上述效果的 DM SQL 语句。

第五章　达梦数据库高级对象管理

达梦数据库为了提高数据的处理能力，提供了视图、索引、序列、存储过程与函数、触发器的管理与设计功能。本章主要介绍视图、索引、序列、存储过程与函数、触发器等高级对象的作用，以及创建、删除、修改的基本语法，并举例说明这些高级对象的应用方法。

第一节　视　　图

视图是关系数据库系统提供给用户以多种角度观察数据库中数据的重要机制，它简化了用户数据模型，提供了逻辑数据独立性，实现了数据共享和数据的安全保密。本节主要介绍达梦数据库中视图的管理。

一、视图概念及作用

视图是从一个或多个基表（或视图）导出的虚拟的表，其内容由查询定义。视图具有普通表的结构，但不存放对应的数据，这些数据仍存放在原来的基表中。当对一个视图进行查询时，视图将查询其对应的基表，并且将所查询的结果以视图所规定的格式和次序进行返回。因此，当基表中的数据发生变化时，从视图中查询出的数据也随之改变。从用户的角度来看，视图就像一个窗口，透过它可以看到数据库中用户感兴趣的数据。当用户所需的数据是一张表的部分列或部分行，或者数据是分散在多个表中时，就可以创建视图来将这些满足条件的行和列组织到一个表里，而不需要修改表的属性，甚至创建新的表。这样不仅简化了用户的操作，还可以提高数据的逻辑独立性，实现数据的共享和保密。

严格意义上说，视图包括普通视图和物化视图。普通视图是一个虚表，从视图中可以查阅数据但并不真正存储数据，即前述视图的概念。物化视图是从一个或几个基表导出的表，同普通视图相比，它存储了导出表的真实数据。通常把普通视图直接称为视图，本书也只介绍普通视图。

二、创建视图

（一）语法格式

```
CREATE [OR REPLACE] VIEW [<模式名>.]<视图名>[(<列名> {,<列名>})] AS <查询说明
> [WITH [LOCAL|CASCADED]CHECK OPTION] |[WITH READ ONLY];
```

其中各子句说明如下：

```
<查询说明>::=<表查询> | <表连接>
<表查询>::=<子查询表达式>[ORDER BY 子句]
```

WITH CHECK OPTION 参数指明往该视图中插入或修改数据时,插入行或更新行的数据必须满足视图定义中<查询说明>所指定的条件,如果不带该选项,则插入行或更新行的数据不必满足视图定义中<查询说明>所指定的条件。

(二) 应用举例

【例 5-1】 创建视图举例。

1. 创建基于单表的视图

创建一个名为 VIEW_EMPLOYEE 的视图,其只获取 EMPLOYEE 表中 DEPARTMENT_ID 字段为'101'的数据。

```
CREATE VIEW view_employee AS
SELECT * FROM employee
WHERE department_id = 101;
```

运行上述语句,需使用 DISQL 工具运行或在 DM 管理工具中运行,详细操作方法参照第四章内容,建议初学者使用 DM 管理工具执行 DM SQL 语句。在 SQL 交互式查询工具 DISQL 运行时,请使用 DMHR 用户登录,即在 SQL 交互式查询工具中使用 conn DMHR/dameng123 登录,其中"dameng123"为 DMHR 用户密码,然后运行上述语句。如果使用 DM 管理工具执行 DM SQL 语句,则连接数据库成功后,在查询窗体中,输入 SQL 语句并运行。两种方法,如以 SYSDBA 等具有 DBA 角色用户登录,运行创建视图语句时,请注意须在数据对象前加模式名,即如下语句:

```
CREATE VIEW dmhr.view_employee AS
SELECT * FROM dmhr.employee
WHERE department_id = 101;
```

同时需注意大小问题,默认情况下达梦数据库执行 SQL 语句时,将所有小写字符转换为大写,除非使用双引号""将对象名括起来。

运行上述创建视图语句,AS 后的查询语句定义了所能查询的数据,但并未执行获取相应数据,系统只是将所定义的<视图名>及<查询说明>送数据字典保存。对用户来说,就像在数据库中创建了一张名为 VIEW_EMPLOYEE 的表。

查询该视图的数据的 SQL 语句为

```
SELECT * FROM view_employee;
```

如图 5-1 所示,依次选中查询窗口中的两条语句,第一条为创建视图语句,第二条为查询视图数据语句。执行第一条语句时,下方输出窗体中的消息页面会显示创建成功信息;执行第二条语句时,下方输出窗体的结果集页面显示查询视图得到的数据。当然,如果读者事先对表数据进行了插入、删除或更新操作,得到的结果集可能与图 5-1 所示结果集不一致。

2. 创建基于多表的视图

创建名为 VIEW_EMP_DEP 的视图,基于 EMPLOYEE 表和 DEPARTMENT 表,用来得

到“行政部”员工相关信息，“行政部”对应的 department_id 取值为‘102’。

```
CREATE VIEW view_emp_dep  AS
SELECT a.employee_name,a.identity_card,a.email,b.department_name
FROM employee a,department b
WHERE a.department_id=b.department_id AND a.department_id=102
ORDER BY b.department_name;
```

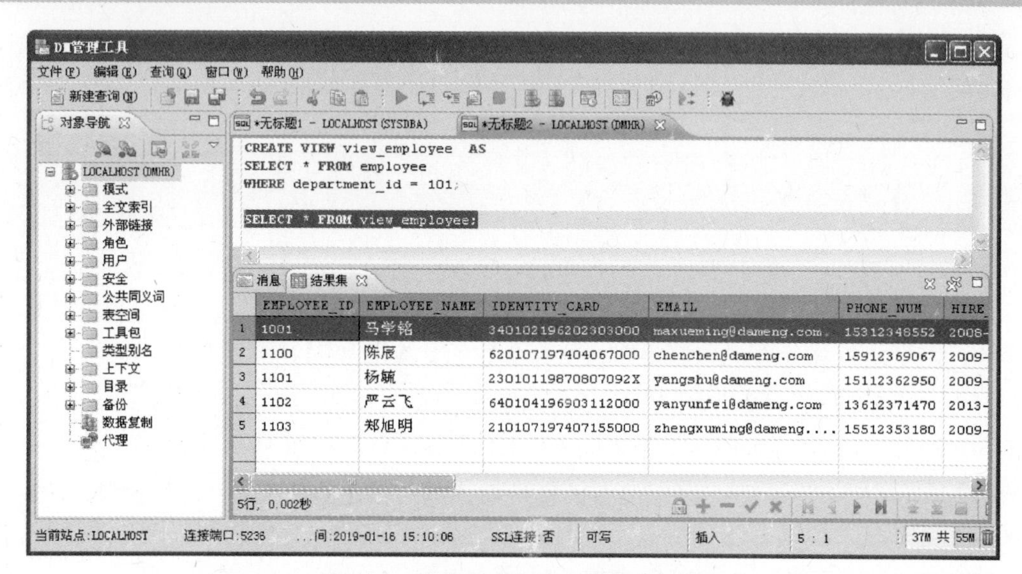

图 5-1 创建和查询基于单表的视图

查询该视图的数据的语句如下所述，查询结果如图 5-2 所示。

```
SELECT * FROM view_emp_dep;
```

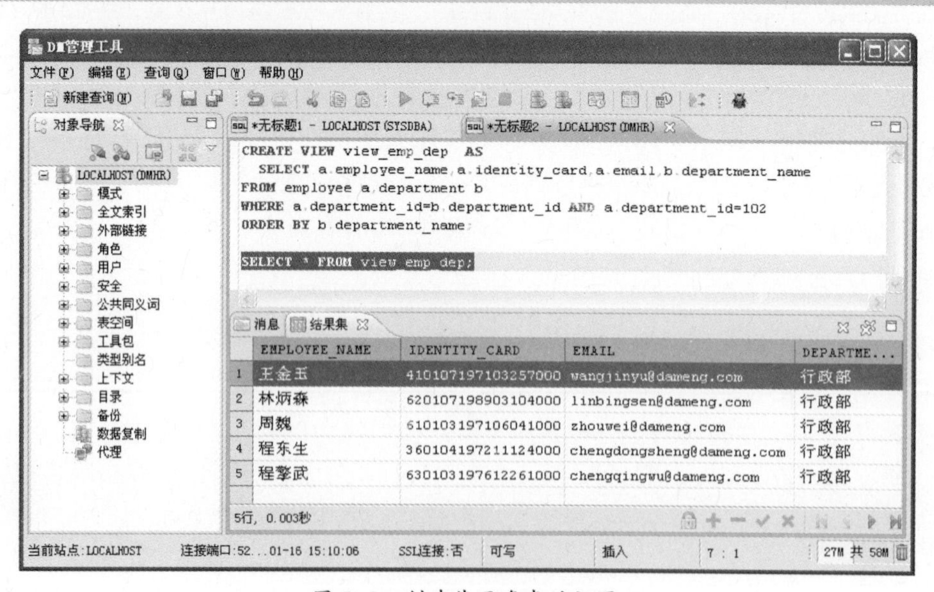

图 5-2 创建基于多表的视图

3. 创建用于统计的视图

创建名为 EMPLOYEE_STATIS 的视图，在 EMPLOYEE 表的基础上，统计各个部门人员数量。

```
CREATE VIEW employee_statis(department_name, employee_count) AS
SELECT b.department_name department_name, COUNT(a.department_id)
FROM employee a,department b
WHERE a.department_id=b.department_id
GROUP BY b.department_name
ORDER BY b.department_name;
```

在该语句中，由于 SELECT 后出现了集函数 COUNT(a. department_id)，不属于单纯的字段名，因此视图中的对应列必须重新命名，即在<视图名>后明确说明视图的各个字段名。

查询该视图数据的语句如下所述，查询结果如图 5-3 所示。

```
SELECT * FROM employee_statis;
```

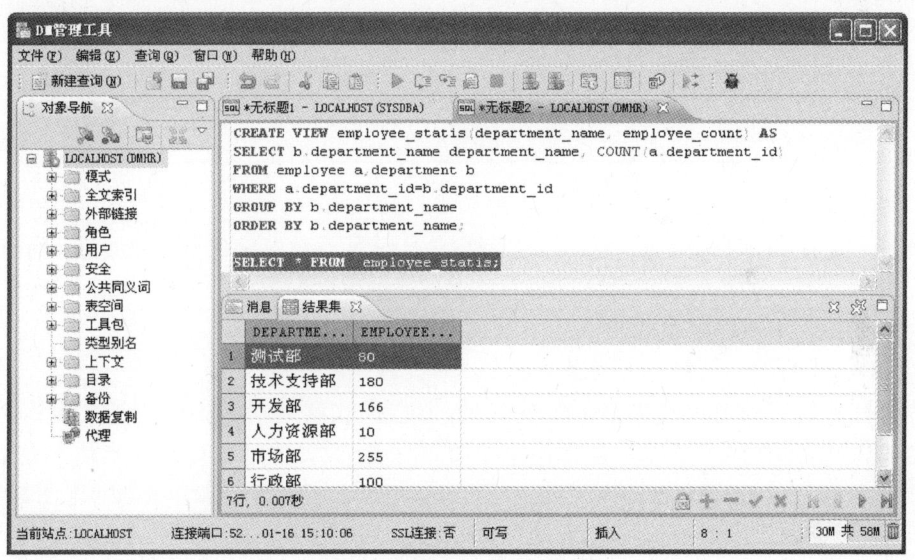

图 5-3　创建用于统计的视图

4. 向视图中插入数据

向视图插入数据与向表插入数据的 SQL 命令相同。但是对视图进行 DML 操作时需要注意，如果视图定义包括连接、集合运算符、GROUP BY 等子句，则不可直接对视图进行插入、删除和修改等操作，需要通过 INSTEAD OF 类型触发器来实现。

(1) 给 VIEW_EMPLOYEE 视图插入一条数据。

```
INSERT INTO view_employee VALUES(5999,'张智','420104198103017000',
'zhangzhi@ dameng.com','13912369895','2014-08-06','52',9799.00,0,11005,101);
```

(2) 查询视图数据。

```
SELECT * FROM view_employee;
```

观察查询结果,可发现多了一条刚插入的数据。这个例子说明可以向视图插入数据。

(3) 查询源表数据。

```
SELECT * FROM employee WHERE department_id=101;
```

查询结果如图 5-4 所示。

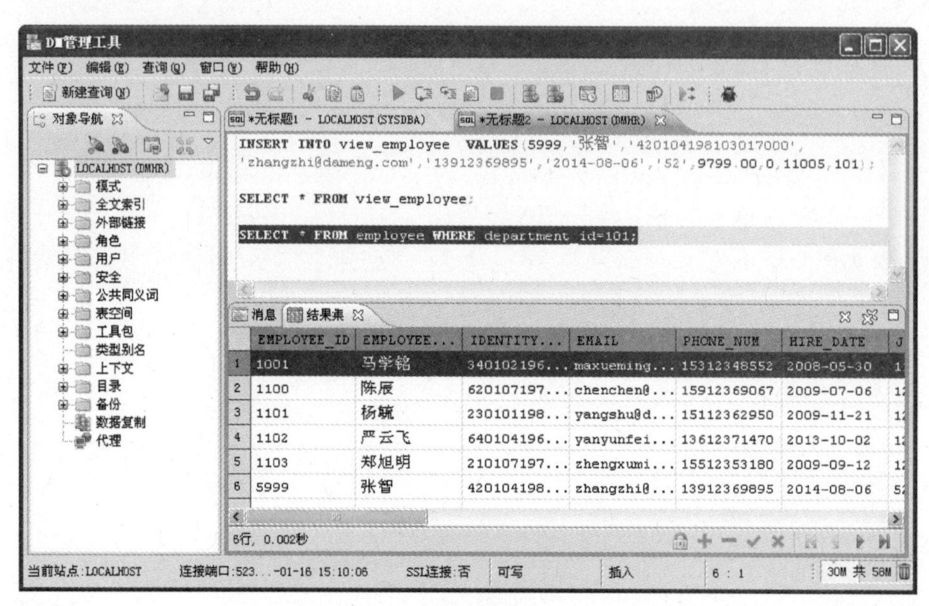

图 5-4 向视图插入数据

查询结果说明,向视图插入数据时,最终插入到视图对应的源表中,反过来印证视图中并没有真正存储数据。除了可以向视图插入数据外,还可以向视图更新和删除数据。但是对基于统计的视图插入数据时,如果视图查询中包含下列结构:连接、集合运算符、GROUP BY 子句,则该视图上不能进行插入、修改和删除操作。

为了防止用户通过视图更新基表数据时,无意或故意更新了不属于视图范围内的源表数据,在视图定义语句的子查询后提供了可选项 WITH CHECK OPTION,表示往该视图中插入或修改数据时,要保证插入行或更新行的数据满足视图定义中<查询说明>所指定的条件。

三、删除视图

由于视图中没有真正存放数据,因此删除视图也不会真正删除数据。一个视图删除后,会影响到基于该视图的其他视图,因此删除视图也不是随意的。

一个视图本质上是基于其他源表或视图上的查询,把这种对象间关系称为依赖。用户在创建视图成功后,系统还隐式地建立了相应对象间的依赖关系。在一般情况下,当一个视图不被其他对象依赖时可以随时删除视图。

(一) 语法格式

删除视图的 SQL 命令如下:

```
DROP VIEW [<模式名>.]<视图名> [RESTRICT | CASCADE];
```

视图删除有两种方式，即 RESTRICT 和 CASCADE 方式，其中 RESTRICT 为默认值。当设置 dm.ini 中的参数 DROP_CASCADE_VIEW 值为 1 时，如果在该视图上建有其他视图，必须使用 CASCADE 参数才可以删除所有建立在该视图上的视图，否则删除视图的操作不会成功；当设置 dm.ini 中的参数 DROP_CASCADE_VIEW 值为 0 时，RESTRICT 和 CASCADE 方式都会成功，且只会删除当前视图，不会删除建立在该视图上的视图。

（二）应用举例

【例 5-2】 删除 EMPLOYEE_STATIS 视图。

```
DROP VIEW employee_statis;
```

第二节　索　　引

在关系数据库中，索引是一种对数据库表中一列或多列的值进行排序的一种存储结构，索引类似于图书的目录，可以根据目录中的页码快速找到所需的内容。本节主要介绍达梦数据库中索引的管理。

一、索引概念及作用

索引是与表相关的一种结构，它能使对应于表的 SQL 语句执行得更快，因为索引能更快地定位数据。DM 7 索引能提供访问表数据的更快路径，可以不用重写任何查询而使用索引，其查询结果与不使用索引是一样的，但速度更快。

DM 7 提供了几种最常见类型的索引，对不同场景有不同的功能如下。

（1）聚集索引：每一个普通表有且只有一个聚集索引。

（2）唯一索引：索引数据根据索引键唯一。

（3）函数索引：包含函数/表达式的预先计算的值。

（4）位图索引：对低基数的列创建位图索引。

（5）位图连接索引：针对两个或多个表连接的位图索引，主要在数据仓库中使用。

（6）全文索引：在表的文本列上的索引。

索引需要存储空间。创建或删除一个索引，不会影响基本表、数据库应用或其他索引。一个索引可以对应数据表的一个或多个字段，对每个字段设置索引结果排序方式，默认为按字段值递增排序 ASC，也可以指定为递减排序 DESC。

当插入、更改和删除相关表的行时，DM 7 会自动管理索引。如果删除索引，所有的应用仍继续工作，但访问数据的速度会变慢。

索引可以提高数据的查询效率，但也需要注意，索引会降低某些命令的执行效率，如 INSERT、UPDATE、DELETE 的性能，因为 DM 不但要维护基表数据，还要维护索引数据。

二、创建索引

（一）语法格式

创建索引的 SQL 命令格式如下：

```
CREATE [OR REPLACE] [CLUSTER |NOT PARTIAL][UNIQUE | BITMAP | SPATIAL] INDEX <索引名> ON [<模式名>.]<表名>(<索引列定义>{,<索引列定义>}) [GLOBAL] [<STORAGE 子句>] [NOSORT] [ONLINE];
```

这是创建索引的通用语法格式,可以创建普通索引、聚簇索引、唯一索引、位图索引等。

ON 关键字表示在哪个表的哪个字段上建立索引,字段的类型不能是多媒体类型。在字段后面指定索引排序方式,ASC 递增排序,DESC 递减排序,默认递增排序。

STORAGE 关键字设置索引存储的表空间,默认与对应表的表空间相同。

(二) 注意事项

(1) 位图连接索引名称的长度限制为:事实表名的长度+索引名称长度+6<128。

(2) 仅支持普通表、LIST 表和 HFS 表。

(3) WHERE 条件只能是列与列之间的等值连接,并且必须含有所有表。

(4) 位图连接索引表(命名为 BMJ$_索引名)仅支持 SELECT 操作,不支持 INSERT、DELETE、UPDATE、ALTER、DROP 等操作。

(三) 应用举例

【例 5-3】 索引创建举例。

1. 在单个字段上建立普通索引

为 EMPLOYEE 表的 EMPLOYEE_NAME 字段建立普通索引,索引名为 S1。

```
CREATE INDEX s1 ON employee(employee_name);
```

2. 在多个字段上建立唯一索引

为 EMPLOYEE 表的 EMPLOYEE_NAME 和 EMAIL 字段建立唯一索引,索引名为 S2。

```
CREATE UNIQUE INDEX s2 ON employee(employee_name,email);
```

3. 在单个字段上建立函数索引

CITY 表的 CITY_ID 字段建立 LOWER()函数索引,索引名为 CITY_LOWER。

```
CREATE INDEX city_lower ON city(LOWER(city_id));
```

利用函数索引查询数据。

```
SELECT * FROM city WHERE LOWER(city_id) = 'wh';
```

查询结果如下:

```
行号   CITY_ID CITY_NAME REGION_ID
---------- ------- --------- ---------
1          WHNULL        4
```

这里例子说明,创建函数索引后,达梦数据库已经将针对 CITY 表的 CITY_ID 字段的 LOWER 函数计算结果都存储起来。如果某个查询中包含针对 CITY_ID 字段的 LOWER 函数,DM 在执行查询时不用再做函数运算,而是直接利用函数索引中存储的计算结果,索引可以提高查询的速度。

4. 在低基数字段上建立位图索引

为 EMPLOYEE 表的 JOB_ID 字段建立位图索引。

(1) 创建位图索引。

```
CREATE BITMAP INDEX dmhr.empjob_idx ON dmhr.employee(job_id);
```

(2) 利用位图索引查询数据。

```
SELECT employee_id, employee_name, salary FROM employee WHERE job_id = 21;
```

位图索引查询结果如表 5-1 所列。

表 5-1 位图索引查询结果

行 号	EMPLOYEE_ID	EMPLOYEE_NAME	SALARY
1	1002	程擎武	9000.00
2	2002	常鹏程	5000.00
3	3002	强洁芳	10000.00
4	4002	张晓中	6000.00
5	5002	郑成功	6000.00
6	6002	商林玉	5000.00
7	7002	戴慧华	6000.00
8	8002	罗利平	5000.00
9	9002	刘春天	5000.00
10	10002	王岳荪	5000.00
11	11002	蔡玉向	5000.00

低基数字段是指字段取值比较少,即该字段值相同的记录有很多条,该字段值对全表记录的区分度不大,基于该字段的查询效率低。例如,EMPLOYEE 表中 JOB_ID(职务编号)字段就是典型的低基数字段,只有 16 个值,相同 JOB_ID 值有很多条记录。对低基数字段建立普通索引对查询效率提高不大,建立位图索引则可以大大提高查询效率。

对 JOB_ID 建立位图索引后,DM 7 会按 JOB_ID 的值的个数(16 个)建立 16 个向量,以“21”为例,在 EMPLOYEE 全表中 JOB_ID 值为 21 的记录对应为 1,其他值对应为 0,这样就对全表建立了一个向量(0,1,0,0,1,1,…)。以此类推,建立其他 15 个向量。当以 JOB_ID=21 为查询条件时,直接查看“21”对应向量(0,1,0,0,1,1,…),向量元素值为 1 就是被查找的记录,查询效率大大提高。

三、删除索引

索引是数据表的外在部分,删除索引不会删除表的任何数据,也不改变表的使用方式,只是会影响表数据的查询速度。

(一) 语法格式

删除索引的 SQL 命令格式如下：

```
DROP INDEX [<模式名>.]<索引名>;
```

删除索引的用户应拥有 DBA 权限或该索引所属基表的拥有者。

(二) 应用举例

【例 5-4】 删除 DMHR 模式下的 S1 索引。

SQL 命令如下：

```
DROP INDEX s1;
```

第三节 序 列

序列是用来产生唯一整数的数据库对象,可用于生成表的主键值。本节主要介绍达梦数据库中序列的管理。

一、序列概念及作用

通过使用序列,多个用户可以产生和使用一组不重复的有序整数值,如可以用序列来自动地生成主关键字值。序列通过提供唯一数值的顺序表来简化程序设计工作。当一个序列第一次被查询调用时,它将返回一个预定值,该预定值就是在创建序列时所指定的初始值。默认情况下,对于升序序列,序列的默认初始值为序列的最小值,对于降序序列,默认初始值为序列的最大值。可以指定序列能生成的最大值,默认情况下,降序序列的最大值默认为-1,升序序列的最大值为 $2^{31}-1$;也可以指定序列能生成的最小值,默认情况下,升序序列的最小值默认为 1,降序序列的最小值为 -2^{31}。序列的最大值和最小值可以指定为 LONGINT(4 个字节)所能表示的最大和最小有符号整数。在随后的每一次查询中,序列将产生一个按其指定的增量增长的值。增量可以是任意的正整数或负整数,但不能为 0。如果此值为负,序列是下降的;如果此值为正,序列是上升的。默认情况下,增加默认为 1。

一旦序列生成,用户就可以在 SQL 语句中用以下伪列来存取序列的值。

(1) CURRVAL,返回当前的序列值。

(2) NEXTVAL,如果为升序序列,序列值增加并返回增加后的值;如果为降序序列,序列值减少并返回减少后的值。

序列可以是循环的,当序列的值达到最大值/最小值时,序列将重新从最小值/最大值计数。使用一个序列时,不保证将生成一串连续不断递增的值。例如,如果查询一个序列的下一个值供 INSERT 语句使用,则该查询是能使用这个序列值的唯一会话。如果未能提交事务处理,则列值就不被插入表中,以后的 INSERT 将继续使用该序列随后的值。

序列在对编号的使用上具有很大用处,如果想对表建立一个字段专门用来表示编号,如订单号,这样就可以使用序列,依次递增生成,用户不需进行特殊管理,这给用户带来了很大方便。如果用户需要间隔的编号,创建序列时指定 INCREMENT,就可以生成用户需要的编号。

二、创建序列

下面用 SQL 命令和管理工具两种方式来创建序列。

(一) 语法格式

创建序列的 SQL 命令格式如下:

```
CREATE SEQUENCE [ <模式名>.] <序列名> [ <序列选项列表>];
```

在<序列选项列表>中可以指定一种或多种序列选项,常见的参数说明如表 5-2 所列。

表 5-2 参数说明

参数	说明
INCREMENT BY <增量值>	指定序列数之间的间隔,这个值可以是任意的 DM 正整数或负整数,但不能为 0。如果此值为负,序列是下降的,如果此值为正,序列是上升的。如果忽略 INCREMENT BY 子句,则间隔默认为 1
START WITH <初值>	指定被生成的第一个序列数,可以用这个选项来从比最小值大的一个值开始升序序列或比最大值小的一个值开始降序序列。对于升序序列,默认值为序列的最小值,对于降序序列,默认值为序列的最大值
MAXVALUE <最大值>	指定序列能生成的最大值,如果忽略 MAXVALUE 子句,则降序序列的最大值默认为 -1,升序序列的最大值为 9223372036854775806(0x7FFFFFFFFFFFFFFE)。非循环序列在到达最大值之后,将不能继续生成序列数
MINVALUE <最小值>	指定序列能生成的最小值,如果忽略 MINVALUE 子句,则升序序列的最小值默认为 1,降序序列的最小值为-9223372036854775808(0x8000000000000000)。循环序列在到达最小值之后,将不能继续生成序列数
CYCLE/NOCYCLE	CYCLE:该关键字指定序列为循环序列,当序列的值达到最大值/最小值时,序列将从最小值/最大值计数 NOCYCLE:该关键字指定序列为非循环序列,当序列的值达到最大值/最小值时,序列将不再产生新值
CACHE/NOCACHE	CACHE:该关键字表示序列的值是预先分配,并保持在内存中,以便更快地访问;<缓存值>指定预先分配的值的个数,最小值为 2,最大值为 50000,且缓存值不能大于(<最大值> - <最小值>)/<增量值> NOCACHE:该关键字表示序列的值不预先分配
ORDER/NOORDER	ORDER:该关键字表示以保证请求顺序生成序列号 NOORDER:该关键字表示不保证请求顺序生成序列号

(二) 应用举例

【例 5-5】 DMHR 模式下的 LOCATION 表已经存在 11 条记录,LOCATION_ID 的值分别为 1~11,现在要增加新记录,需要用序列值来填充 LOCATION_ID 的值。

(1) 创建序列 SEQ_LOCID,初始值为 12,每次增加 1。

```
CREATE SEQUENCE seq_locid START WITH 12 INCREMENT BY 1 ORDER;
```

(2) 运用序列 SEQ_LOCID,给 LOCATION 表增加两条记录。

```
INSERT INTO location(location_id, street_address, postal_code, city_id)
VALUES(dmhr.seq_locid.NEXTVAL, '江岸区香港路 8 号', '430010', 'WH');
INSERT INTO dmhr.location(location_id, street_address, postal_code, city_
id)
VALUES(dmhr.seq_locid.NEXTVAL, '雁塔区太白南路 2 号', '710071', 'XA');
COMMIT;
```

(3) 查询 LOCATION 表数据,检验序列使用效果。

```
SELECT * FROM location;
```

LOCATION 表查询结果如表 5-3 所列。

表 5-3 LOCATION 表查询结果

行 号	LOCATION_ID	STREET_ADDRESS	POSTAL_CODE	CITY_ID
1	1	海淀区北三环西路 48 号	100086	BJ
2	2	桥西区槐安东路 28 号	050000	SJ
3	3	浦东区张江高科技园博霞路 50 号	201203	SH
4	4	江宁开发区迎翠路 7 号	210000	NJ
5	5	天河区体育东路 122 号	510000	GZ
6	6	龙华区玉沙路 16 号	570100	HK
7	7	东湖开发区关山一路特 1 号	430074	WH
8	8	天心区天心路 4 号	410000	CS
9	9	沈河区沈阳路 171 号	110000	SY
10	10	雁塔区雁塔南路 10 号	710000	XA
11	11	金牛区人民北路 1 号	610000	CD
12	12	江岸区香港路 8 号	430010	WH
13	13	雁塔区太白南路 2 号	710071	XA

第 12 条记录的 LOCATION_ID 值为 12,表明使用了 SEQ_LOCID 序列的初始值,第 13 条记录 LOCATION_ID 的值为 13,表明 SEQ_LOCID 序列每次增加 1。

三、删除序列

序列与其他数据库对象没有直接关系和依赖关系,删除序列对其他数据库对象没有影响。如果有一个序列生成器当前值为 150,用户想要从值 27 开始重新启动此序列生成器,可以先删除此序列生成器,然后重新以相同的名字创建序列生成器,START WITH 选项值为 27。

(一) 语法格式

删除序列的 SQL 命令格式如下:

```
DROP SEQUENCE [ <模式名>.]<序列名>;
```

(二) 应用举例

【例 5-6】 更改序列生成器的值。DMHR 模式下的序列 SEQ_LOCID 当前值为 50,希望从 15 开始重新启用此序列生成器。

1. 删除序列

```
DROP SEQUENCE dmhr.seq_locid;
```

2. 创建同名序列

```
CREATE SEQUENCE dmhr.seq_locid START WITH 15 INCREMENT BY 1 ORDER;
```

第四节 存储过程与函数

数据库系统中,通常可定义子程序,这种程序块即为存储过程。同时,也可自定义函数。本节主要介绍达梦数据库中存储过程与函数的管理。

一、存储过程与函数概念及作用

在 DM 中,可以在数据库中定义子程序,这种程序块称为存储过程或函数。创建存储过程和函数的好处如下:

(1) 提供更高的编程效率。在设计应用时,围绕存储过程/函数设计应用,可以避免重复编码;在自顶向下设计应用时,不必关心实现的细节;从 DM 7 开始,DM SQL 程序支持全部 C 语言语法,因此,在对自定义的 DM SQL 程序语法不熟悉的情况下也可以对数据库进行各种操作,从而可以使对数据库的操作更加灵活,也更加容易。

(2) 便于维护。用户的存储模块在数据库中集中存放,用户可以随时对其进行查询、删除,而应用程序可以不做任何修改,或只做少量调整。存储模块能被其他的 DM SQL 程序或 SQL 命令调用,任何客户/服务器工具都能访问 DM SQL 程序,具有很好的可重用性。

(3) 提供更好的性能。存储模块在创建时被编译成伪码序列,在运行时不需要重新进行编译和优化处理,具有更快的执行速度,可以同时被多个用户调用,并能够减少操作错误。使用存储模块可减少应用对 DM 的调用,降低系统资源浪费,显著提高性能,尤其是对在网络上与 DM 通信的应用更显著。

(4) 安全性高。存储模块在执行时,数据对用户是不可见的,提高了数据库的安全性。可以使用DM的管理工具管理存储在服务器中的存储模块的安全性。可以授权或撤销数据库其他用户访问存储模块的能力。

二、DM SQL 程序基础

(一) DM SQL 程序块结构

语句块是DM SQL程序语言的基本程序单元。DM SQL程序语句块的结构由块声明、执行部分及异常处理部分组成,DM SQL程序语句块语法如下:

```
DECLARE(可选)--声明部分
/* 声明部分:在此声明 DM SQL 程序用到的变量,类型及游标 * /
BEGIN(必有)--执行部分
/* 执行部分:  过程及 SQL 语句  ,即程序的主要部分   * /
EXCEPTION(可选)—异常处理部分
/* 异常处理部分: 错误处理   * /
END;(必有)
```

声明部分包含变量和常量的数据类型和初始值。这个部分由关键字DECLARE开始。如果不需要声明变量或常量,那么可以忽略这一部分。需要说明的是,游标的声明也在这一部分。

执行部分是DM SQL程序块中的指令部分,由关键字BEGIN开始,以关键字EXCEPTION结束,如果EXCEPTION不存在,那么将以关键字END结束。所有的可执行语句都放在这一部分,其他的DM SQL程序块也可以放在这一部分。

异常处理部分是可选的,在这一部分中处理异常或错误,对异常处理的详细讨论在后面进行。

除了在DECARE、BEGIN、EXCEPTION后面没有分号(英文的分号“;”)以外,其他命令行都要以英文分号“;”结束。

(二) DM SQL 程序代码编写规则

DM SQL程序开发人员应遵循变量命名规范、大小写规则,并注意对代码进行注释,以提高程序代码的规范性和可读性,方便程序调试,提高程序设计效率。

1. 变量命名规范

在命名变量名称时,需要遵循如下规范。

(1) 必须以字母开头;

(2) 变量可以包含字母和数字;

(3) 变量可以包含美元符号、下划线、英镑符号等特殊字符;

(4) 变量长度限制在30个字符内;

(5) 变量名称使用有意义的名称;

(6) 不能用保留字。

命名变量时,为了便于阅读,提高程序的可读性,一般采用如下命名规则。

(1) 当定义变量时,建议使用 v_作为前缀,如 v_empname,v_job 等;
(2) 当定义常量时,建议使用 c_作为前缀,如 c_rate;
(3) 当定义游标时,建议使用_cursor 作为后缀,如 emp_cursor;
(4) 当定义异常时,建议使用 e_作为前缀,如 e_integrity_error。

表 5-4 所列为变量命名举例。

表 5-4 变量命名举例

变 量 名	是否合法	原 因
Name2	合法	—
90ora	不合法	必须以字母开头
P_count	合法	—
XS-count	不合法	使用不合法的特殊字符
Kc mc	不合法	不能含有空格
User	不合法	使用了保留字

2. 大小写规则

当在 DM SQL 程序块中编写程序代码,语句既可以用大写格式,也可以用小写格式。但是,为了提高程序的可读性和性能,一般按照如下大小写规则编写代码。

(1) SQL 关键字采用大写格式,如 SELECT、UPDATE、SET、WHERE 等;
(2) DM SQL 程序关键字采用大写格式,如 DECLARE、BEGIN、END 等;
(3) 数据类型采用大写格式,如 INT、VARCHAR2、DATE 等;
(4) 标识符和常量采用小写格式,如 v_sal、c_rate 等;
(5) 数据库对象和表字段采用小写格式,如表名 employee、job 等,字段 employee_id、employee_name 等。

3. 注释

注释用于解释单行代码或多行代码,从而提高 DM SQL 程序的可读性。当编译并执行 DM SQL 程序代码时,DM SQL 程序编译器会忽略注释。注释包括单行注释和多行注释。

(1) 单行注释。

单行注释是指放置在一行上的注释文本,并且单行注释主要用于说明单行代码的作用。在 DM SQL 程序中使用"--"符号编写单行注释。

【例 5-7】 单行注释举例。

```
SELECT   employee_name INTO v_employee_name  FROM  employee
WHERE employee_id =1001--取 EMPLOYEE_ID 为 1001 的 employee_name 值
```

(2) 多行注释。

多行注释是指分布到多行上的注释文本,并且其主要作用是说明一段代码。在 DM SQL 程序中使用/ * … * /来编写多行注释。

【例 5-8】 多行注释举例。

```
DECLARE
  v_employee_name VARCHAR2(20);
BEGIN
/*
以下代码将 EMPLOYEE_ID 为 1001 的 employee_name 值
放到 v_employee_name 变量中
  */
  SELECT employee_nameINTO v_employee_name FROM employee
    WHERE employee_id =1001; --取 EMPLOYEE_ID 为 1001 的 employee_name 值;
  PRINT 'EMPLOYEE_ID 为 1001 的 employee_name:'||v_employee_name;
END;
```

(三) DM SQL 程序变量声明、赋值及操作符

像其他高级语言一样,DM SQL 程序也具有变量。变量用来临时存储数据,数据在数据库与 DM SQL 程序之间通过变量进行传递。使用变量以前必须先声明变量,实际上是指示计算机留出部分内存,这样用户以后就可以使用变量的名称来引用这一部分内存。

1. 变量声明及初始化

声明一个变量需要给这个变量指定数据类型及名称,对于大多数据类型,都可以在定义的同时指定初始值。一个变量的名称一定要符合变量定义规则,在 DM 中标识符的定义规则与 C 语言相同。

对于要声明变量的数据类型,可以是基本的 SQL 数据类型,也可以是 DM SQL 程序数据类型,比如一个游标、异常等。在语法中需要用关键字 CONSTANT 指定所声明的是常量,同时必须要给这个常量赋值。不能修改常量的值,只能读取,不然会报错。语法格式如下:

```
标识符 [CONSTANT] 数据类型 [NOT NULL] [:=|DEFAULT 表达式];
```

语法说明:

(1) 标识符。是变量的名称。

(2) CONSTANT。表示变量为常量,它的值在初始化后不能改变。

(3) 数据类型。指明该变量的数据类型,可以是标量、复合型、引用或 LOB 型。

(4) NOT NULL。指明该变量值不能为空,必须初始化并赋值。

(5) 表达式。可以是任何 DM SQL 程序表达式,可以是字符表达式、其他变量和带有操作或函数的表达式。

【例 5-9】 变量定义举例。

```
DECLARE
   v_hire_date DATE;
   v_salary NUMBER(5) NOT NULL:= 3000;
   v_employee_name VARCHAR2(200):= '马学铭';
BEGIN
  SELECT * FROM employeeWHERE employee_name=v_employee_name;
END;
```

2. 变量赋值

在 DM SQL 程序语句块中,赋值语句的语法如下:

```
variable := expression ;
```

或

```
SET variable:= expression;
```

其中:variable 是一个 DM SQL 程序变量;expression 是一个 DM SQL 程序表达式。

3. 操作符

与其他程序设计语言相同,DM SQL 程序有一系列操作符。操作符分为下面几类:算术操作符、关系操作符、比较操作符、逻辑操作符。算术操作符如表 5-5 所列。

表 5-5　算术操作符表

操作符	对应操作
+	加
-	减
/	除
*	乘

关系操作符主要用于条件判断语句或用于 where 子串中,关系操作符检查条件和结果是否为 TRUE 或 FALSE,表 5-6 列出了 DM SQL 程序中的关系操作符,表 5-7 中是比较操作符,表 5-8 中是逻辑操作符。

表 5-6　关系操作符表

操作符	对应操作
<	小于操作符
<=	小于或等于操作符
>	大于操作符
>=	大于或等于操作符
=	等于操作符
!=	不等于操作符
<>	不等于操作符
:=	赋值操作符

表 5-7　比较操作符

操作符	对应操作
IS NULL	如果操作数为 NULL,返回 TRUE
LIKE	比较字符串值
BETWEEN	验证值是否在范围之内
IN	验证操作数在设定的一系列值中

表 5-8 逻辑操作符

操 作 符	对 应 操 作
AND	两个条件都必须满足
OR	只要满足两个条件中的一个
NOT	取反

(四) 变量类型

DM SQL 程序数据类型包括标量(Scalar)、大对象(Large Object,LOB)、记录、数组和集合等。

1. 标量数据类型

标量容纳单个值,没有内部组成。比如,“256120.08”是数字型,“2009-10-01”是日期型,“true”是逻辑型,“武汉市”是字符型。标量分为数字型(NUMBER)、字符型(CHARACTER)、日期型(DATE)、逻辑型(BOOLEAN)。标量数据类型语法及说明如表 5-9 所列。

表 5-9 标量数据类型语法及说明

数据类型	语 法	说 明
数值型	NUMERIC[(精度[,标度])] DEC[(精度[,标度])] DECIMAL[(精度[,标度])]	NUMERIC 数据类型用于存储零、正负定点数。其中:精度是一个无符号整数,定义了总的数字数,精度范围是 1~38,标度定义了小数点右边的数字位数,定义时如省略精度,则默认是 16;如省略标度,则默认是 0。一个数的标度不应大于其精度。所有 NUMERIC 数据类型,如果其值超过精度,达梦数据库返回一个出错信息,如果超过标度,则多余的位截断。如 NUMERIC(4,1)定义了小数点前面 3 位和小数点后面 1 位,共 4 位的数字,范围为-999.9~999.9
	BIT	BIT 类型用于存储整数数据 1、0 或 NULL,可以用来支持 ODBC 和 JDBC 的布尔数据类型。达梦数据库的 BIT 类型与 SQL SERVER 2000 的 BIT 数据类型相似
	INTEGER INT PLS_INTEGER	用于存储有符号整数,精度为 10,标度为 0。取值范围为 -2147483648(-2^{31})~+2147483647($2^{31}-1$)
	BIGINT	用于存储有符号整数,精度为 19,标度为 0。取值范围为 -9223372036854775808(-2^{63})~9223372036854775807($2^{63}-1$)
	BYTE	与 TINYINT 相似,精度为 3,标度为 0
	SMALLINT	用于存储有符号整数,精度为 5,标度为 0
	BINARY[(长度)]	BINARY 数据类型指定定长二进制数据。默认长度为 1 个字节。最大长度由数据库页面大小决定,BINARY 常量以 0x 开始,后面跟着数据的十六进制表示,如 0x2A3B4058

（续）

数据类型	语　　法	说　　明
数值型	VARBINARY[(长度)]	VARBINARY 数据类型指定变长二进制数据，用法类似 BINARY 数据类型，可以指定一个正整数作为数据长度。默认长度为 8188 个字节。最大长度由数据库页面大小决定，具体算法与 1.4.1 节中介绍的相同
	REAL	REAL 是带二进制的浮点数，但它不能由用户指定使用的精度，系统指定其二进制精度为 24，十进制精度为 7。取值范围为 $-3.4\times10^{38}\sim3.4\times10^{38}$
	FLOAT[(精度)]	FLOAT 是带二进制精度的浮点数，精度最大不超过 53，如省略精度，则二进制精度为 53，十进制精度为 15。取值范围为 $-1.7\times10^{308}\sim1.7\times10^{308}$
	DOUBLE[(精度)]	同 FLOAT 相似，精度最大不超过 53
	DOUBLE PRECISION	类型指明双精度浮点数，其二进制精度为 53，十进制精度为 15。取值范围 $-1.7\times10^{308}\sim1.7\times10^{308}$
字符型	CHAR[(长度)]	定长字符串，最大长度由数据库页面大小决定。长度不足时，自动填充空格
	VARCHAR[(长度)] CHARACTER[(长度)]	可变长字符串，最大长度由数据库页面大小决定
日期、时间型	DATE	日期类型，包括年、月、日信息，如 DATA '1999-10-01'
	TIME	包括时、分、秒信息，如 TIME '09:10:21'
	TIMESTAMP	时间戳型，包括年、月、日、时、分、秒信息，如 TIMESTAMP '1999-07-13 10:11:22'
	TIME[(小数秒精度)] WITH TIME ZONE	描述一个带时区的 TIME 值，其定义是在 TIME 类型的后面加上时区信息，如 TIME '09:10:21 +8:00'
	TIMESTAMP[(小数秒精度)] WITH TIME ZONE	描述一个带时区的 TIMESTAMP 值，其定义是在 TIMESTAMP 类型的后面加上时区信息，如 TIMESTAMP '2002-12-12 09:10:21 +8:00'
布尔型	BOOL BOOLEAN	TRUE 和 FALSE。达梦的 BOOL 类型和 INT 类型可以相互转化。如果变量或方法返回的类型是 BOOL 类型，则返回值为 0 或 1。TRUE 和非 0 值的返回值为 1，FALSE 和 0 值返回为 0。BOOLEAN 与 BOOL 类型用法完全相同

2. 大对象数据类型

大对象（Large Object，LOB）数据类型用于存储类似图像、声音这样的多媒体数据，LOB 数据对象可以是二进制数据，也可以是字符数据，其最大长度不超过 2G。

在 DM SQL 程序中操作 LOB 数据对象可分为以下 6 类：BLOB、CLOB、TEXT、IMAGE、LONGVARBINARY 和 LONGVARCHAR。

3. %TYPE 类型

在程序中，变量可以用来处理存储在数据库表中的数据。在这种情况下，变量应该拥有与表列相同的类型。例如,表 EMPLOYEE 中的字段 employee_name 类型为 VARCHAR(20)。对应的在程序块中,可以声明一个变量 DELCARE v_name VARCHAR(20),但是如果 EMPLOYEE 中的"employee_name"字段定义发生了变化,比如变为 VARCHAR(50),那么程序块中的变量 v_name 也要相应修改为 VARCHAR(50)。如果程序块中有很多的变量,都需要手工处理是很麻烦的,也容易出错。

为了解决上述问题,DM 提供了%TYPE 类型。%TYPE 可以附加在表中的列或者另外一个变量上,并返回其类型。

【例 5-10】 %TYPE 类型定义举例。

```
DECLARE
  v_employee_name  employee.employee_name % TYPE;
BEGIN
  PRINT 'hello';
END;
```

通过使用%TYPE,v_employee_name 将拥有表 employee 的 employee_name 字段的类型;如果表 employee 的 employee_name 字段类型定义发生变化,v_employee_name 的类型也随之自动发生变化,而不需要用户手动修改。因此,使用%TYPE 有两个好处,首先不必知道字段的数据类型;其次,当字段数据类型改变时,对应的变量类型也随之改变。

4. %ROWTYPE 类型

与%TYPE 类似,%ROWTYPE 将返回一个基于表定义的复合类型,它将一个记录声明为具有相同结构的数据表的一行。与% TYPE 类似,如果表结构定义改变了,那么%ROWTYPE 定义的变量也会随之改变。

【例 5-11】 使用%ROWTYPE 类型的变量存储表 EMPLOYEE 中的一行数据。

```
DECLARE
   emp_record  employee %ROWTYPE;
BEGIN
   SELECT * INTO emp_record FROM employee WHERE employee_id=1001;
   PRINT  emp_record.employee_id;
   PRINT  emp_record.employee_name;
END;
```

5. 记录类型

%ROWTYPE 中定义的结构是与数据库中记录的结构是一致的,DM SQL 程序还可以根据用户的需要自定义记录的结构。方法是首先定义记录的结构,然后定义记录类型的变量。语法如下:

```
TYPE 记录类型名 IS RECORD(
记录字段名 1 数据类型 [NOT NULL] [DEFAULT]:=]default_value
...
);
```

参数说明:

(1) 记录类型名。表示自定义的记录类型的名称。

(2) 记录字段名 1。表示记录数据类型中的记录成员名。

(3) 数据类型。表示字段的数据类型。

【例 5-12】　使用记录类型变量存储表 EMPLOYEE 表中的一行数据。

```
DECLARE
    TYPE emp_record_type IS RECORD(
    v_nameemployee.employee_name% TYPE,
    v_emailemployee.email% TYPE,
    v_phoneemployee.phone_num% TYPE);
    emp_record emp_record_type;
BEGIN
  SELEC Temployee_name, email, phone_num INTO  emp_record
  FROM employee WHERE employee_id=1002;
  PRINT emp_record.v_name ||','||emp_record.v_email ||','||emp_record.v_
phone;
END;
```

注意,记录成员的顺序、个数、类型与 SELECT 语句中选择的列完全匹配,否则会产生错误。

(五) DM SQL 程序控制结构

根据结构化程序设计理论,任何程序可由三种基本控制结构组成:分支结构、循环结构和顺序结构。DM SQL 程序也用相应的语句来支持这三种控制结构。

1. 条件控制 IF 语句

IF 语句控制执行基于布尔条件的语句序列,以实现条件分支控制结构。

(1) IF THEN 形式。

IF THEN 是 IF 语句最简单的形式,将一个条件与一个语句序列相联。当条件为 TRUE 时,执行语句序列。

【例 5-13】　IF 语句举例。

```
IF X>Y THEN
  high:=X;
END IF;
```

(2) IF THEN ELSE 形式。

IF THEN ELSE 形式比简单形式增加关键字 ELSE,后跟另一语句序列。形式如下:

```
IF 条件 THEN
语句序列 1;
ELSE
语句序列 2;
END IF;
```

ELSE 子句中语句序列仅当条件计算为 FALSE 或 NULL 时执行。在 THEN 和 ELSE 子句中可包含 IF 语句,即 IF 语句可以嵌套。

（3）IF THEN ELSIF 形式。

IF THEN ELSIF 形式利用 ELSIF 关键字引入附加条件。形式如下：

```
IF 条件 1 THEN
语句序列 1;
ELSIF |ELSEIF 条件 2 THEN
语句序列 2;
ELSE
语句序列 3;
END IF;
```

当条件 1 计算得 FALSE 或 NULL 时,ELSIF 子句测试条件 2 为 TRUE 时,则执行语句序列 2。IF 语句可以有任何数目的 ELSIF 语句,而最后的 ELSE 子句是可选项。在此种情况下,每一个条件对应一个语句序列,条件由顶向底计算。任何一个条件计算为 TRUE 时,执行相对应的语句序列。如果所有条件计算为 FALSE 或 NULL,则执行 ELSE 子句中的序列。在 DM SQL 程序语句中,ELSIF 子句关键字既可写作 ELSEIF,也可写作 ELSIF。

【例 5-14】 IF-THEN-ELSEIF 语句举例。

```
IF X>Y THEN
  high:=X;
ELSIF X=Y THEN
  b:=FALSE;
ELSE
  c:=NULL;
END IF;
```

其中,*b* 和 *c* 是布尔数据类型(BOOLEAN)。布尔数据类型用于存储 TRUE、FALSE 或 NULL(空值)。它没有参数,仅可将三种值赋给一个布尔变量,不能将 TRUE、FALSE 值插入到数据库的列,也不能从数据库的列中选择或获取列值到 BOOLEAN 变量。

控制语句中支持的条件谓词有比较谓词、BETWEEN、IN、LIKE 和 IS NULL。下面以条件控制语句 IF 分别举例说明。

【例 5-15】 含 BETWEEN 谓词的条件表达式举例。

```
IF a BETWEEN -5 AND 5 THEN
  PRINT 'TRUE';
ELSE
  PRINT 'FALSE';
END IF;
```

【例 5-16】 含 IN 谓词的条件表达式举例。

```
IF a IN (1,3,5,7,9) THEN PRINT 'TRUE';
ELSE
  PRINT 'FALSE';
END IF;
```

【例 5-17】 含 LIKE 谓词的条件表达式举例。

```
IF A LIKE '% DM% ' THEN
  PRINT 'TRUE';
ELSE
  PRINT 'FALSE';
END IF;
```

【例 5-18】 含 IS NULL 谓词的条件表达式举例。

```
IF A IS NOT NULL THEN
   PRINT 'TRUE';
ELSE
   PRINT 'FALSE';
END IF;
```

2. 循环语句

DM SQL 程序支持四种基本类型的循环语句,即 LOOP 语句、WHILE 语句、FOR 语句和 REPEAT 语句。LOOP 语句循环重复执行一系列语句,直到 EXIT 语句终止循环为止;WHILE 语句循环检测一个条件表达式,当表达式的值为 TRUE 时就执行循环体的语句;FOR 语句对一系列的语句重复执行指定次数的循环;REPEAT 语句重复执行一系列语句,直至达到条件表达式的限制要求。

(1) LOOP 语句。

LOOP 语句实现对一语句系列的重复执行,是循环语句的最简单形式。它没有明显的终点,必须借助 EXIT 语句跳出循环。LOOP 语句的语法如下:

```
LOOP
<执行部分>;
END LOOP
```

【例 5-19】 LOOP 语句用法举例。

```
DECLARE
  a INT;
BEGIN
  a:=10;
  LOOP
     IF a<=0 THEN
       EXIT;
     END IF;
     PRINT a;
     a:=a-1;
  END LOOP;
END;
```

第5～11行是一个LOOP循环，每一次循环都打印参数a的值，并将a的值减1，直到$a \leqslant 0$。

（2）WHILE语句。

WHILE循环语句在每次循环开始以前，先计算条件表达式，若该条件为TRUE，语句序列被执行一次，然后控制重新回到循环顶部。若条件表达式的值为FALSE，则结束循环。当然，也可以通过EXIT语句来终止循环。WHILE语句的语法如下：

```
WHILE <条件表达式> LOOP
  <执行部分>;
END LOOP;
```

【例5-20】 WHILE语句用法举例。

```
DECLARE
  a  INT;
BEGIN
   a:=10;
   WHILE a>0 LOOP
      PRINT a;
      a:=a-1;
   END LOOP;
END;
```

这个例子的功能与【例5-19】相同，只是使用了WHILE循环结构。

（3）FOR语句。

FOR语句执行时，首先检查下限表达式的值是否小于上限表达式的值，如果下限数值大于上限数值，则不执行循环体。否则，将下限数值赋给循环计数器（语句中使用了REVERSE关键字时，则把上限数值赋给循环计数器）；然后执行循环体内的语句序列；执行完后，循环计数器值加1（如果有REVERSE关键字，则减1）；检查循环计数器的值，若仍在循环范围内，则重新继续执行循环体；如此循环，直到循环计数器的值超出循环范围。同样，也可以通过EXIT语句来终止循环。FOR语句的语法如下：

```
FOR <循环计数器> IN [REVERSE] <下限表达式> .. <上限表达式> LOOP
  <执行部分>;
END LOOP;
```

循环计数器是一个标识符，它类似于一个变量，但是不能被赋值，且作用域限于FOR语句内部。下限表达式和上限表达式用来确定循环的范围，它们的类型必须和整型兼容。循环范围是在循环开始之前确定的，即使在循环过程中下限表达式或上限表达式的值发生了改变，也不会引起循环范围的变化。

【例5-21】 FOR语句用法举例。

```
DECLARE
  a  INT;
BEGIN
   a:=10;
   FOR i IN REVERSE 1 .. a LOOP
       PRINT i;
       a:=i-1;
   END LOOP;
END;
```

FOR 语句中的循环计数器可与当前语句块内的参数或变量同名,这时该同名的参数或变量在 FOR 语句的范围内将被屏蔽。

【例 5-22】 FOR 语句中的循环计数器与当前语句块内的参数或变量同名举例。

```
DECLARE
   v1 DATE:=DATE '2000-01-01';
BEGIN
   FOR v1 IN 0 .. 5 LOOP
     PRINT v1;
   END LOOP;
  PRINT v1;
END;
```

此例中,循环计数器 $v1$ 与变量 $v1$ 同名。在 FOR 语句内,PRINT 语句将 $v1$ 当作循环计数器。而 FOR 语句外的 PRINT 语句则将 $v1$ 当作 DATE 类型的变量。

(4) REPEAT 语句。

REPEAT 语句是重复执行一条或多台语句。REPEAT 语句的语法如下:

```
REPEAT
  <执行部分>;
UNTIL <条件表达式>;
```

【例 5-23】 REPEAT 语句用法举例。

```
DECLARE
  a  INT;
BEGIN
  a := 0;
  REPEAT
    a := a+1;
print a;
  UNTIL a>10;
END;
```

3. 条件选择 CASE 语句

CASE 语句是从一个序列条件中进行选择的,并且执行相应的语句块,主要有简单形式和搜索形式。

① 简单形式。

将一个表达式与多个值进行比较,然后根据比较结果进行选择。这种形式的 CASE 会选择第一个满足条件的对应的语句来执行,剩下的则不会计算,如果没有符合的条件,它会执行 ELSE 语句块中的语句,但是如果 ELSE 语句块不存在,则不会执行任何语句。CASE 语句是简单形式的语法格式如下:

```
CASE <条件表达式>
   WHEN <条件 1> THEN <语句 1>;
   WHEN <条件 2> THEN <语句 2>;
   WHEN <条件 n> THEN <语句 n>;
  [ ELSE <语句> ]
END CASE;
```

其中每个条件可以是立即值,也可以是一个表达式。

【例 5-24】 CASE 语句简单形式举例。

```
DECLARE
  i INT;
BEGIN
  i:=2;
  CASE  (i+1)
     WHEN 2 THEN PRINT 2;
     WHEN 3 THEN PRINT 3;
     WHEN 4 THEN PRINT 4;
     ELSE PRINT 5;
   END CASE;
END;
```

② 搜索形式。

对多个条件进行计算,选择执行第一个结果为真的条件子句,在第一个为真的条件后面的所有条件都不会再执行,如果所有的条件都不为真,则执行 ELSE 语句,如果 ELSE 不存在,则不执行任何语句。CASE 语句是搜索形式的语法格式如下:

```
CASE
   WHEN <条件表达式> THEN <语句 1>;
   WHEN <条件表达式> THEN <语句 2>;
   WHEN <条件表达式> THEN <语句 n>;
   [ELSE <语句> ]
END CASE;
```

【例 5-25】 CASE 语句搜索形式举例。

```
DECLARE
  i INT;
BEGIN
   i:=2;
   CASE
      WHEN i=1 THEN PRINT 2;
      WHEN i=2 THEN PRINT 3;
      WHEN i=4 THEN PRINT 4;
   END CASE;
END;
```

CASE 语法有点类似 C 语言中的 SWITCH 语句,它的执行体可以被一个 WHEN 条件包含,与 IF 语句相似。一个 CASE 语句是由 END CASE 来结束的。

三、存储过程

(一) 存储过程定义

定义一个存储过程语句的语法格式如下:

```
CREATE [OR REPLACE] PROCEDURE <模式名.存储过程名> [WITH ENCRYPTION]
[(<参数名> <参数模式> <参数数据类型> [<默认值表达式>]
{,<参数名> <参数模式> <参数数据类型> [<默认值表达式>]})]
AS | IS
[<说明语句端段>]
BEGIN
<执行语句段>
[Exception
<异常处理语句段>]
END;
```

其中:

(1) <模式名、存储过程名>指明被创建的存储过程的名称。

(2) <参数名>指明存储过程参数的名称。

(3) WITH ENCRYPTION 为可选项,如果指定 WITH ENCRYPTION 选项,则对 BEGIN 到 END 之间的语句块进行加密,防止非法用户查看其具体内容,加密后的存储过程或函数的定义可在 SYS. SYSTEXTS 系统表中查询。

(4) <参数模式>指明存储过程参数的输入/输出方式。参数模式可设置为 IN、OUT 或 IN OUT(OUT IN),默认为 IN 类,IN 表示向存储过程传递参数,OUT 表示从存储过程返回参数,而 IN OUT 表示传递参数和返回参数。

(5) <参数数据类型>指明存储过程参数的数据类型。

(6) <说明语句端段>由变量、游标和子程序等对象的申明构成。

(7) <执行语句段>是由 SQL 语句和过程控制语句构成的执行代码。

（8）<异常处理语句段>是各种异常的处理程序，存储过程执行异常时调用，可默认。

注意事项：使用该语句的用户必须是 DBA 或该存储过程的拥有者，且具有 CREATE PROCEDURE 数据库权限的用户。参数的数据类型只能指定变量类型，不能指定长度。

【例 5-26】 创建一个简单的带参数的存储过程 PROC_1。

```
CREATE OR REPLACE PROCEDURE PROC_1(a IN OUT INT)  AS
  b  INT;
BEGIN
  a:=a+b;
  EXCEPTION
  WHEN OTHERS THEN NULL;
END;
```

在此例第 2 行是该存储过程的说明部分，这里声明了一个变量 b。第 4 行是该程序块运行时执行语句码段，这里将 a 与 b 的和赋给参数 a。如果发生了异常，第 5 行开始的异常处理部分就对产生的异常情况进行处理，WHEN OTHERS 异常处理器处理所有不被其他异常处理器处理的异常。

（二）存储过程调用

存储模块可以被其他存储模块或应用程序调用。同样，在存储模块中也可以调用其他存储模块。调用存储过程时，应给存储过程提供输入参数值，并获取存储过程的输出参数值。调用的语法格式如下：

```
[CALL][<模式名>.]<存储过程名>[(<参数值 1>{,<参数值 2>})];
```

其中：

（1）<模式名>指明被调用存储过程所属的模式。

（2）<存储过程名>指明被调用存储过程的名称。

（3）<参数值>指明提供给存储过程的参数。

注意事项如下：

（1）如果被调用的存储过程不属于当前模式，必须在语句中指明存储过程的模式名。

（2）参数的个数和类型必须与被调用的存储过程一致。

（3）存储过程的输入参数可以是嵌入式变量，也可以是值表达式；存储过程的输出参数必须是可赋值对象，如嵌入式变量。

（4）执行该操作的用户必须拥有该存储过程的 EXECUTE 权限。存储过程的所有者和 DBA 用户隐式具有该过程的 EXECUTE 权限，该权限也可通过授权语句显式授予其他用户。所有用户都可调用自己创建的存储过程，如果要调用其他用户的存储过程，则需要对该存储过程具有 EXECUTE 权限，即存储过程的所有者将 EXECUTE 权限授予该用户。授予 EXECUTE 权限的语法如下。

```
GRANT EXECUTE ON 过程名 TO 用户;
```

【例 5-27】 存储过程的调用。以用户 SYSDBA 的身份创建存储过程 $P1$。

```
CREATE OR REPLACE PROCEDURE p1(a IN OUT INT) AS
  v1 INT:=a;
BEGIN
  a:=0;
  FOR B IN 1..V1 LOOP
  a:=a+b;
  END LOOP;
END;
```

在存储过程 *P*2 中调用存储过程 *P*1。

```
CREATE OR REPLACE PROCEDURE P2(a IN INT) AS
  v1 INT :=a;
BEGIN
  P1(v1);
  PRINT v1;
END;
```

【例 5-28】 按参数名调用存储过程。创建存储过程 *P*1。

```
CREATE OR REPLACE PROCEDURE P1(a INT,b IN OUT INT) AS
  v1 INT:=a;
BEGIN
  b:=0;
  FOR C IN 1..V1 LOOP
  b:=b+c;
  END LOOP;
END;
```

在存储过程 *P*2 中以按参数名方式调用过程 *P*1。

```
CREATE OR REPLACE PROCEDURE P2(a IN INT) AS
  v1 INT :=a;
  v2 INT;
BEGIN
  P1(b=v2,a=v1);
  PRINT v2;
END;
```

(三) 存储过程应用实例

【例 5-29】 设计一个不带参数的存储过程 p_salarysum_ bycityname,统计公司在各大城市的员工工资之和,并显示各城市名称和工资总数。

```
CREATE OR REPLACE PROCEDURE p_salarysum_bycityname AS
CURSOR city_cursor IS
SELECT region_id,city_id,city_name FROM dmhr.city ORDER BY region_id;
  v_salarysum number(10,2);
```

```
BEGIN
  FOR city_rec IN city_cursor LOOP
  SELECT SUM(a.salary) INTO v_salarysum FROM dmhr.employee a WHERE
a.department_id IN
  ( SELECT department _id FROM dmhr.DEPARTMENT WHERE location _id = city _
rec.region_id);
  PRINT city_rec.city_name ||','||v_salarysum;
  END LOOP;
END;
```

【例 5-30】 设计一个带参数的存储过程 p_salarysum_bycityname (city_name IN varchar2,salarysum OUT number),参数是城市名称和输出参数工资总数,根据输入的城市名称统计所属员工的工资之和,并显示各城市名称和工资总数。

```
  CREATE OR REPLACE PROCEDURE p _ salarysum _ bycityname ( v _ cityname IN
varchar2,salarysum OUT number) AS
  v_salarysum number(10,2);
  v_region_id number;
 BEGIN
  SELECT region _id INTO v _region _id FROMdmhr.city WHERE city _name = v _
cityname;
  SELECT SUM ( a.salary ) INTO v _ salarysum FROMdmhr.employee a WHERE
a.department_id IN
      (SELECTdepartment_id FROM dmhr.DEPARTMENT WHERE location_id=v_region_id);
  PRINT v_cityname ||','||v_salarysum;
  salarysum: =v_salarysum;
  EXCEPTION
   WHEN NO_DATA_FOUND  THEN
   PRINT  '在该城市没有员工';
 END;
```

注意事项:在定义带参数的存储过程时,注意在存储过程名称后的参数的数据类型,不要定义参数数据类型的长度,否则会出错。

在 DM SQL 中调用存储过程 p_salarysum_bycityname 的方法如下:

```
 DECLARE
  v_salaryNUMBER(10,2);
 BEGIN
  p_salarysum_bycityname('上海',v_salary);
  PRINT v_salary;
 END;
```

(四) 存储过程编译

在存储过程中会用到一些表、索引等对象,这些对象可能已经被修改或者被删除,这就意味着存储过程可能已经失效了。当用户需要调用存储模块时,先重新编译一下该存储模块,用来判断在当前情况下存储模块是否可用。重新编译一个存储过程的语法格式如下:

```
ALTER PROCEDURE <存储过程名> COMPILE [DEBUG];
```

【例 5-31】　重新编译存储过程 p_salarysum_bycityname。

```
ALTER PROCEDURE p_salarysum_bycityname COMPILE;
```

(五) 存储过程删除

当用户需要从数据库中删除一个存储模块时,可以使用存储模块删除语句,其语法如下:

```
DROP PROCEDURE <存储过程名定义>;
```

注意事项:如果被删除的存储过程不属于当前模式,必须在语句中指明过程的模式名。执行该操作的用户必须是该存储过程的拥有者,或者具有 DBA 权限。

【例 5-32】　删除存储过程 p_salarysum_bycityname。

```
DROP PROCEDURE p_salarysum_bycityname;
```

四、存储函数

存储函数与存储过程在结构和功能上十分相似,但还是有所差异。它们的区别如下:

(1) 存储过程没有返回值,调用者只能通过访问 OUT 或 IN OUT 参数来获得执行结果,而存储函数有返回值,它把执行结果直接返回给调用者;

(2) 存储过程中可以没有返回语句,而存储函数必须通过返回语句结束;

(3) 不能在存储过程的返回语句中带表达式,而存储函数必须带表达式;

(4) 存储过程不能出现在一个表达式中,而存储函数只能出现在表达式中。

(一) 存储函数定义和调用

1. 存储函数定义

创建存储函数的语法格式如下:

```
CREATE OR REPLACE FUNCTION 存储函数名
[WITH ENCRYPTION] (参数 1 参数模式 参数类型,参数 2 参数模式 参数类型,…)
RETURN 返回类型
AS
声明部分
BEGIN
可执行部分
RETURN 表达式;
EXCEPTION
异常处理部分
END;
```

其中：

（1）存储函数名指明被创建的存储函数的名称。

（2）WITH ENCRYPTION 为可选项，如果指定 WITH ENCRYPTION 选项，则对 BEGIN 到 END 之间的语句块进行加密，防止非法用户查看其具体内容，加密后的存储过程或函数的定义可在 SYS. SYSTEXTS 系统表中查询。

（3）参数模式指明存储函数参数的输入/输出方式。参数模式可设置为 IN、OUT 或 IN OUT(OUT IN)，默认为 IN 类，IN 表示向存储过程传递参数，OUT 表示从存储过程返回参数，而 IN OUT 表示传递参数和返回参数。

（4）参数类型指明存储函数参数的数据类型。

（5）RETURN 指明函数返回值的数据类型。

（6）声明部分由变量、游标和子程序等对象的申明构成。

（7）可执行部分是由 SQL 语句和过程控制语句构成的执行代码。

（8）RETURN 表达式是指函数返回的值。

（9）异常处理部分是各种异常的处理程序，存储过程执行异常时调用，可默认。

注意：使用该语句的用户必须是 DBA 或该存储函数的拥有者，且具有 CREATE FUNCTION 数据库权限的用户；参数的数据类型只能指定变量类型，不能指定长度。

【例 5-33】 创建函数 f_salaryavg_bycityname，计算给定城市名称的员工平均工资，该函数返回的数据类型是数字型。

```
CREATE OR REPLACE FUNCTION f_salaryavg_bycityname (v_cityname IN varchar2)
RETURN NUMBER   AS
 v_salaryavg number(10,2);
 v_region_id number;
BEGIN
 SELECT region_id INTO v_region_id FROMdmhr.city WHERE city_name = v_
cityname;
 SELECTAVG(a.salary) INTO v_salaryavg FROM dmhr.employee a
WHERE a.department_id
IN (SELECT department_id FROM dmhr.DEPARTMENT WHERE location_id=v_region_
id);
 RETURN v_salarysum;
 EXCEPTION
  WHEN NO_DATA_FOUND THEN
  PRINT '在该城市没有员工';
END;
```

2. 存储函数调用

存储函数调用的语法格式如下：

```
变量名:=函数名[(参数值1,参数值2,…)];
```

【例 5-34】 利用函数 f_salaryavg_bycityname 计算该公司在“上海”的员工平均工资。

```
DECLARE
  v_salary number(8,2);
BEGIN
  v_salary:=f_salaryavg_bycityname('上海');
  PRINT v_salary;
END;
```

每个用户都可以直接调用自己创建的存储函数,如果要调用其他用户的存储函数,则需要具有对相应存储函数的 EXECUTE 权限。为此,存储函数的所有者要将 EXECUTE 权限授予适当的用户,授予 EXECUTE 权限的语句格式为

```
GRANT EXECUTE ON 函数名 TO 用户;
```

(二) 存储函数编译

在存储函数中会用到一些表、索引等对象,这些对象可能已经被修改或者被删除,这就意味着存储函数可能已经失效了。当用户需要调用存储函数时,先重新编译一下该存储函数,用来判断在当前情况下,存储函数是否可用。重新编译一个存储函数的语法格式为

```
ALTER FUNCTION <存储过程名> COMPILE [DEBUG];
```

【例 5-35】 重新编译存储过程 f_salaryavg_ bycityname。

```
ALTER FUCTION f_salaryavg_bycityname COMPILE;
```

(三) 存储函数删除

当用户需要从数据库中删除一个存储函数时,可以使用存储函数删除语句。其语法如下:

```
DROP FUCTION <存储函数名定义>;
```

注意事项:如果被删除的存储函数不属于当前模式,必须在语句中指明函数的模式名。执行该操作的用户必须是该存储函数的拥有者,或者具有 DBA 权限。

【例 5-36】 删除存储函数 f_salaryavg_ bycityname。

```
DROP FUNCTION f_salaryavg_bycityname;
```

第五节 触 发 器

触发器本质上也是一个过程,主要用于当某个触发条件满足时,数据库服务器自动执行该过程。本节主要介绍达梦数据库中触发器的管理。

一、触发器概念及作用

触发器是一种特殊类型的存储过程,是一段存储在数据库中由 DM SQL 程序编写的

执行某种功能的程序，当特定事件发生时，由系统自动调用执行，而不能由应用程序显式地调用执行。此外，触发器不能含有任何参数。触发器主要用于维护通过创建表时的声明约束不可能实现的复杂的完整性约束，并对数据库中特定事件进行监控和响应。其主要作用包括如下内容：①自动生成自增长字段；②执行更加复杂的业务逻辑；③防止无意义的数据操作；④提供审计；⑤允许和限制修改某些表；⑥实现完整性规则；⑦保证数据的同步复制。

触发器由触发器头部和触发器体两个部分组成，主要包括以下参数：

(1) 作用对象。指触发器对谁发生作用，作用的对象包括表、视图、数据库和模式。

(2) 触发事件。指激发触发器执行的事件，如 DML、DDL、数据库系统事件等，可以将多个事件用关系运算符 OR 组合。

(3) 触发时间。用于指定触发器在触发事件完成之前或之后执行。如果指定为 AFTER，则表示先执行触发事件，然后执行触发器；如果指定为 BEFORE，则表示先执行触发器，再执行触发事件。

(4) 触发级别。用于指定触发器响应触发事件的方式。默认为语句级触发器，即触发器触发事件发生后，触发器只执行一次。如果指定为 FOR EACH ROW，即为行级触发器，则触发事件每作用于一条纪录，触发器就会执行一次。

(5) 触发条件。由 WHEN 子句指定一个逻辑表达式，当触发事件发生，而且 WHEN 条件为 TRUE 时，触发器才会执行。

(6) 触发操作。指触发器执行时所进行的操作。

触发器是在一定的事件触发后，才能促使系统自动执行。触发器触发的特定事件如下。

① DML 操作。当对表进行数据的 INSERT、UPDATE 和 DELETE 操作时，会激发相应的 DML 触发器。

- INSERT 操作，在特定的表或视图中增加数据。
- UPDATE 操作，对特定的表或视图修改数据。
- DELETE 操作，删除特定表或视图的数据。

② DDL 操作。当对模式进行 CREATE、ALTER、DROP、RENAME 等操作时，会激发相应的事件触发器。

- CREATE 操作，创建对象。
- ALTER 操作，修改对象。
- DROP 操作，删除对象。

……

③ 数据库事件。当数据库发生服务器启动、关闭、用户登录、注销和服务器错误等事件，会激发系统触发器。

- LOGON/LOGOFF，用户登录或注销。
- STARTUP/SHUTDOWN，数据库的打开或关闭。
- ERRORS，特定的错误消息等。

二、触发器创建

触发器分为表触发器和事件触发器。表触发器是对表里数据操作引发的数据库的触发,事件触发器是对数据库对象操作引起的数据库的触发。另外,时间触发器是一种特殊的事件触发器。

(一) 表触发器

用户可以使用触发器定义语句(CREATE TRIGGER)在一张基表上创建触发器。触发器定义语句的语法如下:

```
CREATE [OR REPLACE] TRIGGER [<模式名>.]<触发器名> [WITH ENCRYPTION]
<触发限制描述> [REFERENCING OLD [ROW] [AS] <引用变量名> | NEW [ROW] [AS] <引用变量名>
| OLD [ROW] [AS] <引用变量名> NEW [ROW] [AS] <引用变量名>]
[FOR EACH {ROW | STATEMENT}][WHEN <条件表达式>]<触发器体>
<触发限制描述>::=<触发限制描述 1> | <触发限制描述 2>
<触发限制描述 1>::={BEFORE | AFTER <触发事件> {OR <触发事件>} ON <触发表名>
<触发限制描述 2>::=INSTEAD OF <触发事件> {OR <触发事件>} ON <触发视图名>
<触发表名>::=[<模式名>.]<基表名>
```

参数说明如下。

(1) <触发器名>:指明被创建的触发器的名称。

(2) BEFORE:指明触发器在执行触发语句之前激发。

(3) AFTER:指明触发器在执行触发语句之后激发。

(4) INSTEAD OF:指明触发器执行时替换原始操作。

(5) <触发事件>:指明激发触发器的事件,可以是 INSERT、DELETE 或 UPDATE,其中 UPDATE 事件可通过 UPDATE OF <触发列清单>的形式来指定所修改的列。

(6) <基表名>:指明被创建触发器的基表的名称。

(7) WITH ENCRYPTION 选项,指定是否对触发器定义进行加密。

(8) REFERENCING 子句指明相关名称可以在元组级触发器的触发器体和 WHEN 子句中利用相关名称来访问当前行的新值或旧值,默认的相关名称为 OLD 和 NEW。

(9) <引用变量名> 标识符,指明行的新值或旧值的相关名称。

(10) FOR EACH 子句指明触发器为元组级或语句级触发器。FOR EACH ROW 表示为元组级触发器,它受被触发命令影响、且 WHEN 子句的表达式计算为真的每条记录激发一次。FOR EACH STATEMENT 为语句级触发器,它对每个触发命令执行一次。FOR EACH 子句默认则为语句级触发器。

(11) WHEN 子句只允许为元组级触发器指定 WHEN 子句,它包含一个布尔表达式,当表达式的值为 TRUE 时,执行触发器;否则,跳过该触发器。

(12) <触发器体>:触发器被触发时执行的 SQL 过程语句块。

行级触发器是指执行 DML 操作时,每操作一个记录,触发器就执行一次,一个 DML 操作涉及多少个记录,触发器就执行多少次。在行级触发器中可以使用 WHEN 条件,进一步控制触发器的执行。在触发器体中,可以对当前操作的记录进行访问和操作。

在行级触发器中引入了:OLD 和:NEW 两个标识符来访问和操作当前被处理记录中的数据。DM SQL 程序将:OLD 和:NEW 作为 triggering_table%ROWTYPE 类型的两个变量。在不同触发事件中,:OLD 和:NEW 的意义不同,如表 5-10 所列。

表 5-10 :OLD 和:NEW 的标识符含义

触发事件	:OLD	:NEW
INSERT	未定义,所有字段都为 NULL	当语句完成时,被插入的记录
UPDATE	更新前原始记录	当语句完成时,更新后的记录
DELETE	记录被删除前的原始值	未定义,所有字段都为 NULL

触发事件可以是多个数据操作的组合,即一个触发器可能既是 INSERT 触发器,又是 DELETE 或 UPDATE 触发器。

当一个触发器可以为多个 DML 语句触发时,在这种触发器体内部可以使用三个谓词:INSERTING、DELETING 和 UPDATING 来确定当前执行的是何种操作。这三个谓词的含义如表 5-11 所列。

表 5-11 触发器谓词的含义

谓 词	状 态
INSERTING	当触发语句为 INSERT 时为真,否则为假
DELETING	当触发语句为 DELETE 时为真,否则为假
UPDATING[(<列名>)]	未指定列名时,当触发语句为 UPDATE 时为真,否则为假;指定某一列名时,当触发语句为对该列的 UPDATE 时为真,否则为假

【例 5-37】 建立触发器 tri_salary_check,增加新员工或者调整员工工资时,保证其工资涨幅不超过 25%。

使用 DM 管理工具登录用户 DMHR,密码为 dameng123(图 4-10),使用如下命令创建触发器。

```
CREATE OR REPLACE TRIGGER tri_salary_check BEFORE INSERT OR UPDATE ON em-
ployee
FOR EACH ROW
DECLARE
 Salary_out_of_range EXCEPTION FOR -20002;
BEGIN
 /* 如果工资涨幅超出 25% ,报告异常 */
 IF UPDATING AND(:NEW.Salary - :OLD.Salary)/:OLD.Salary > 0.25 THEN
  RAISE Salary_out_of_range;
 END IF;
END;
```

【例 5-38】 建立引用完整性维护触发器 tri_dept_delorupd_cascade。删除被引用表 DEPARTMENT 中的数据时，级联删除引用表中 employee 引用该数据的记录；更新被引用表中的数据 DEPARTMENT 时，更新引用表 employee 中引用该数据的记录的相应字段。

```
CREATE OR REPLACE TRIGGER tri_dept_delorupd_cascade
AFTER DELETE OR UPDATE ON DEPARTMENT FOR EACH ROW
BEGIN
 IF DELETING THEN
  DELETE FROM employee WHERE department_id =:OLD.department_id;
 ELSE
  UPDATE employee SET department_id =:NEW.department_id
  WHERE department_id =:OLD.department_id;
END IF;
END;
```

因为在创建 employee 表时，已经创建了外键，关联表 DEPARTMENT 中的 department_id 字段，因而在测试本触发器功能前，需要禁用该外键。选中 DMHR 模式下表 employee 展开的键文件夹里面的 EMP_DEPT_FK 项，右键单击后选择禁用即可。同样，若想重新启用该外键，右键单击选择启用即可，如图 5-5 所示。

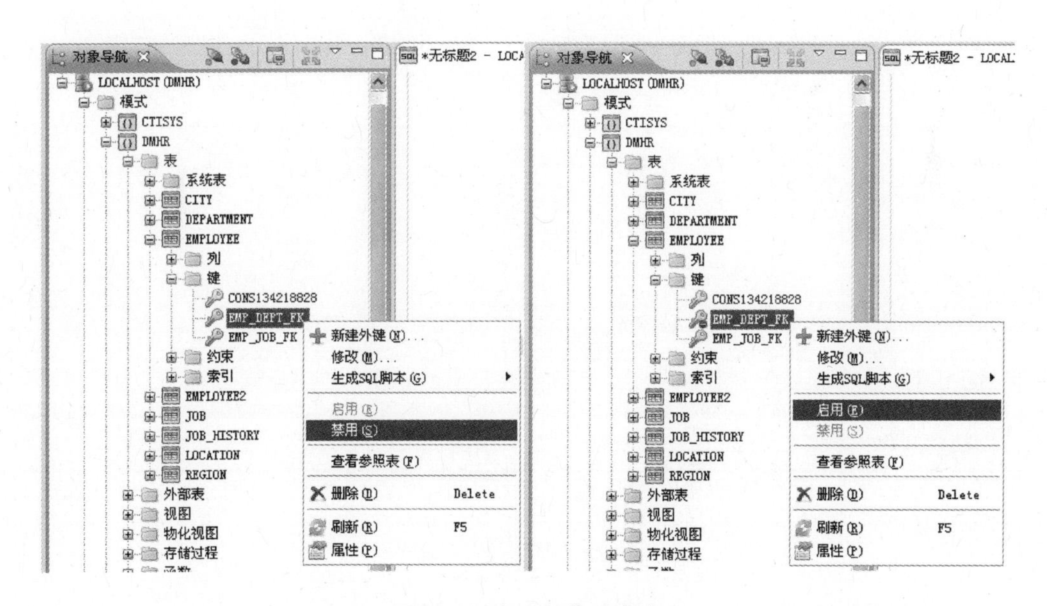

图 5-5 启用或禁用外键

该完整性维护需求可通过在创建外键时添加“级联删除”和“级联更新”来实现，右键单击外键 EMP_DEPT_FK，选择修改，然后勾选“更新时(U)”，选择级联更新，勾选“删除时(D)”，选择级联删除，点击确定即可，如图 5-6 所示。

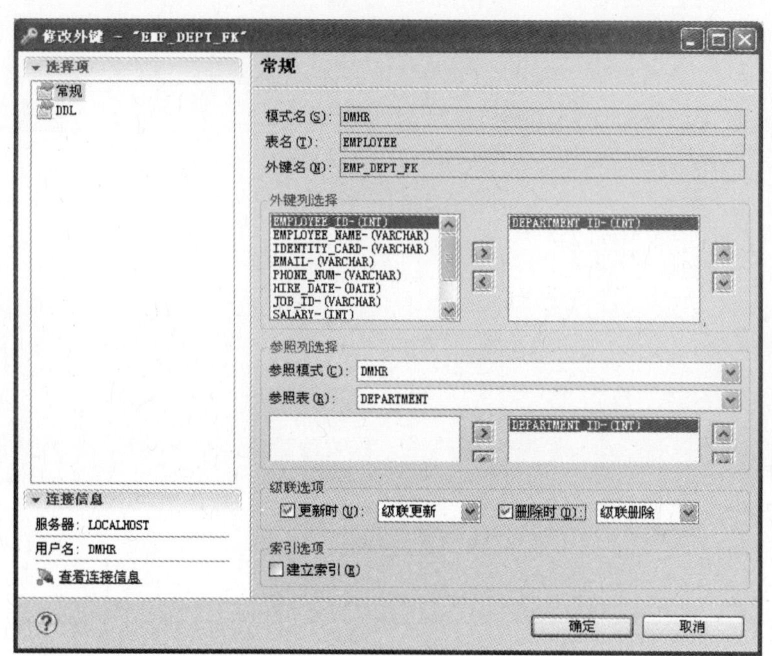

图 5-6　外键完整性约束

(二) 事件触发器

DDL 和数据库触发器的主要语法如下。

```
CREATE [OR REPLACE] TRIGGER [<模式名>.]<触发器名> [WITH ENCRYPTION]
BEFORE | AFTER <触发事件子句> ON <触发对象名>[WHEN <条件表达式>]<触发器体>
<触发事件子句>: =<DDL 事件子句> | <系统事件子句>
<DDL 事件子句>: =<DDL 事件>{OR <DDL 事件>}
<DDL 事件>: =<CREATE> |<ALTER> | <DROP> |<GRANT> | <REVOKE> |<TRUNCATE> |<COM-
MENT>
<系统事件子句>: =<系统事件>{OR <系统事件>}
<系统事件>: =<LOGIN> | <LOGOUT> | <SERERR> |<BACKUP DATABASE>
| <RESTORE DATABASE> |<AUDIT> |<NOAUDIT> |<TIMER> |<STARTUP> |<SHUTDOWN>
<触发对象名>: =[<模式名>.]SCHEMA |DATABASE
```

参数说明如下。

(1) <模式名>:指明被创建的触发器的所在的模式名称或触发事件发生的对象所在的模式名,默认时为当前模式。

(2) <触发器名>:指明被创建的触发器的名称。

(3) BEFORE:指明触发器在执行触发语句之前激发。

(4) AFTER:指明触发器在执行触发语句之后激发。

(5) <DDL 事件子句>:指明激发触发器的 DDL 事件,可以是 CREATE、ALTER、DROP、GRANT、REVOKE、TRUNCATE、COMMENT 等。

(6) <系统事件子句>:LOGIN/LOGON、LOGOUT/LOGOFF、SERERR、BACKUP DATABASE、RESTORE DATABASE、AUDIT、NOAUDIT、TIMER、STARTUP、SHUTDOWN。

（7）[WITH ENCRYPTION] 选项，指定是否对触发器定义进行加密。

（8）WHEN 子句只允许为元组级触发器指定 WHEN 子句，它包含一个布尔表达式，当表达式的值为 TRUE 时，执行触发器；否则，跳过该触发器。

（9）<触发器体>：触发器被触发时执行的 SQL 过程语句块。

【例 5-39】 只要登录，服务器就会打印出 SUCCESS。

使用 DM 管理工具登录用户 SYSDBA，密码为 SYSDBA（图 4-3），使用如下命令创建触发器。

```
CREATE OR REPLACE TRIGGER test_trigger AFTER LOGIN ON DATABASE
BEGIN
  PRINT 'SUCCESS';
END;
```

从 DM 7 开始，触发器模块中新增了一种特殊的事件触发器类型，就是时间触发器，时间触发器的特点是用户可以定义在任何时间点、时间区域、每隔多长时间等的方式来激发触发器，而不是通过数据库中的某些操作（包括 DML、DDL 操作等）来激发，它的最小时间精度为分钟。

时间触发器与其他触发器的不同只是在触发事件上，在 DM SQL 程序语句块（BEGIN 和 END 之间的语句）的定义是完全相同的。时间触发器的创建语句如下：

```
CREATE [OR REPLACE] TRIGGER [<模式名>.]<触发器名>[WITH ENCRYPTION]
AFTER TIMER ON DATABASE
<{FOR ONCE AT DATETIME [时间表达式]} |{{<month_rate> |<week_rate> |<day_rate>}
{once_in_day |times_in_day} {during_date}}>
[WHEN <条件表达式>]
<触发器体>
<month_rate>:={FOR EACH <整型变量> MONTH {day_in_month}} | FOR EACH <整型变量>
MONTH { day_in_month_week}}
<day_in_month>:=DAY <整型变量>
<day_in_month_week>:={DAY <整型变量> OF WEEK<整型变量>} |{DAY <整型变量> OF
WEEK LAST}
<week_rate>: =FOR EACH <整型变量> WEEK {day_of_week_list}
< day_of_week_list >:={<整型变量>} |{,<整型变量>}
<day_rate>: =FOR EACH <整型变量> DAY
< once_in_day >:=AT TIME <时间表达式>
< times_in_day >: ={ duaring_time } FOR EACH <整型变量> MINUTE
<duaring_time>: ={NULL} |{FROM TIME <时间表达式>} |{FROM TIME <时间表达式> TO
TIME <时间表达式>}
<duaring_date>: ={NULL} |{FROM DATETIME <日期时间表达式>} |{FROM DATETIME <日
期时间表达式> TO DATETIME <日期时间表达式>}
```

参数说明如下。

（1）<模式名>：指明被创建触发器所在的模式名称或触发事件发生的对象所在的模式名，默认时为当前模式。

(2) <触发器名>:指明被创建触发器的名称。

(3) WHEN 子句包含一个布尔表达式,当表达式的值为 TRUE 时,执行触发器;否则,跳过该触发器。

(4) <触发器体>:触发器被触发时执行的 SQL 过程语句块。

【例 5-40】 在每个月的第 28 天,从早上 9 点开始到晚上 18 点,每隔一分钟就打印一个字符串“HELLO WORLD”。

```
CREATE OR REPLACE TRIGGER timer2
AFTER TIMER ON DATABASE FOR EACH 1 MONTH DAY 28
FROM TIME '09:00' TO TIME '18:00' FOR EACH 1 MINUTE
DECLARE
  str VARCHAR;
BEGIN
  PRINT 'HELLO WORLD';
END;
```

时间触发器实用性很强,如在凌晨(此时服务器的负荷比较轻)做一些数据的备份操作对数据库中表的统计信息的更新操作等。同时也可以作为定时器通知一些用户在未来的某些时间要做哪些事情。

三、触发器管理

(一) 触发器删除

当用户需要从数据库中删除一个触发器时,可以使用触发器删除语句。其语法如下:

```
DROP TRIGGER [<模式名>.]<触发器名>;
```

参数说明如下。

(1) <模式名>:指明被删除触发器所属的模式。

(2) <触发器名>:指明被删除触发器的名称。

该语句使用时,当触发器的触发表被删除时,表上的触发器将被自动地删除;除了 DBA 用户外,其他用户必须是该触发器所属基表的拥有者才能删除触发器。权限执行该操作的用户必须是该触发器所属基表的拥有者,或者具有 DBA 权限。

【例 5-41】 删除模式 DMHR 下的触发器 TRI_DEPT_DELORUPD_CASCADE。

```
DROP TRIGGER DMHR.TRI_DEPT_DELORUPD_CASCADE ;
```

【例 5-42】 删除模式 SYSDBA 下的触发器 TIMER2。

```
DROP TRIGGER SYSDBA.TIMER2;
```

(二) 禁止和允许触发器

每个触发器创建成功后都自动处于允许状态(ENABLE),只要基表被修改,触发器就会被激发。但是不包含下面的几种情况。

(1) 触发器体内引用的某个对象暂时不可用。

(2) 载入大量数据时,希望屏蔽触发器,以提高执行速度。

(3) 重新载入数据。用户可能希望触发器暂时不被触发,但是又不想删除这个触发器。这时,可将其设置为禁止状态(DISABLE)。

当触发器处于允许状态时,只要执行相应的 DML 语句,且触发条件计算为真,触发器体的代码就会被执行;当触发器处于禁止状态时,则在任何情况下触发器都不会被激发。根据不同的应用需要,用户可以使用触发器修改语句将触发器的状态设置为允许或禁止状态。其语法如下:

```
ALTER TRIGGER [<模式名>.]<触发器名> DISABLE | ENABLE;
```

参数说明如下。

(1) <模式名>:指明被修改触发器所属的模式。

(2) <触发器名>:指明被修改触发器的名称。

(3) DISABLE:指明将触发器设置为禁止状态。当触发器处于禁止状态时,在任何情况下触发器都不会被激发。

(4) ENABLE:指明将触发器设置为允许状态。当触发器处于允许状态时,只要执行相应的 DML 语句,且触发条件计算为真,触发器就会被激发。

(三) 触发器编译

对触发器进行编译,如果编译失败,则将触发器置为禁止状态。编译功能主要用于检验触发器的正确性。语法格式如下:

```
ALTER TRIGGER [<模式名>.]<触发器名> COMPILE
```

参数说明如下。

(1) <模式名>:指明被修改的触发器所属的模式。

(2) <触发器名>:指明被修改的触发器的名称。

执行该操作的用户必须是触发器的创建者,或者具有 DBA 权限。

【例 5-43】 编译触发器

```
ALTER TRIGGER test_trigger COMPILE;
```

作　业　题

一、填空题

1. 普通视图是一个________表,数据字典中只存放视图的定义,而不存放对应的数据。

2. 删除 EMPLOYEE_VIEW 视图的语句是:________。

3. 达梦数据库中,通过使用________,可以产生一组在循环周期内不重复的有序整数值。

4. DM SQL 程序语句块的执行部分,由关键字________开始,以关键字 EXCEPTION 结束。如果 EXCEPTION 不存在,那么将以关键字________结束。

5. 达梦数据库提供了________、________、________、存储过程、函数、触发器的管理与设计功能。

6. 对表数据进行操作触发的触发器称之为________触发器。

7. 对数据库对象操作触发的触发器称之为________触发器。

二、单项选择题

1. 设置索引后,查询结果可以按字段值进行排序,默认排序是(　　)。

A. 递增

B. 递减

C. 按数据插入顺序

D. 按数据插入倒序

2. 在 DM SQL 程序块中除 DECARE、BEGIN、EXCEPTION 关键词外,所有命令行都要以下面那个符号结束(　　)。

A. 分号

B. 句号

C. 破折号

D. 引号

3. 在 DM SQL 程序中使用下面哪组符号编写单行注释(　　)。

A. &&

B. //

C. . \\

D. -

4. 在 DM SQL 程序中使用下面哪组符号编写多行注释(　　)。

A. --

B. //

C. \\

D. /*　　*/

5. 在 DM SQL 程序中使用下面哪个字符串定义与数据表中某个字段的数据类型(　　)。

A. %TYPE

B. %ROWTYPE

C. CLASS

D. FIELD

6. 在 DM SQL 程序中使用下面哪个字符串定义与数据表结构相同的数据类型(　　)。

A. %TYPE

B. %ROWTYPE

C. CLASS

D. FIELD

三、多项选择题

1. 在 DM SQL 程序中，主要的循环语句有(　　)。

A. LOOP 语句

B. WHILE 语句

C. FOR 语句

D. REPEAT 语句

2. 在 DM SQL 程序中，基本控制结构有(　　)。

A. 分支结构

B. 循环结构

C. 顺序结构

D. 数据结构

3. DM SQL 程序语句块的结构通常由下列哪些部分组成(　　)。

A. 块声明

B. 执行部分

C. 异常处理

D. 说明部分

四、简答题

1. 基于 EMPLOYEE 表创建一个名为 VIEW_EMPLOYEE 的视图，要求获取 DEPARTMENT_ID 字段值为'101'数据。

2. 创建一个名为 seq_locid 的序列，要求该序列从 11 开始，并且以 1 递增。

3. 写出 IF THEN ELSE 形式。

4. 写出 WHILE 循环的语法格式。

5. 写出查询视图 view_employee 中所有数据的语句。

第六章 达梦数据库备份还原与作业管理

数据库的备份还原是系统容灾的重要方法。在一个生产系统中,数据库往往处于核心地位,为了保证数据的安全,人们想出了各种各样的方法,备份与还原是其中一种重要的方法。备份意味着把重要的数据复制到安全的存储介质上,还意味着在必要的时候再把以前备份的数据复制到最初的位置,以保证用户可以正常访问数据。同时,对管理员而言,有许多日常工作都是固定不变的,如定期备份数据库、定期生成数据统计报表等。这些工作既单调又费时,如果这些重复任务能够自动化完成,就可以节省大量的时间,达梦数据库提供的作业管理功能即可解决此类问题,让管理员可以从单调而费时的工作中解脱出来。本章主要介绍达梦数据库备份还原与作业管理的相关内容。

第一节 备份还原

数据库备份是为了防止意外事件发生而造成数据库的破坏,一旦发生数据库破坏,可通过还原恢复数据库中的数据,保证数据库的正常运行。其是数据库管理员日常最重要的工作内容之一,数据库管理员不仅要保证备份成功,还要保证一旦数据库发生故障时,备份可还原可恢复。

一、备份还原概述

DM 7 数据库中的数据存储在数据库的物理数据文件中,数据文件按照页、簇和段的方式进行管理,数据页是最小的数据存储单元。任何一个对 DM 7 数据库的操作,归根结底都是对某个数据文件页的读写操作。

因此,DM 7 备份的本质就是从数据库文件中拷贝有效的数据页保存到备份集中,这里的有效数据页包括数据文件的描述页和被分配使用的数据页。而在备份的过程中,如果数据库系统还在继续运行,这期间的数据库操作并不是都会立即体现到数据文件中,而是首先以日志的形式写到归档日志中,因此,为了保证用户可以通过备份集将数据恢复到备份结束时间点的状态,就需要将备份过程中产生的归档日志也保存到备份集中。

还原与恢复是备份的逆过程。还原是将备份集中的有效数据页重新写入目标数据文件的过程。恢复则是指通过重做归档日志,将数据库状态恢复到备份结束时的状态;也可以恢复到指定时间点和指定日志序列号(Log Sequence Number,LSN)的状态。恢复结束以后,数据库中可能存在处于未提交状态的活动事务,这些活动事务在恢复结束后的数据库系统第一次启动时,DM 7 数据库服务器会自动进行回滚。备份、还原与恢复的关系如图 6-1 所示,数据库发生故障后可通过备份库进行还原,并通过归档日志将数据库恢复到指定时间点或某个 LSN。

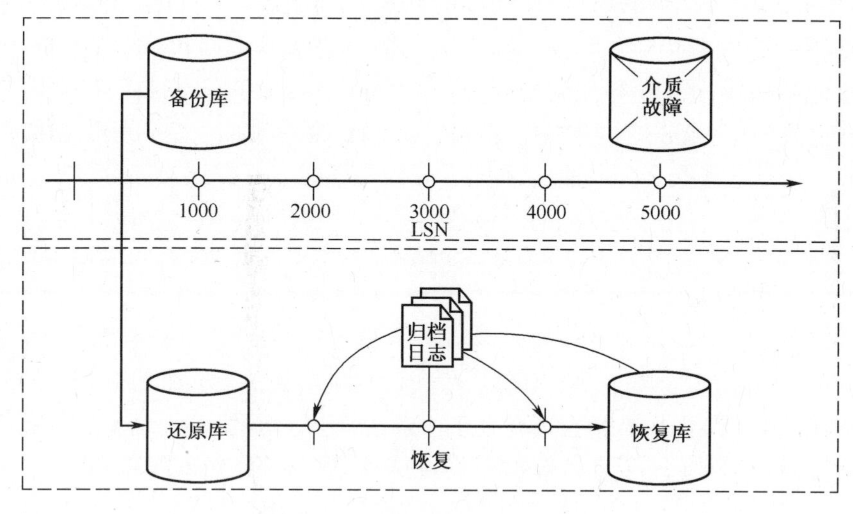

图 6-1 备份、还原与恢复的关系

(一) 相关概念

1. 重做日志

重做日志,又叫 REDO 日志,详细记录了所有物理页的修改,记录的信息主要包括操作类型、表空间号、文件号、页号、页内偏移、实际数据等。数据库中 INSERT、DELETE、UPDATE 等 DML 操作以及 CREATE TABLE 等 DDL 操作最终都会转化为对某些数据文件、某些数据页的修改。因此,在系统故障重启时,通过重做(REDO)日志,可以将数据库恢复到故障前的状态。

DM 7 数据库默认包含两个后缀为 . log 的日志文件,用来保存 REDO 日志,称为联机重做日志文件,这两个文件循环使用。任何数据页从内存缓冲区写入磁盘之前,必须保证其对应的 REDO 日志已经写入联机日志文件。

2. 归档日志

DM 7 数据库可以在归档和非归档两种模式下运行,DM 7 支持本地归档和远程归档,本书中若无特殊说明,均指本地归档。当数据库处于归档模式下且配置了本地归档时,REDO 日志先写入联机日志文件,然后再异步写入归档日志文件。归档日志文件以配置的归档名称和文件创建时间命名,后缀也是 . log。

系统在归档模式下运行会更安全,当出现介质故障,如磁盘损坏导致数据文件丢失时,利用归档日志,系统可以恢复至故障发生的前一刻。因此,建议将归档目录与数据文件位置配置为不同的物理磁盘。

3. 备份

备份的目的就是当数据库遇到损坏的时候,可以执行还原恢复操作,把数据库还原到损坏前的某个时间点。用于还原恢复数据库的载体是备份集,生成备份集的过程便是备份。备份就是从源库(需要备份的库)中读取有效数据页、归档日志等相关信息,经过加密、压缩后,写到备份片文件中,并将相关备份信息写到元数据文件中的过程。一次备份的结果就是一个备份集。

备份集用来存放备份过程中产生的备份数据及备份信息。一个备份集对应了一次完整的备份。一个备份集为一个目录,它由一个或多个备份片文件和一个元数据文件组成。

备份片是用来存储备份数据的文件。备份时,数据文件内容或归档日志内容经过处理后,都会存放到这些备份片文件中。备份片文件后缀为 .bak。备份元数据文件用来存储备份信息,通过元数据文件,可以了解整个备份集信息。元数据文件后缀为 .meta。

4. 还原

还原是备份的逆过程,就是把备份集中的备份数据经过处理后,回写到还原目标库相应的数据文件中的过程。

由于联机备份时,系统中可能存在一些处于活动状态的事务正在执行,并不能保证备份集中的所有数据页是处于一致性状态。同时,脱机备份时,数据页不一定是正常关闭的,也不能保证备份集中所有数据页是处于一致性状态。因此,还原结束后目标库有可能处于非一致性状态,不能马上提供数据库服务,必须要进行数据库恢复操作后,才能正常启动。

5. 恢复

恢复是重做本地归档日志或者备份集中备份的归档日志的过程。利用恢复操作,可以使数据库恢复到备份时,或者某个最新状态。没有经过恢复的还原数据库是不允许启动的,因为还原回来的数据通常处于非一致性状态,需要执行恢复操作,使得目标数据库数据一致,才能对外提供服务。

表空间和表还原为联机执行,都不需要再执行恢复操作。因为表空间的还原、恢复操作是一次性完成的,而表还原是联机完全备份还原,不需要借助本地归档日志,所以也不需要恢复。本书所说的恢复是指利用 DM 控制台工具这一脱机工具完成的数据库恢复操作。

(二) 备份还原的分类

1. 备份分类

(1) 物理备份与逻辑备份。

物理备份,指根据备份范围(数据库级、表空间级、表级)将数据文件中有效数据页和归档日志(也可能没有归档日志,这需要用户来指定)复制到备份片文件中的过程。这种备份是在文件层进行的。

逻辑备份,指利用 DM 7 提供的逻辑导出工具 DEXP,将指定对象(数据库级、模式级、表级)的数据导出到文件的备份,类似于 ORACLE 数据库提供的 EXP 工具。

在这两种方式中,物理备份是更强健的数据保护方式,也是备份策略中的首选。逻辑备份是物理备份的补充方式,相对物理备份而言,具有更大的灵活性。本书不介绍逻辑备份,感兴趣的读者可参阅达梦数据库联机帮助。

(2) 联机备份与脱机备份。

按照数据库的状态,可以把备份划分为联机备份和脱机备份。

联机备份,指数据库处于运行状态,通过执行 SQL 语句进行的备份。当前许多系统都要求 7×24h 提供服务,联机备份是最常用的备份形式之一。联机备份时,大量的事务处于活动状态,为确保备份数据的一致性,需要同时备份一段日志(备份期间产生的

REDO 日志)。按照联机备份要求,数据库必须配置本地归档,且归档必须处于开启状态。

脱机备份,指数据库处于关闭状态时,使用 DMRMAN 工具或 DM 控制台工具执行的备份。需要注意的是,只有正常关闭的数据库才允许执行脱机备份。正在运行或异常关闭的数据库无法成功执行脱机备份,系统会报错。

(3) 库备份、表空间备份与表备份。

按照备份的粒度大小,可以将备份划分为库备份、表空间备份和表备份。

库备份,指对整个数据库执行的备份,又称为库级备份。库备份的对象是数据库中所有数据文件和备份过程中的归档日志,可选择是否备份日志。

表空间备份,指对表空间执行的备份,又称为表空间级备份。表空间备份的过程就是复制表空间内所有数据文件的有效数据的过程。DM 7 不允许对 SYSTEM、ROLL、TEMP 表空间进行备份还原。

表备份,指将表的所有数据页备份到备份集中,并记录各个数据页之间的逻辑关系,用来恢复表数据结构。表备份不需要备份归档日志,不存在增量备份之说。DM 7 仅支持单个用户表备份或者分区表的单个子分区表的备份。

(4) 一致性备份与非一致性备份。

一致性备份,指备份集中包含了全部的备份数据。可以仅利用备份集中的备份数据就把数据库恢复到备份时的状态,如联机库备份(带日志)、脱机库备份等。

非一致性备份,指单独使用备份集中的数据还不足以把数据库还原到备份时某个数据一致性的点,需要借助归档来恢复。

(5) 完全备份与增量备份。

完全备份,指备份中包含了指定的库(或者表空间)的全部数据页。完全备份的数据量较大,备份时间较长,占用空间较大。

增量备份,指基于某个已有的备份(完全备份或者增量备份),备份自该备份以来所有发生修改了的数据页。增量备份的数据较小,备份时间较短,占用空间较小。

由于增量备份是基于某个已有备份集进行的备份,这样的依赖关系就构成了一个备份集链表。一个完整的备份集链表必须包含一个完全备份,且这个完全备份一定是链表中的第一个备份。若备份集链表中存在多个备份集,则其他位置的备份集均为增量备份集,且越往后备份集越新,最后一个备份集为最新生成的备份集。若备份集链表中只有一个备份集,那么这个备份集一定是完全备份。

2. 还原分类

(1) 物理还原与逻辑还原。

物理还原,是物理备份的逆过程,可以通过联机执行 SQL 语句,或者通过 DMRMAN 等脱机工具,把备份时得到的备份集还原到目标数据文件。

逻辑还原,是逻辑备份的逆过程,指使用 DM 7 提供的 DIMP 工具把使用 DEXP 导出的备份数据重新导入的过程,类似于 ORACLE 的 IMP 工具,本书不介绍逻辑还原,感兴趣的读者可参阅达梦数据库联机帮助。

(2) 联机还原与脱机还原。

联机还原,指数据库处于运行状态时进行的还原过程,通常通过执行 SQL 语句或借助 DM 管理工具完成。

脱机还原,指数据库处于脱机状态时进行的还原过程。通常通过 DMRMAN 工具或 DM 控制台工具完成。还原的目标库必须是重新初始化或者处于正常关闭状态的数据库。

(3) 数据库还原、表空间还原与表还原。

按照备份粒度大小,还原分为数据库还原、表空间还原和表还原。

可以将源库作为还原目标库,但若还原过程失败,则目标库将被损坏,不能使用,因此建议不要在源库上进行库还原。DM 7 支持从库备份集中还原指定的表空间,也允许从库备份级和表空间备份集中还原指定的数据文件。表还原实质上是表内数据的还原,以及索引和约束等的重建。

(4) 完全备份还原与增量备份还原。

根据备份集,将还原分为完全备份还原和增量备份还原。

完全备份还原,指目标还原备份集为完全备份。完全备份还原可以不依赖其他备份集直接完成还原操作。

增量备份还原,指目标还原备份集为增量备份。增量备份还原需要完整的备份集链表才能完成还原操作。因此,增量备份还原时需要用户确保完整备份集链表中各备份集都存在,否则将无法执行。

(三) 备份还原的条件

1. 数据库备份还原条件

(1) 数据库备份条件。

① 联机备份时,数据库必须配置本地归档,且归档必须处于开启状态;

② 脱机备份时,只有正常关闭的数据库才允许脱机备份。

(2) 数据库还原条件。

数据库必须处于脱机状态。

2. 表空间备份还原条件

(1) 表空间备份条件。

不允许备份 SYSTEM 表空间、ROLL 表空间和 TEMP 表空间。

(2) 表空间还原条件。

① 数据库必须处于联机状态;

② 表空间还原本身包含恢复操作,因此还原后不需要再执行恢复操作。

3. 表备份还原条件

(1) 表备份条件。

① 数据库必须处于联机状态;

② 只能进行完全备份,不需要备份归档日志。

(2) 表还原条件。

① 数据库必须处于联机状态;

② 表还原是联机完全备份还原,因此还原后不需要再执行恢复操作。

（四）达梦备份还原工具

DM 7 提供了多种工具进行备份与还原恢复的操作，包括 DISQL 工具、DMRMAN 工具、图形化工具 DM 管理工具和 DM 控制台工具。借助 DISQL 工具执行备份还原语句，可执行联机的数据备份与数据还原，包括数据库备份、归档备份、表空间备份与还原、表备份与还原；DMRMAN 工具用于执行脱机的数据备份、还原与恢复，包括脱机的数据库备份、还原与恢复，脱机还原表空间，归档的备份、还原与修复；DM 管理工具和 DM 控制台工具对应命令行工具 DISQL 和 DMRMAN 的功能，分别用于联机和脱机备份还原数据。这四个工具都可以独立使用，也可以相互配合，如使用 DISQL 工具或 DM 管理工具联机备份的数据库备份文件可以用 DMRMAN 工具或 DM 控制台工具还原。对于初学者而言，只需掌握图形化 DM 管理工具和 DM 控制台工具即可。

二、脱机备份还原

脱机备份还原指数据库处于关闭状态时，执行的备份与还原。DM 7 提供了 DMRMAN 工具和 DM 控制台工具执行脱机备份还原。DMRMAN 工具为命令行执行方式，DM 控制台工具为图形化操作界面。本书只介绍使用 DM 控制台工具进行脱机备份还原操作。

（一）脱机备份

【例 6-1】　对达梦数据库进行脱机完全备份。

达梦数据脱机完成备份操作如下。

步骤 1：停止数据库服务。脱机备份还原需关闭数据库，因此需停止数据库服务，可在“DM 服务查看器”工具的操作界面中，右键单击鼠标停止数据库服务，如图 6-2 所示。

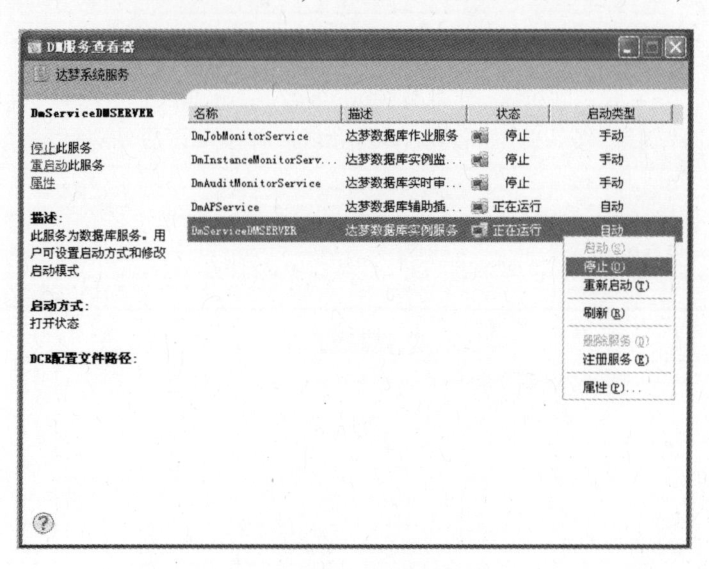

图 6-2　停止数据库服务

步骤 2：启动 DM 控制台工具。启动 DM 控制台工具，其操作界面如图 6-3 所示。

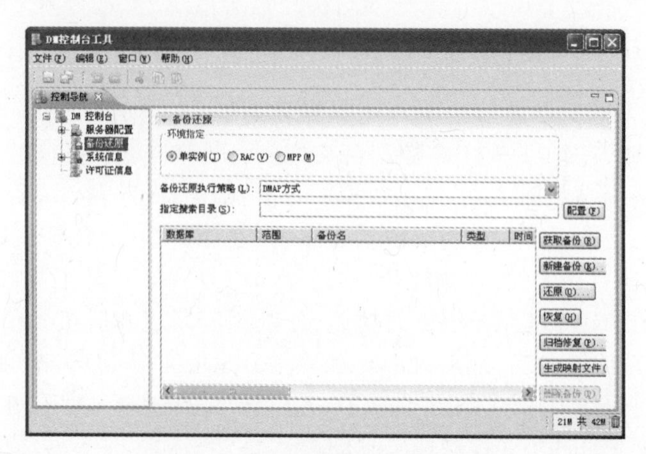

图 6-3 DM 控制台工具操作界面

步骤 3:在图 6-3 中,单击“新建备份”按钮进入图 6-4 所示的新建备份界面。

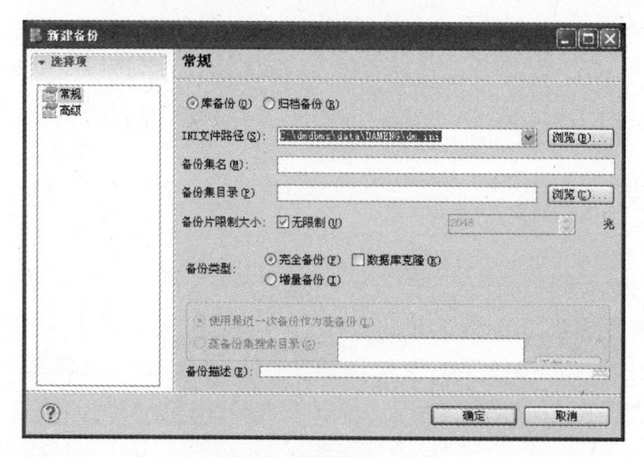

图 6-4 新建备份界面

步骤 4:在图 6-4 中,可设置备份类型、备份集名、备份集目录等参数,也可不设置,即使用默认设置,单击“确定”按钮,开始备份,备份完成后弹出备份成功对话框,如图 6-5 所示。

图 6-5 备份成功提示界面

步骤5:在图6-5中,单击“确定”按钮,在备份列表中将出现刚才备份的记录,如图6-6所示。

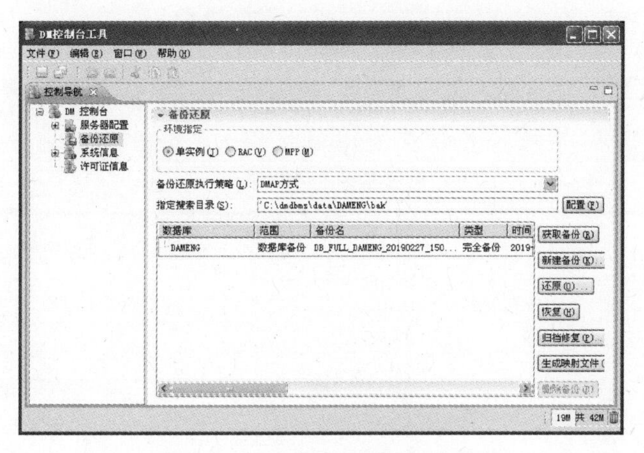

图6-6　备份完成后的备份列表

如上所述,即完成了数据库的完全备份,当前数据库仍处于关闭状态,如需使用,需启动数据库服务。

(二) 脱机还原

【例6-2】　删除达梦数据库数据文件目录下的MAIN.DBF文件后,利用例6-1备份的文件进行还原。

脱机的数据还原也可借助于DM控制台工具完成,具体步骤如下。

步骤1:删除数据库文件MAIN.DBF。删除该文件只需到对应的目录下删除即可(如目录C:\dmdbms\data\DAMENG)。但删除前数据库服务需处于停止状态,否则无法删除。

步骤2:启动“DM控制台工具”,进入备份还原界面,其界面如图6-6所示。

步骤3:在备份列表中选中备份文件,单击“还原”按钮,进入图6-7所示备份还原界面,该界面列出了该备份的相关信息。

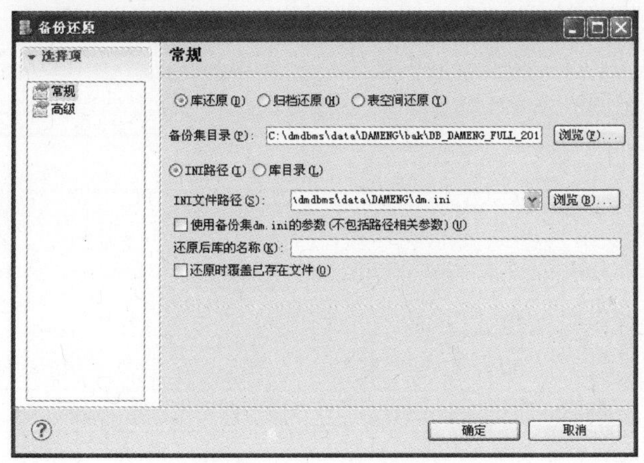

图6-7　备份还原界面

步骤 4：在图 6-7 所示的界面中，单击"确定"按钮，即可完成数据的还原。

步骤 5：还原成功后返回备份还原界面，选中备份文件，单击"恢复"按钮，弹出如图 6-8 所示恢复界面，单击"确定"按钮，完成数据的恢复操作。

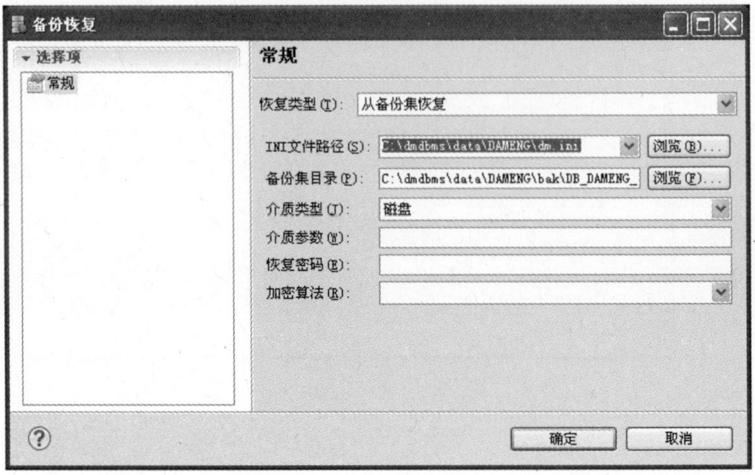

图 6-8 备份恢复界面

步骤 6：检查被删除的 MAIN. DBF 文件是否还原，到数据库对应的数据文件目录中查找该文件，可观察到该文件已还原。

如上所述，即完成了数据库的还原，当前数据库仍处于关闭状态，如需使用，需启动数据库服务。

为辅助脱机备份还原的执行，DM 控制台工具还具备环境管理功能，在图 6-3 所示的 DM 控制台工具操作界面中：可设置环境和还原执行策略；可通过"配置"按钮，配置搜索目录；可通过"删除"按钮，删除备份记录。

三、联机备份还原

联机备份还原是指数据库处于运行状态时执行的备份还原，进行联机备份还原时要求数据库必须处于归档模式。DM 7 可借助 DISQL 命令行工具，执行备份还原语句完成联机备份还原，也可借助图形化的 DM 管理工具完成，本书只介绍通过图形化的 DM 管理工具进行联机备份还原。

（一）归档配置

DM 7 可以运行在归档模式或非归档模式下。如果是归档模式，联机日志文件中的内容保存到硬盘中，形成归档日志文件；如果是非归档模式，则不会形成归档日志。DM 7 的联机备份还原需运行在归档模式下。

采用归档模式会对系统的性能产生些许影响，然而系统在归档模式下运行会更安全，当出现故障时其丢失数据的可能性更小，这是因为一旦出现介质故障，如磁盘损坏时，利用归档日志，系统可被恢复至故障发生的前一刻，也可以还原到指定的时间点，而如果没有归档日志文件，则只能利用备份进行恢复。

【例 6-3】　配置达梦数据库为本地归档模式。

可直接手工修改 dm. ini 和 dmarch. ini 配置文件,也可借助 DM 管理工具图形化操作界面进行配置,借助 DM 管理工具图形化操作本质上也是修改 dm. ini 和 dmarch. ini 配置文件。借助 DM 管理工具配置数据库为本地归档模式步骤如下。

步骤 1:登录 DM 管理工具。启动 DM 管理工具,并使用管理员身份登录数据库,如使用 SYSDBA 用户登录。

步骤 2:进入管理服务器界面。在 DM 管理工具左侧对象导航视图中,右键单击已连接的数据库,在弹出的菜单中单击"管理服务器"菜单,如图 6-9 和图 6-10 所示。

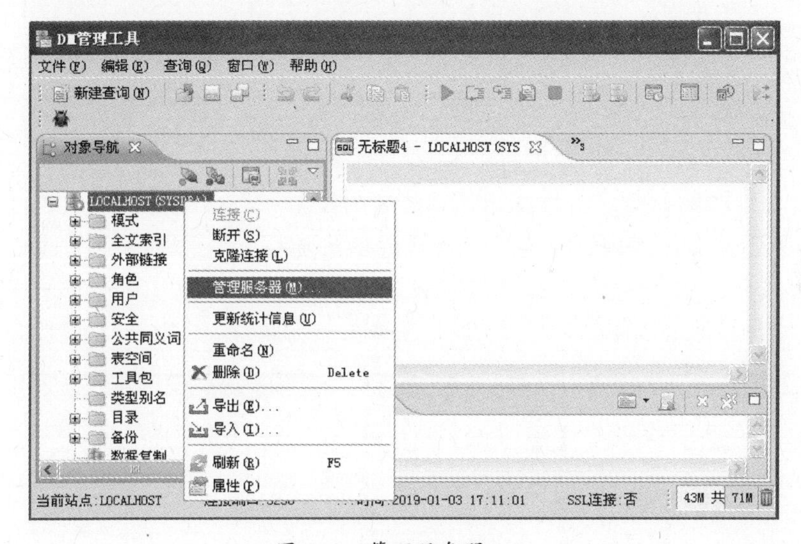

图 6-9　管理服务器入口

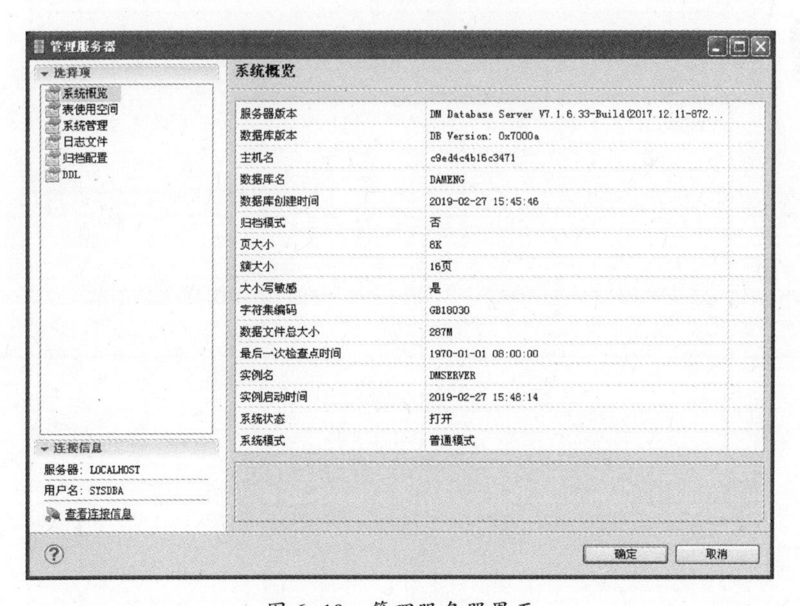

图 6-10　管理服务器界面

步骤 3:将数据库状态转换到配置状态。在图 6-10 中,单击左侧"系统管理"选择项,切换到系统管理页面。在系统管理页面中,单击"配置"单选按钮,并单击"转换"按钮,将数据库状态转换到配置状态,如图 6-11 所示。

图 6-11 数据库转换为配置状态

步骤 4:归档参数配置。将数据库状态转换为配置状态后,在图 6-11 中,单击"归档配置"选择项,进入如图 6-12 所示归档配置界面。随后,单击"归档"单选按钮,并单击"添加"按钮,添加一条归档记录,并对归档目标参数进行设置,可设置为某一目录,其余参数使用默认值或根据实际需求设置即可,如图 6-13 所示。其中,归档类型的默认值为

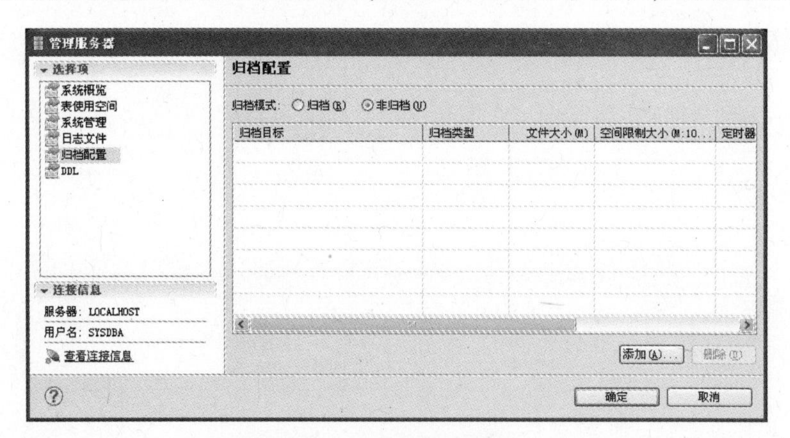

图 6-12 归档配置界面

图 6-13 归档配置相关参数

LOCAL,表示本地归档,文件大小为64M,空间限制大小为0表示不受限。设置完成后,单击“确定”按钮完成归档参数的配置。

步骤5:将数据库状态转换到打开状态。归档参数配置完成后,需将数据库状态切换到打开状态,再次执行步骤2操作,进入管理服务器界面,并单击“系统管理”选择项,进入系统管理页面。单击“打开”单选按钮,并单击“转换”按钮将数据库状态转换到打开状态,如图6-14所示。最后,单击管理服务器界面的“确定”按钮完成归档配置。

图6-14　数据库状态转换到打开状态

上述图形化界面操作实际上修改的是dm.ini和dmarch.ini配置文件,打开数据库对应的dm.ini文件,可观察到参数ARCH_INI的值为1。在dm.ini文件所在目录,可观察到新建了名为dmarch.ini的配置文件,打开dmarch.ini文件,文件内容如下:

```
#DaMeng Database Archive Configuration file
#this is comments
ARCH_WAIT_APPLY  =1
[ARCHIVE_LOCAL1]
   ARCH_TYPE                    =LOCAL
   ARCH_DEST                    =C:\dmdbms\data\DAMENG\bak
   ARCH_FILE_SIZE      =64
   ARCH_SPACE_LIMIT             =0
```

同时,查看归档配置是否成功也可通过浏览SYS模式下的V$DM_ARCH_INI系统表来检查。

(二) 联机备份

DM管理工具提供的联机备份功能主要包括:库备份、表备份和表空间备份。其操作入口如图6-15所示。

库备份,顾名思义就是对整个数据库执行的备份,又称为库级备份。

表备份则是复制指定表的所有数据页到备份集中,并会记录各个数据页之间的逻辑关系,用以恢复。表备份只能在联机状态下执行,一次表备份操作只能备份一张用户表,并且不支持增量表备份。

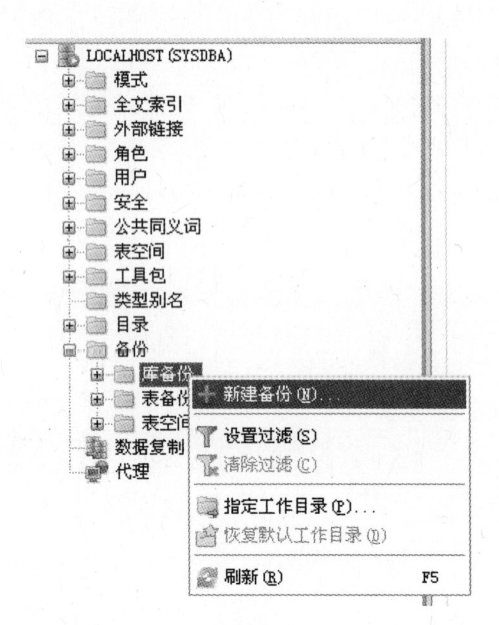

图 6-15 DM 管理工具联机备份操作入口

表空间备份是针对特定表空间执行的备份,又称为表空间级备份。表空间备份只能在联机状态下执行。

无论是库备份、表备份,还是表空间备份,其操作方法大体类似,下面以表备份为例,介绍使用 DM 管理工具进行联机备份的操作方法。

【例 6-4】 使用 DM 管理工具对 DMHR 模式下的 EMPLOYEE 表进行联机备份。

步骤 1:在 DM 管理工具左侧导航页面中,右键单击"备份"节点下的"表备份"节点,在弹出的菜单中,单击"新建备份"按钮,进入如图 6-16 所示新建表备份对话框。

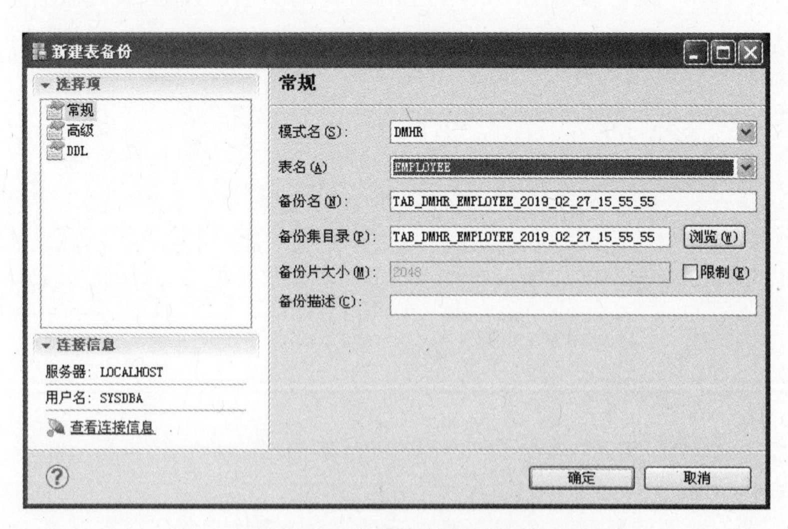

图 6-16 新建表备份对话框

步骤 2:在图 6-16 所示新建表备份操作界面中,设置模式名、表名、备份名、备份集目录、备份描述等参数,同时可单击左侧 DDL 节点,可查看对应语句,如图 6-17 所示。

步骤3:在新建表备份操作界面中,单击右下角“确定”按钮,即完成表的备份操作,在DM管理工具的表备份节点下即出现刚才生成的表备份信息。

借助DM管理工具,进行联机的库备份和表空间备份操作与表备份操作类似,可参照联机的表备份操作方式完成。

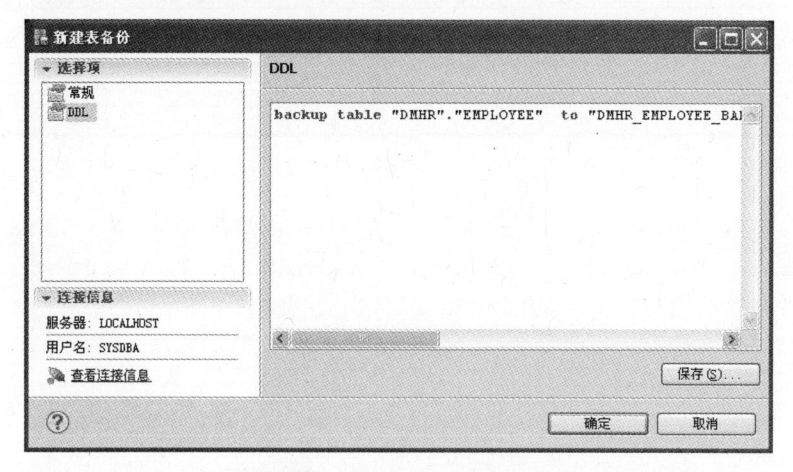

图6-17　表备份对应DDL语句

(三) 联机还原

虽然借助DM管理工具可完成联机的库备份、表备份和表空间备份,但该工具只支持联机的表还原恢复和表空间的还原恢复。因为库恢复由于要对整个数据库进行还原恢复操作,需关闭数据库才能执行,因此没有联机的库还原恢复,库的还原恢复可通过脱机方式实现,具体操作请参考前述章节。

【例6-5】 请使用DM管理工具,利用例6-4备份的文件联机恢复DMHR模式的EMPLOYEE表。

借助DM管理工具联机恢复表的操作较简单,但需确保数据库处于归档状态下,具体操作步骤如下。

步骤1:在DM管理工具左侧的导航页面中,选中欲进行还原恢复操作的备份节点,并单击右键,在弹出的菜单中单击“备份还原”按钮,如图6-18所示。

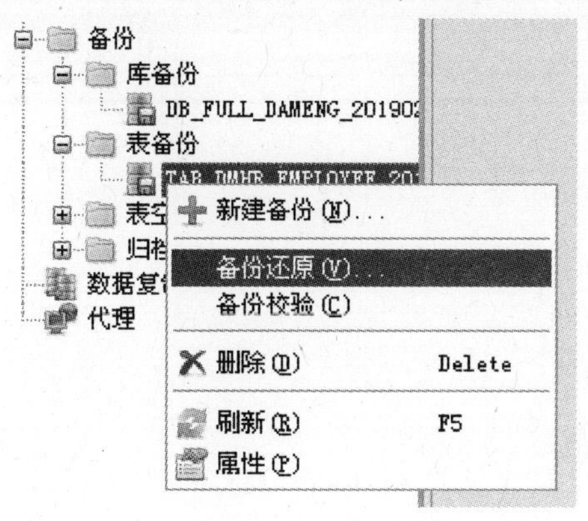

图6-18　表备份还原菜单

步骤2：在弹出的表备份还原界面中，设置模式名、表名，并勾选索引和表结构两个选项，如图6-19所示。在该界面中，也可单击左侧DDL选择项查看具体的DDL语句，如图6-20所示。

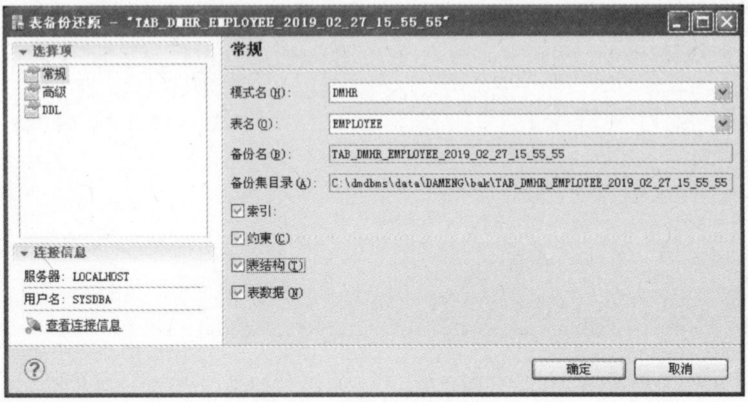

图6-19　表备份还原界面

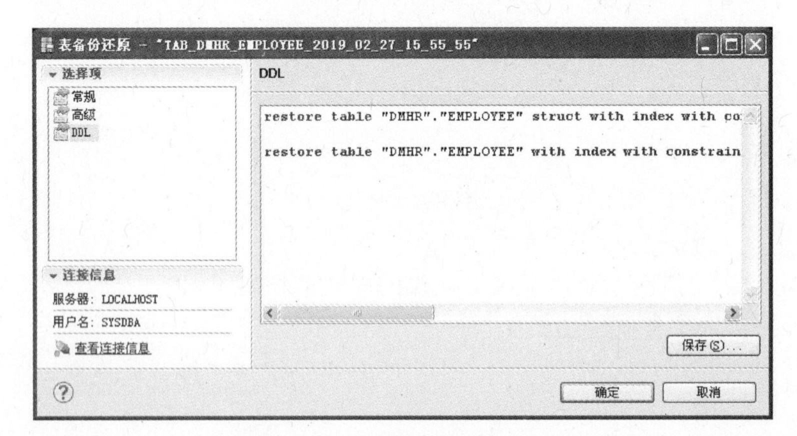

图6-20　表备份还原DDL语句

步骤3：在表备份还原界面中，单击右下角“确定”按钮，即可完成该表的还原恢复操作，如图6-21所示。

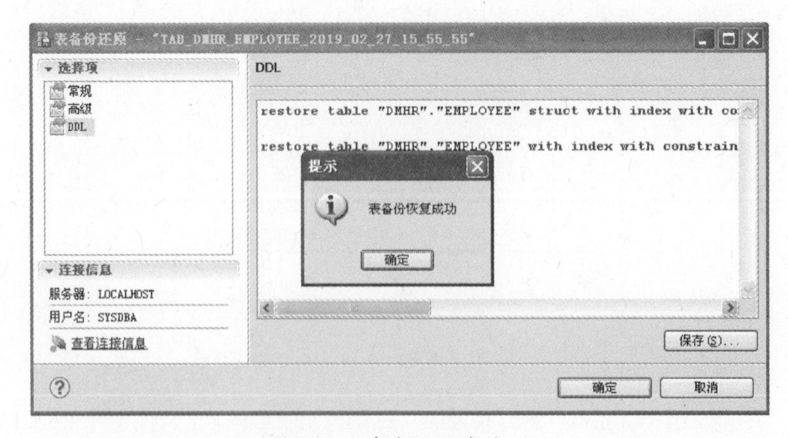

图6-21　表备份恢复成功

为观察数据表是否恢复成功，读者在进行表的联机恢复之前，可对该表进行记录的删除或修改操作，并观察执行完联机还原后，是否能恢复到原始状态。

【例 6-6】 请使用 DM 管理工具，恢复 DMHR 表空间。

对表空间的联机备份由于涉及表空间的离线、在线状态修改操作，因此比联机的表还原恢复复杂。具体操作步骤如下。

步骤 1：借助 DM 管理工具，恢复 DMHR 表空间前，需事先对该表空间的进行联机备份，读者可自行参照前述联机备份内容，对 DMHR 表空间进行联机备份操作，生成一个备份数据。

步骤 2：模拟表空间数据文件丢失或损坏操作。在 Windows 环境下，无法破坏正在使用的数据文件，因此需通过 DM 服务查看器工具停止达梦数据库实例服务，然后手工破坏 DMHR 表空间对应的数据文件 DMHR. DBF，也可直接删除该文件或剪切该文件到其他目录。

步骤 3：通过 DM 服务查看器工具启动达梦数据库实例服务。

步骤 4：启动 DM 管理工具，并使用系统管理员身份登录（如 SYSDBA 用户），由于 DMHR. DBF 文件删除或剪切，此时数据库处于挂起状态。

步骤 5：在 DM 管理工具中，右键单击表空间备份节点下的备份信息节点，在弹出的菜单中单击“备份还原”菜单，如图 6-22 所示。

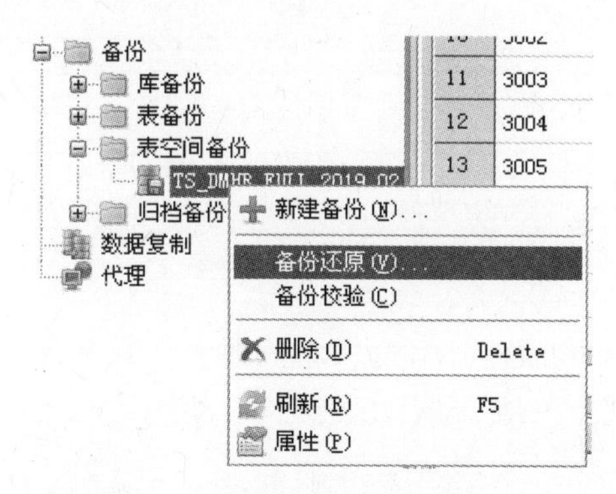

图 6-22 表空间备份还原操作入口

步骤 6：弹出如图 6-23 所示表空间备份还原窗体，可查看表空间名、备份名、备份集目录等信息，单击“确定”按钮，进行表空间的还原操作。

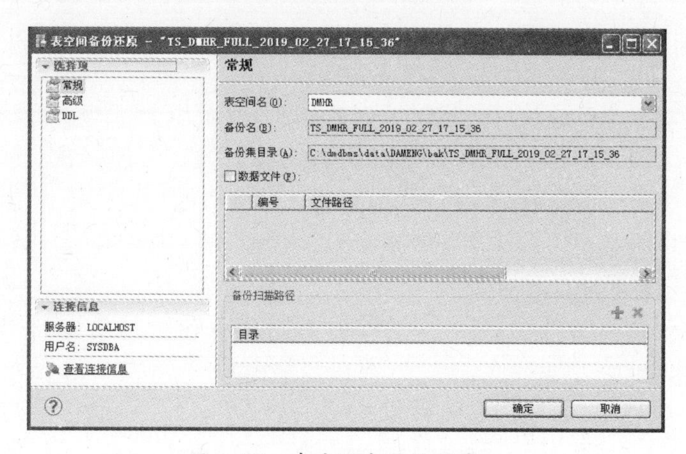

图 6-23 表空间备份还原窗口

步骤 7:表空间恢复成功后,数据库仍处于离线状态,需将数据库转换到“打开”状态。在 DM 管理工具的对象导航窗体中右键单击数据库根节点,在弹出的菜单中单击“管理服务器”按钮,并进入“系统管理”选项页面,单击“打开”单选按钮后,单击右侧“转换”按钮,完成数据库状态的转化,如图 6-24 所示。

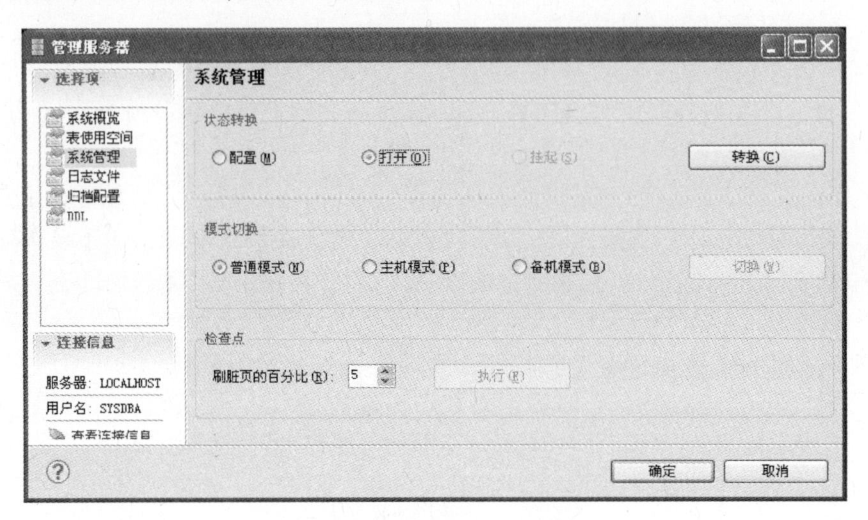

图 6-24 数据库状态切换窗口

步骤 8:数据库状态切换到“打开”状态后,名为 DMHR 的表空间仍处于离线状态,需借助语句将该表空间状态更改为在线状态,可在 DM 管理工具中新建查询,在查询窗口中输入下面的语句完成表空间状态的更改,即完成名为 DMHR 表空间的还原恢复操作。

```
ALTER TABLESPACE  "DMHR" ONLINE;
```

还原恢复完成后,读者可检查 DMHR 表空间对应的数据文件 DMHR. DBF 是否恢复,也可通过浏览 DMHR 模式下的表,检查是否可正常使用。

第二节 作 业 管 理

在管理员的工作中,有许多日常工作都是固定不变的。例如,定期备份数据库、定期生成数据统计报表等。这些工作既单调又费时,如果这些重复任务能够自动化地完成,就可以节省大量的时间。

达梦数据库的作业系统为用户提供了创建作业,并对作业进行调度执行以完成相应管理任务的功能。可以让那些重复的数据库任务自动完成,实现日常工作自动化。作业系统大致包含作业管理、警报管理和操作员管理三部分。用户可以根据需要创建作业,并为作业配置步骤和调度。还可以创建警报,当发生警报时,将警报信息通知操作员,以便操作员能够及时做出响应。

用户通过作业可以实现对数据库的操作,并将作业执行结果以通知的形式反馈到操作员。通过为作业创建灵活的调度方案可以满足在不同时刻运行作业的要求。用户还可以定义警报响应,以便当服务器发生特定的事件时通知操作员或者执行预定义的作业。

一、作业管理概念

为了更好地理解作业与调度,下面介绍一些相关的概念。

1. 作业

作业是由达梦数据库代理程序按顺序执行的一系列指定的操作。作业中可执行的操作包括运行 DM PL/SQL 脚本、定期备份数据库、对数据库数据进行检查等。可以通过作业来执行经常重复和可调度的任务。作业按照调度的安排在服务器上执行,作业也可以由警报触发执行,并且作业可产生警报,以通知用户作业的状态(成功或者失败)。

2. 步骤

每个作业由一个或多个作业步骤组成,作业步骤是作业对一个数据库或者一个服务器执行的动作。每个作业必须至少有一个作业步骤。

3. 调度

作业调度是用户定义的一个时间安排,在给定的时刻到来时,系统会启动相关的作业,依次执行作业中定义的步骤。调度可以是一次性的,也可以是周期性的。

4. 警报

警报是系统中发生的某种事件,如发生了特定的数据库操作,或出错信号,或者作业的启动、执行完毕等事件。警报主要用于通知指定的操作员,以便其迅速了解系统中发生的状况。可以为警报定义产生的条件,还可以定义当警报产生时系统采取的措施,如通知操作员执行某个特定的作业等。

5. 操作员

操作员是负责维护 DM 服务器运行示例的人员。在预期的警报(或事件)发生时,可以通过电子邮件或网络发送的方式将警报(或事件)的内容通知操作员。

虽然达梦数据库的作业系统提供了作业管理、警报管理和操作员管理等功能,但作为初学者,只需掌握作业管理的相关操作,对警报管理和操作员管理感兴趣的读者可以参阅达梦数据库联机帮助。

二、作业管理操作

通常作业的管理由 DBA 来维护,普通用户没有操作作业的权限,为了让普通用户可以创建、配置和调度作业,需要赋予普通用户管理作业权限:ADMIN JOB。

(一) 创建作业环境

在创建作业之前,数据库中必须有存储作业数据的系统表,这些系统表有 SYSJOBS、SYSJOBSTEPS、SYSJOBSCHEDULES、SYSMAILINFO、SYSJOBHISTORIES、SYSALERTHISTORIES、SYSOPERATORS、SYSALERTS、SYSALERTNOTIFICATIONS 等。

创建作业环境,即创建作业相关系统表。可以通过两种方式来实现:一是通过系统过程 SP_INIT_JOB_SYS 来实现;二是通过图形化客户端 DM 管理工具实现。作为初学者,掌握后一种方式即可。

【例 6-7】 借助 DM 管理工具创建作业环境。

借助 DM 管理工具创建代理环境的步骤如下。

步骤1:启动DM管理工具,并使用DBA角色用户登录(如SYSDBA用户)。

步骤2:在DM管理工具中,右键单击左侧导航页面的“代理节点”,弹出如图6-25所示菜单。

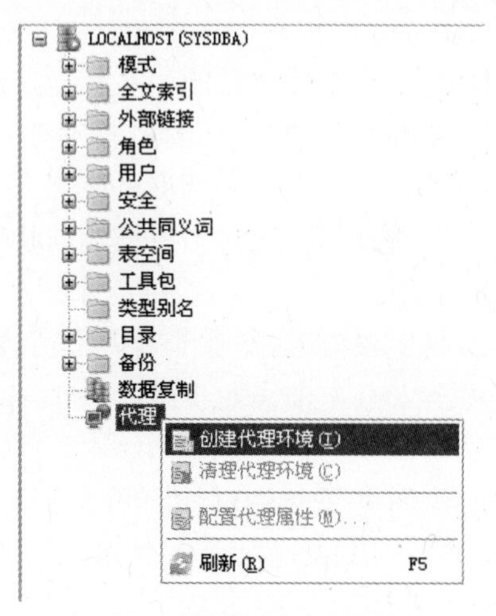

图6-25　创建代理环境操作入口

步骤3:在图6-25所示菜单中,单击“创建代理环境”菜单,即可完成代理环境的创建,创建完成后,在“代理”节点下,新建了“作业”“警报”“操作员”三个叶子节点,如图6-26所示。

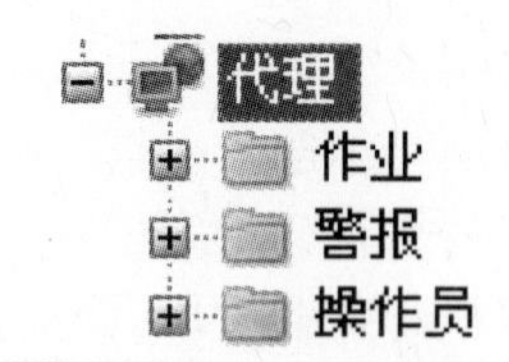

图6-26　代理环境创建成功

(二) 创建作业和调度

创建、修改、删除和调度等作业管理可以通过以下两种方式来实现:一是通过系统过程实现;二是通过图形化客户端DM管理工具实现。作为初学者,掌握后一种方式即可。

【例6-8】 创建作业“BAKALL”,目的是每周三给对数据库做一次完全备份。

创建作业的步骤如下。

步骤1:右键单击“作业”节点,在弹出的快捷菜单中选择“新建作业”选项,如图6-27所示,弹出新建作业对话框,如图6-28所示。

步骤2:在图6-28所示新建作业对话框中,设置作业名为“BAKALL”,作业描述可设置为“全库定期备份”。

步骤3:选择“作业步骤”选项,单击“添加”按钮,弹出新建作业步骤对话框,如图6-29所示。

步骤4:在图6-29中,设置步骤名称为STEP1、步骤类型为备份数据库、备份路径为C:\dmdbms\data\DAMENG\DBBAK(可根据实际设置),备份方式为完全备份,单击“确定”按钮返回。

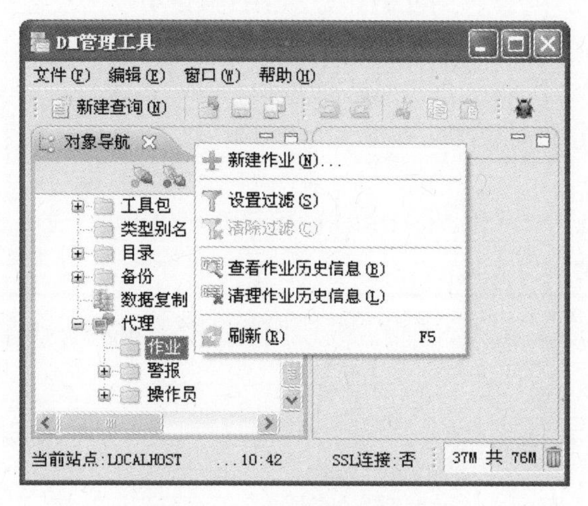

图 6-27 新建作业对话框

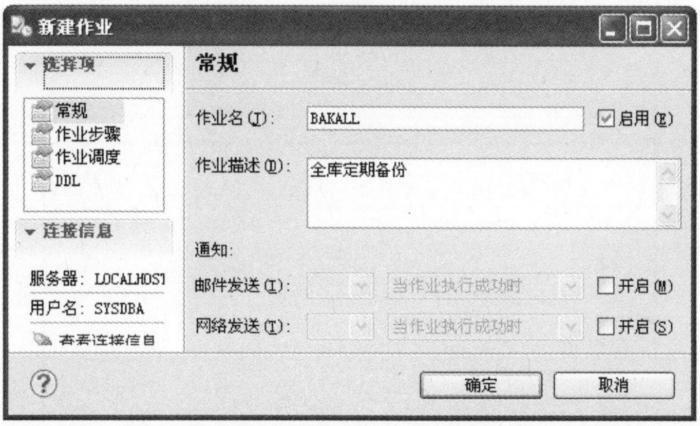

图 6-28 设置作业名称和描述

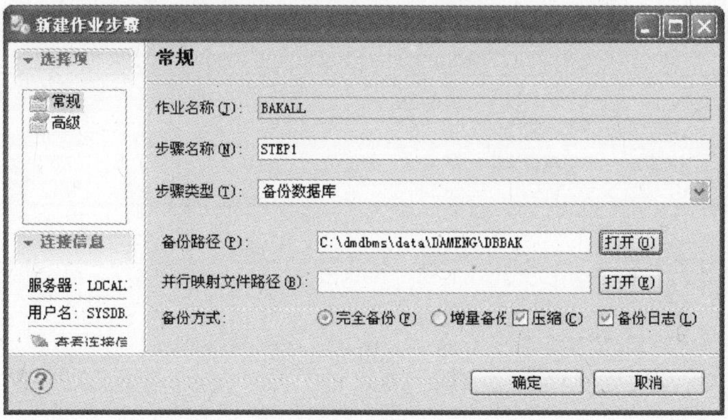

图 6-29 修改作业步骤对话框

步骤 5:选择“作业调度”选项,单击“添加”按钮,弹出新建作业调度对话框,如图 6-30 所示。

步骤 6：在图 6-30 中，设置调度名称为 SCH1，调度类型为反复执行，发生频率为每周三的 9:25:18 执行一次，如图 6-30 所示，单击“确定”按钮返回。

步骤 7：在图 6-28 中，继续单击“确定”按钮，完成“BAKALL”作业的创建。

步骤 8：到达指定的时间后，查看“BAKALL”作业历史信息，数据表查询结果如图 6-31 所示。

在 C:\dmdbms\data\DAMENG\DBBAK 目录下创建了一个 DB_DAMENG_2016_08_10_09 25_42. bak 完全备份文件。

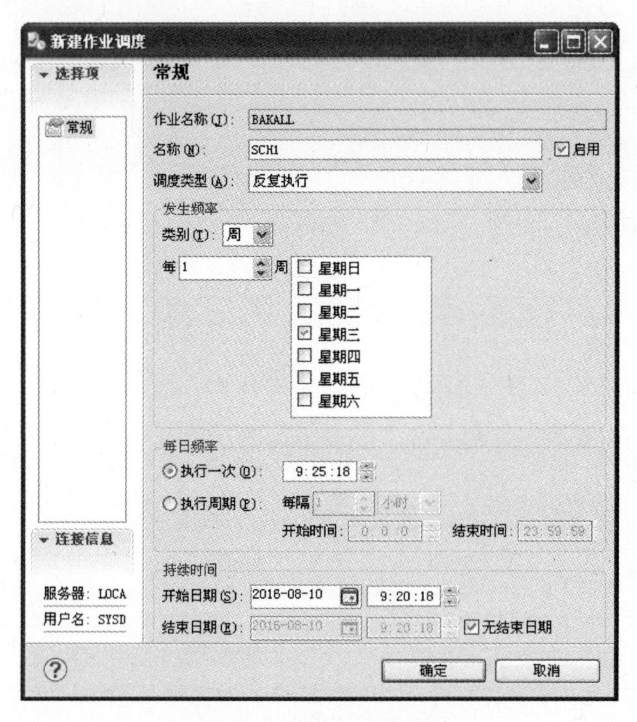

图 6-30　新建作业调度对话框

BAKALL

作业名	步骤名	状态	错误类型	错误码	..	记录时间	重试次数
BAKALL		JOB START	0	0		2016-08-10 09:25:42.988	0
BAKALL	STEP1	JOB STEP START	0	0		2016-08-10 09:25:42.988	0
BAKALL	STEP1	JOB STEP END	0	0		2016-08-10 09:25:44.879	0
BAKALL		JOB END	0	0		2016-08-10 09:25:44.879	0

图 6-31　数据表查询结果

作　业　题

一、填空题

1. 详细记录了所有物理页的修改，基本信息包括操作类型、表空间号、文件号、页号、页内偏移、实际数据等信息的日志文件通常称为________日志文件。

2. 备份的逆过程是________。

3. 按数据库的状态，可以把备份划分为________备份和________备份。

4. 根据备份范围（数据库级、表空间级、表级）将数据文件中有效数据页和归档日志复制到备份片文件中的过程通常称为________备份。

5. 达梦数据库按照备份的粒度大小，可以将备份划分为数据库备份、________备份和________备份。

6. 保证数据安全有多种方法，其中________与还原是其中一种重要方法。

7. 任何一个对DM 7数据库的操作，归根结底都是对某个数据文件页的________操作。

8. 达梦数据库联机备份时，必须配置为________模式。

9. 将指定对象（数据库级、模式级、表级）的数据导出到文件的备份称之为________备份。

10. 增量备份构成的备份集链表，必须包含一个________备份。

二、单项选择题

1. 达梦数据库中，逻辑备份使用以下哪个工具（　　）。

A. DISQL

B. DEXP

C. DM管理工具

D. DM控制台工具

2. 达梦数据库中，逻辑还原使用以下哪个工具（　　）。

A. DIMP

B. DEXP

C. DM管理工具

D. DM控制台工具

3. 下面哪一条是表空间还原条件（　　）。

A. 数据库必须处于联机状态

B. 必须使用DIMP命令

C. 必须关闭数据库

D. 必须使用DM控制台工具

4. 下面哪个工具为图形界面的脱机备份还原工具（　　）。

A. DIMP

B. DEXP

C. DM管理工具

D. DM控制台工具

5. 下面哪个工具是可用于联机备份还原的图形工具（　　）。

A. DISQL工具

B. DMRMAN工具

C. DM管理工具

D. DM控制台工具

三、简答题

1. 什么是完全备份,其特点是什么?

2. 什么是增量备份,其特点是什么?

3. 请列举可用于达梦数据库备份还原的主要工具,并指出哪些是命令行工具,哪些是图形界面工具。

4. 达梦数据库配置归档模式下,可借助哪个工具完成,其本质上是修改的哪些配置文件。

5. 请简述达梦数据库中作业和步骤的概念。

参 考 文 献

[1] 张远.达梦数据库数据字典设计与实现[D].武汉:华中科技大学,2011.

[2] 周述文.达梦数据库强制访问控制机制研究[D].武汉:华中科技大学,2008.

[3] 何儒汉.达梦数据库备份与恢复子系统的设计与实现[D].武汉:华中科技大学,2004.

[4] 蒋凤珍.Oracle 数据库性能优化技术[J].计算机工程,2004,30(b12):94-96.

[5] 俞盘祥.ORACLE 数据库系统基础[M].北京:清华大学出版社,1995.

[6] 萨师煊.数据库系统概论[M].5 版 . 北京:高等教育出版社,2018.

[7] 武汉达梦数据库有限公司 . 达梦大型通用数据库管理系统(DM 7)[EB/OL].http://www.dameng.com/prod_view.aspx? TypeId=107&Id=167&Fid=t3:107:3,2018.10.

[8] 周亚洁.数据库国产化替代面临的问题及对策研究[J].信息安全研究,2018,4(1):24-30.

[9] 陈光.基于中标麒麟平台对达梦数据库访问技术研究[J].计算机技术与发展,2017,27(12):201-204.

[10] 魏亚楠,宋义秋.oracle 数据库应用系统的性能优化[J].制造业自动化,2010,32(8):204-206.

[11] 贺鹏程.基于 Oracle 的数据库性能优化研究[J].电子设计工程,2016,24(9):1-3.

[12] 刘英楠.Oracle 数据库备份与恢复的理论基础[J].科技视界,2016(1):134-135.

[13] 孙风栋,闫海珍.Oracle 10g 数据库系统性能优化与调整[J].计算机技术与发展,2009,19(2):83-86.

[14] Loney K.Oracle Database 10g The Complete Reference phần 8[M].Osborne:McGraw-Hill,2004.

[15] Bassil Y.A Comparative Study on the Performance of the Top DBMS Systems[J].Eprint Arxiv,2012(1).

[16] 袁福庆.Oracle 数据库管理与维护手册[M].北京:人民邮电出版社,2006.

[17] Belknap P ,Dageville,Benoît,Dias K ,et al.Self-Tuning for SQL Performance in Oracle Database 11[C].IEEE International Conference on Data Engineering.IEEE,2009.

[18] Bryla B.Oracle Database 12c DBA Handbook[M].USA:McGraw-Hill,2008.

[19] 郑阿奇.Oracle 使用教程[M].2 版.北京:电子工业出版社,2009.

作业题参考答案

第一章　达梦数据库概述

一、填空题

1. 达梦数据库
2. 存储结构、数据库实例
3. 数据页或数据块
4. CRDS
5. 由一个或者多个数据文件
6. 性能监视

二、多项选择题

1. ABC
2. ABD
3. ABC
4. ABCD
5. ABC

三、简答题

1. 参考答案：

(1) 硬件平台支持，可运行于 X86、SPARC、Power 等硬件体系之上。

(2) 操作系统支持，支持 Windows 系列、Linux（2.4 及 2.4 以上内核）、UNIX、Kylin、AIX、Solaris 等主流操作系统。

(3) 应用开发支持，支持主流集成开发环境、开发框架和中间件。

(4) 标准接口支持，对 SQL92 的特性支持以及 SQL99 的核心级别支持；支持多种数据库开发接口。

(5) 网络协议支持，支持多种网络协议，包括 IPv4 协议、IPv6 协议等。

(6) 字符集支持，支持 Unicode、GBK18030 等常用字符集。

(7) 国际化支持，服务器和客户端工具均支持简体中文和英文来显示输出结果和错误信息。

2. 参考答案：

在达梦数据库中，数据的存储结构区分为物理存储结构和逻辑存储结构两种。物理存储结构主要用于描述数据库外部数据的存储，即在操作系统中如何组织和管理数据，与具体的操作系统有关；逻辑存储结构主要描述数据库内部数据的组织和管理方式，与操作系统没有关系。物理存储结构是逻辑存储结构在物理上的、可见的、可操作的、具体的体现形式。

第二章 达梦数据库安装与卸载

一、填空题

1. Windows、Linux
2. 硬件、软件
3. 防火墙、杀毒软件
4. 简体中文
5. 备份数据
6. 一般用途、联机分析处理、联机事务处理
7. 数据文件、控制文件、日志文件

二、单项选择题

1. C
2. B
3. A
4. B

三、多项选择题

1. ABCD
2. ABD
3. ABC
4. ACD

第三章 达梦数据库常用对象管理

一、填空题

1. 用户、模式
2. 创建、修改
3. 基本表空间、临时表空间
4. OPEN
5. 密文
6. SYSDBA
7. DBA
8. 表
9. 实体完整性、域完整性

二、单项选择题

1. D
2. C
3. C
4. B

5. B
6. C
7. B

三、多项选择题

1. ABC
2. ACD
3. AD

第四章　达梦数据库 SQL

一、填空题

1. DROP TABLE ZZLL
2. 查询 、操纵和控制
3. SQL-99
4. 数值型、字符型 、日期型
5. 乘法 、除法
6. n 的绝对值
7. 常数 π
8. 将大写的字符串转换为小写的字符串
9. 创建表空间
10. 修改表空间
11. 删除表空间
12. 数据库身份验证模式 、数据库口令
13. SYSDBA、SYSDBA
14. 表 、逻辑
15. 记录
16. 名字 、数据类型和长度
17. 创建表
18. 修改表
19. 删除表
20. SQL
21. 数据库、对象
22. 数据库对象、数据

二、单项选择题

1. A
2. D
3. C
4. D

三、多项选择题

1. ABCD
2. AC
3. AB
4. ABCD

四、简答题

1. 参考答案:SELECT * FROM ZZLL。

2. 参考答案:数据定义功能用于定义、撤销和修改数据模式。例如,用户、模式、基表、视图、索引、序列、全文索引、存储过程和触发器的定义和删除语句,基表、视图、全文索引的修改语句,对象的更名语句等。

3. 参考答案:数据控制功能用于对数据访问权限的控制、完整性描述、事务控制等。

4. 参考答案:-(-5)表示数字5,--5表示一行注释。

5. 参考答案:DM表空间是对达梦数据库的逻辑划分,一个数据库有多个表空间,一个表空间对应着磁盘上一个或多个数据库文件。从物理存储结构上讲,数据库的对象,如表、视图、索引、序列、存储过程等是存储在磁盘的数据文件中,从逻辑存储结构讲,这些数据库对象都存储在表空间当中,因此表空间是创建其他数据库对象的基础。

6. 参考答案:SELECT RY FROM ZZLL。

7. 参考答案:DELETE FROM ZZLL WHERE ID='20160118'。

8. 参考答案:UPDATE ZZLL SET JX ='中士' WHERE ID='20160120'。

五、综合题

1. 参考答案:

SELECT RY FROM ZZLL WHERE FYNX>=10 AND FYNX<16;

SELECT RY FROM ZZLL WHERE FYNX>=16。

2. 参考答案:

SELECT RY FROM ZZLL WHERE FYNX>=8 ORDER BY FYNX DESC。

第五章 达梦数据库高级对象管理

一、填空题

1. 虚
2. DROP VIEW EMPLOYEE_VIEW
3. 序列
4. BEGIN、END
5. 视图、索引、序列
6. 表
7. 事件

二、单项选择题

1. A
2. A

3. D
4. D
5. A
6. B

三、多项选择题

1. ABCD
2. ABC
3. ABC

四、简答题

1. 参考答案：

CREATE VIEW view_employee AS;
SELECT * FROM employee WHERE department_id =101。

2. 参考答案：

CREATE SEQUENCE seq_locid START WITH 12 INCREMENT BY 1 ORDER。

3. 参考答案：

IF THEN ELSE 形式为
IF 条件 THEN
语句序列 1;
ELSE
语句序列 2;
END IF;

4. 参考答案：

WHILE <条件表达式> LOOP
<执行部分>;
END LOOP;

5. 参考答案：

SELECT * FROM view_employee。

第六章 达梦数据库备份还原与作业管理

一、填空题

1. 重做或者 REDO
2. 还原
3. 联机、脱机
4. 物理
5. 表空间、表
6. 备份
7. 读写
8. 归档

9. 物理

10. 完全

二、单项选择题

1. B

2. A

3. A

4. D

5. C

三、简答题

1. 参考答案:完全备份,指备份中包含了指定的库(或者表空间)的全部数据页。完全备份备份的数据量较大,备份时间较长,占用空间较大。

2. 参考答案:增量备份,指基于某个已有的备份(完全备份或者增量备份),备份自该备份以来所有发生修改了的数据页。增量备份备份的数据较小,备份时间较短,占用空间较小。

3. 参考答案:主要包括 DISQL 工具、DMRMAN 工具、DM 管理工具和 DM 控制台工具,前两个为命令行工具,后两个为图形界面工具。

4. 参考答案:达梦数据库配置归档模式下,可借助 DM 管理工具完成,其本质上是修改的 dm. ini 和 dmarch. ini 配置文件。

5. 参考答案:作业是由达梦数据库代理程序按顺序执行的一系列指定的操作。每个作业由一个或多个作业步骤组成,作业步骤是作业对一个数据库或者一个服务器执行的动作。每个作业必须至少有一个作业步骤。